U0032475

《文化叢刊》

高行健 論

劉再復◎著

高行健（右）和他的知音劉再復於1995年在香港。（攝影／林翠芬）

1992年劉再復夫婦和高行健攝於巴黎。

1993年，在俄國彼得堡合影。

1997年在美國科羅拉多州，
劉再復的書房裡。

1997年，高行健到美國科羅拉多州拜訪劉再復。

1997年美國科羅拉多州劉再復家中。左起為劉再復、高行健、劉的小女兒劉蓮。

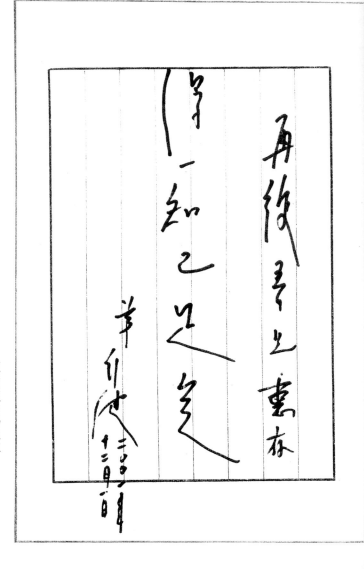

再復吾兄惠存

得一知己足矣

弟行健　二〇〇一年

十二月一日

序

　　我所欽佩的中文作家朋友中，再復和行健是必然要提到的。為一個欽佩的友人所寫的闡釋另一個欽佩友人之著作的書，撰寫一篇序文，不亦樂乎？

　　我跟行健的友誼已有二十年的歷史了。1985年，我和妻子寧祖飛往臺灣。寧祖在途中讀了一篇中文短篇小說之後對我說：「這篇寫得很好，你非看不可，一定會欣賞！」她建議我讀的是行健的＜鞋匠和他的女兒＞。我讀了以後，馬上開始把它翻譯成瑞典文。從那時起到行健獲得諾貝爾文學獎的2000年，我把他幾乎所有的著作都翻成了瑞典文，其中包括長篇小說代表作《靈山》、《一個人的聖經》，以及全部短篇小說和十八部戲劇中的十四部。

　　頭一次跟行健見面是1987年冬，在瑞典首都機場，我們一見如故。從那時起，我們有不少機會在斯德哥爾摩、台北、香港和巴黎見面。

　　我和再復第一次見面也是1987年，中國作家協會於北京舉辦的一個招待會上。那次的談話中，我很快發現再復跟我對行健著作的看法完全一致。次年，瑞典學院邀請再復到瑞典參加12月10日舉行的諾貝爾獎的頒獎典禮。這是瑞典學院第一次邀請一位

中國學者兼中文作家參加這個儀式。1992年再復接受斯德哥爾摩大學東亞系的邀請，擔任一年的客席教授。那一年，由於他的光臨，我自己和整個東亞系的師生收穫非常大。大學邀請再復的目的，是讓一個流亡學者有機會在一個安靜的氣氛中繼續他的研究和寫作。但是厚道的再復每星期都爲系裡的學者和學生開一堂關於中文文學的講座。讓寧祖和我特別高興的是，我們那年有機會認識再復的夫人菲亞。

有名的捷克漢學家普契克Jaroslav Prusek教授曾對我說，你沒有資格討論你自己沒有翻譯過的任何一部著作。好，我大量翻譯過行健的著作，就應該有資格自稱爲高行健著作的專家吧。其實不然！再復這部著作讓我感覺到，我像禪宗五祖弘忍的徒弟神秀一樣，「只到門前，尚未得入！」再復以一個眞正的知音的心，從各個方面細細解讀行健的全部著作，包括短篇與長篇小說、戲劇與文學理論的著作。

再復的這部大作像一個藝術博物館的出色導遊的解說。他打開一個大門，引導讀者進入高行健文學和戲劇創作的藝術宮殿，以充分地體會和欣賞其中的精神丰彩與藝術特色。

馬悅然

（瑞典諾貝爾學院終身院士）

2004年10月29日

目次

第一輯　概論

（寫於2000-2004年）

高行健和他的精神之路

（一）

　　和行健兄交往二十多年，最遺憾的是，除了《車站》、《生死界》之外，他的其他劇作，我都只能閱讀作品，未能觀賞舞台演出，也不了解他常說的「導演是極大快樂」是怎樣的快樂。高行健的名字意味著一個很豐富的精神整體，真正要把握這個整體並非易事。導演也是一種審美再創造，我卻是門外漢。還有他的水墨畫，我除了在香港見到董建平女士的藝倡畫廊《高行健新水墨作品展》之外，也未見過其他地方的大型展出。2003年馬賽「高行健年」活動中，他新作的兩幅大畫，長度達六十米，名曰「逍遙鳥」，我真想看看。高行健畫的不是實相，而是心相。他把難以捕捉的、肉眼看不見的內心世界展示於畫面，正如在戲劇中他把看不見的人性狀態展示於舞台，是非常獨特的精神價值創造。高行健的水墨畫幫助我更自覺地用心靈看自然、看世界、看人生，可惜我自己始終沒有學會把心靈狀態結晶於戲劇、小說和繪畫等審美形式中，只能讓它凝結於散文中。

　　1989年9月30日，行健從巴黎給我來信。那是流亡之初，我正處於徬徨中，但他的精神卻極好，並激勵我說：「你能立即投入到研究中是非常好的事⋯⋯我以為一個作家應以自己的聲音說

話，這種獨立性是中國知識分子所缺乏的，我們應該倡導這種獨立不移的精神。」他說他忙得不亦樂乎，完全進入緊張的寫作狀態中，「有這種自由不充分利用也是損失。這正是出理論出作品的時候。」讀了他的信，受其感染，我也逐步從政治陰影中走出來。正如信中所言，他真的抓住在國外可以自由表達的大好時機，拼命寫作，一發而不可收。十年之中（1989-1999年），他除了定稿出版《靈山》之外，還寫出《逃亡》、《山海經傳》、《生死界》、《對話與反詰》、《夜遊神》、《週末四重奏》、《八月雪》等戲劇代表作，而且還寫出另一部長篇小說《一個人的聖經》及文學藝術理論著作《沒有主義》、《另一種美學》。每一部作品都別開生面，都是一種新的實驗。我常對朋友說，高行健是實驗性最強的作家，唯有實驗不斷，才有原創。因此，也可以說，高行健是當代中文寫作中原創性最強的作家。

（二）

高行健的狀態極好，首先與他對「逃亡」（即作家的流亡）的理解有關。他以最積極的態度看待「逃亡」，確認這種逃亡對於作家來說，是一種大解脫，是大好事。文學的歷史一再說明，多數大作家大詩人在本質上都是廣義的流浪漢與漂泊者，不是身的漂泊就是心的漂泊。而在現實層面上，高行健認為，唯有逃亡，才有精神獨立與自由表達的可能。行健的哲學觀，有一根本出發點，即確認人是脆弱的。這一哲學使他謙卑，也使他清醒地認定個體沒有力量改造強大的世界，也無法抗拒各種政治經濟大

潮流。在外部強大的異己力量面前,獨立思想者要保持自身的尊
嚴與價值,只有兩條路,一條是「自殺」,一條是「逃亡」。一條
是王國維的路,一條是伯夷、叔齊的路。高行健選擇了後一條
路,但他逃離中國,只是第一步。到了西方,面臨的又是無所不
在的籠罩一切的全球化潮流,又必須再次逃亡,這是逃離市場、
逃離被商品化。這一性質的流亡,不僅是退居異國他鄉,而且是
退居社會邊緣,從社會潮流中剝離出來,保持住精神獨立和生命
個性。高行健意識到,我們面臨的時代,不是作家的時代,而是
大眾的時代,是生產大眾所需求的文化產品與文化消費品的時
代。這個時代需要的是實用性的各種技術人員、管理人員、廣告
人員,社會科學需要的也只是人工智能的電腦工程人員、統計人
員、社會調查人員和制衡人員,而不是獨立的思想者。在人文領
域,學院的機制統治一切,媒體取代思想,連作家也被記者所取
代,追求的是最通俗的、最容易產生新聞效應的語言。至於電
影,龐大的技術性的大製作佔領市場,帶有文學性的小電影則面
臨末日。整個世界變得非常浮躁、非常淺薄、非常蒼白。但高行
健非常清醒,他及時逃避這一切,回歸到被革命者們所恥笑的精
神貴族的古典之路。高行健認為,這種選擇,這種逃亡,便是自
救。因此,逃亡不是消極,而是積極地對權力、市場和大潮流等
異質力量進行抗爭。逃亡也不是逃避責任,而是在叩問和挑戰中
實現廣義的人間責任,這就是高行健對自身和世界的意識。把這
些意識加以審美提升,便是他的創作之路。在當代作家中,包括
中國作家和西方作家,很少有人如此鮮明地高舉自救的火炬。他

從《彼岸》開始（寫於1986年），就確認只有個體自身才能救自己，所謂群眾和領袖都是靠不住的。作家也不要幻想去當社會良心、人民代言人和大眾領袖。大眾要求的是思想平均數，當領袖勢必定要遷就多數，勢必要以犧牲自由和精神獨立為代價。高行健用各種語言（從小說戲劇到理論）一再表述：救世主、社會良心，都是騙人的，不可上當；任何扮演救世主、社會良心的個人本身也是脆弱渺小的。他不相信救世的種種謊言，只確認自己選擇的作家的最高倫理，也可以說是逃亡者的真理。這一真理的內涵包括下列兩點：

（1）確認作家擁有最高的精神自由，而且確認精神自由具有無限性特徵。具體地說，個人的社會行為其自由度是有限的，關於自由和限定的矛盾，只是在社會行為的範圍內才有討論的必要，而精神自由則是打破一切限定，而首先是打破權力的限定。文學藝術的時空乃是無限自由時空，確認這點，才有作家和思想者的尊嚴；《逃亡》的目的，便是爭取精神的無限自由。

（2）確認文學的真實性。無限的精神自由並非心靈原則的消解，而是心靈的充分展開。高行健所奉行的真實原則，不是拘泥於現實的表象，而是個人感受現實的內心真實和充分的表述。具體地說，寫作的花樣再多，但不可胡說八道，不可離開世界（外在）的真實與人性（內在）的真實。忠實於世界與人性的本來面目，忠實於自己對身內與身外的意識。這對

於作家來說，不僅是美學態度，而且是寫作者的最高道德。

這兩項倫理，使高行健既獲得大自在又獲得大嚴肅，也使他成爲變化無窮而又非常嚴謹的作家。

（三）

雖然我爲不能多多欣賞高行健的舞台形象和水墨畫而遺憾，但有一點可能是其他觀眾讀者甚至其他朋友沒有的幸運，這就是我從高行健的各種文本中和直接的交流中，感受到他的思想的精彩和深刻，也許因爲我本人也是個思想者，因此又從中得到共悟共鳴的大快樂。行健與我是同齡人，又在同一塊土地生長出來並共同穿越過一個時代的大苦難；同在太上老君的煉丹爐裡歷經了漫長的內心煉獄，再閱讀煉獄伙伴用文字呈現的內心世界，感到特別親切又特別能夠理解，那些在別人眼裡的晦澀處，對於我卻是明亮的。所有包裹著硬殼的堅果，於我都不是苦果。

可以說，行健首先是我們這一代中國作家的思想先鋒，然後才是世界文壇上的思想前驅者。自從1980年他發表《現代小說技巧初探》一書觸動大陸文壇神經之後，中國作家中的有識之士就看出高行健超群的思想鋒芒，連巴金、曹禺、夏衍、吳祖光、葉君健、嚴文井等老作家也爲之讚嘆，並竭力保護他。八十年代中期，我在文學理論領域，也算是一個對常規教條左衝右突的「孫行者」，但頭上的緊箍咒還時時在起作用，而行健則是一個毫無保留的徹底思想者。自上世紀的七十、八十年代之交至今的二十多年中，他走出了三個中國當代作家常常難以走出的寫作框

架：即「持不同政見」的思想框架、「中國背景與中國情結」的
題材框架和單語寫作框架。跳出這些框架，才進入普世性寫作。
關於這一點，我在〈黑色鬧劇和普世性寫作〉一文已談過，此處
不再贅述。在本文中，我想從思想的角度，進一步說明一下他在
上世紀八十、九十年代所擺脫的三個大束縛，也可以說是從煉丹
爐裡走出來後又經歷的三重精神越獄。中國大陸作家，在六十、
七十年代，幾乎全是精神囚徒。所以八十年代的部分解脫，可稱
之爲「精神越獄」。

　　第一層精神越獄是對政治意識形態的超越。1994年，我爲
香港天地圖書公司主編《文學中國》叢書，高行健交給我的集
子，命名爲《沒有主義》。這一書名是他的核心思想命題，又是
他的告別意識形態的宣言。整部集子的文章，是他出國後多年思
索的結晶，但又都是他走出意識形態陰影的明證。集子的根本思
想是：審美大於意識形態。告別意識形態便是回歸審美，回歸活
人狀態。《逃亡》劇本的「中年人」說：「我什麼主義也不是…
…我只是一個活人。」之後，在《對話與反詰》中的「女子」又
說：「我什麼主義都不是，只想做個女人，充充分分活個夠。」
這是直接表述，而間接表述和融化於作品中的這一思想則時時可
見。對主義的擺脫是根本性的擺脫，這一擺脫眞的使他成爲「活
人」和活思想家，使他充滿靈魂的活力，也使他自此免於意識形
態的糾纏，而大踏步挺進到人的內心深處，即「人靈魂中的幽冥
之處」(高行健語)。他愈走愈深，最終成爲人的靈魂狀態的舞台
呈現者與文字展示者，爲世界戲劇史和文學史寫下嶄新且充滿生

命活氣的一頁。

　　第二層精神越獄是對人權、自由等空話的超越。如果說第一層超越主要是從馬克思主義意識形態中走出來，那麼，這第二層的超越則是從西方自由主義空洞的言辭中走出來。人道、人權、自由的價值是永恆的，無可懷疑的。但當代西方政客和媒體卻打著人權和自由的旗號，把一切都納入市場。全球經濟一體化連民族性都加以消解，更何況個性。不能充分確認個體生命的價值，人道、人權和自由，便成了空話。二十世紀之初，卡夫卡就已經揭示了個體生命異化成甲蟲，而在當今，個體生命的價值進一步甲殼化（機器化）和進一步被大規模的商業潮流所消解、所異化，生命乃至人類文化正在變成產品與商品，人權與自由的空談，已沒有意義。高行健不遺餘力地鼓吹「個人的聲音」，把一個人的聲音提高到「一個人的聖經」的高度，具有極強的歷史針對性與歷史的具體性。

　　對人權等空話的超越，使他拒絕充當「社會良心」和人民大眾的代言人。他意識到，良知是個人對責任的體認，寫作是個人的行為，文學藝術是充分個人化的事業。可能是「不朽之盛事」，但未必是「經國之大業」。與其說是經國之業，不如說是個人的自我完成。而要獲得真的不朽，也必須捕捉當下，在當下的生命瞬間把個體的感受充分釋放，不能受集體意志約束，不能迎合大眾口味。因此，深邃的思想者與作家不應當是大眾意志的代表者，相反，倒是應當遠遠地「脫離群眾」，既不做芸芸眾生的對立面，也不做芸芸眾生的同盟者，更不去充當大眾的領袖。政

治要求平均數（選票就是一個平均數），大眾要求平均數，領袖
服從平均數，而文學藝術最怕的恰恰是這種導致平庸的平均數。
思想者與寫作者一旦降低到平均數的水平，就只能變成一個煽動
家而喪失個性。作家具有的情懷，不是對大眾口味的俯就，也不
是居高臨下的同情，而是個人對自身和世界的清醒意識，這種意
識，既是審美，又是人對生命價值的最高肯定。

　　第三層精神超越，是對尼采「超人」理念和相關的新救世
主理念的超越。關於這點，高行健從各種角度並用多種形式一再
表述。尼采宣布「上帝死了」帶給藝術家一個可怕的後果：人失
去了謙卑而無限制地自我誇張和自我膨脹，以至把人誇大成神。
從政治到藝術，二十世紀都在不斷革命、不斷造神、不斷製造虛
假的救世神話和烏托邦。然而，所有的革命者一旦建立政權都變
成暴君，從伊斯蘭革命到共產主義革命無不如此。這種時代潮流
造成人的狂妄症，直接影響了文學藝術。高行健稱自己的文學是
冷文學。「冷」，首先是給這種誇張、膨脹潑一大盆冷水，然後
才是一雙冷眼，冷靜地進行審視自身與審視世界，這便是高行健
的「超越視角」。如果說，上述第一、第二層超越是回到活人和
回到充分把握個體的人，那麼，這第三層超越則是回到脆弱的
人。高行健的《生死界》、《對話與反詰》、《夜遊神》、《周末
四重奏》劇作中的人都是非常脆弱的人，免除不了空虛、孤獨、
寂寞和恐懼。《一個人的聖經》裡的恐懼感寫得那麼好，主人公
的脆弱寫得那麼生動。文學史上，有的是「英雄」形象，也有
「多餘人」形象，而高行健卻寫出當代「脆弱人」的內心真實。

這些人在現代社會徬徨無地,內裡都有一番掙扎和煉獄,但還信守心中的一絲幽光。他們不能救人,但不會騙人;不講救世,但尋求自救。這種人共同呈現了當代社會人類的巨大精神困境。

　　了解上述這些思想背景,對高行健的著作就容易進入。《靈山》既是一部尋找的書,也是一部逃亡的書。主人公的靈魂之旅正是一個精神囚徒進行精神越獄而尋找生命本眞本然的過程。書中對歷史的叩問、對群體意志的叩問、對革命的叩問乃至對死亡的叩問,都不僅是中國問題 ,而且是普世問題。這些叩問在寫作過程中,不斷地發揮和深化。他的叩問使寫作愈來愈有力度。

　　五四新文化運動之後,中國作家接受西方的文化觀念和寫作方式,思索與表述的都是中國問題,困於中國情結之中。換句話說,五四之後的中國現代作家,其閱讀視野是世界的,而其寫作視野則還是中國的。高行健努力打破這一侷限,眞正在視野上、精神內涵上和表述方式上(包括語言)擺脫中國情結的框架,進行普世性寫作。與其說高行健是中國作家,不如說他是用中文寫作的普世作家。雖然他也用法文寫作,但主要作品畢竟是用中文寫的,瑞典學院授予他諾貝爾文學獎時,第一句讚詞便是他的作品的「普世價值」,應當說,這十分中肯。高行健作爲一個普世性寫作的作家,他在思索問題的時候,不是盲目追趕世界潮流,而是站在潮流之外,以中性的冷眼對潮流進行審視和叩問,發出個人的聲音。

（四）

　　跟蹤高行健的思想是很大的快樂。1980年王蒙讀了高行健的《現代小說技巧初探》，拍案叫絕說：「太妙了」，並在《上海文學》上寫了推薦文章，我讀後興奮之餘，還多了一層感受小說藝術意識的快樂。1983年，北京人民藝術劇院首演《車站》，我和妻子、小女兒被行健邀請去觀賞，劇中的幽默讓我笑了一個晚上，連回來夢裡都在笑，真叫開心。1988年我到瑞典，馬悅然教授把《靈山》的手稿交給我，我帶回北京打印，邊校邊閱讀，開始讀得有點費力，愈讀愈有意思，尤其是1989年自己也經歷了「精神越獄」之後，在海外讀到正式出版的書（聯經版），沉浸在奧德賽式的神遊裡，傾聽許多夢幻女子聲音的多重變奏。正是這部小說，把我推入禪文化、隱逸文化和自然文化的情境之中，這些邊緣文化的本質乃是不受權力限制的自由文化。這種氛圍中，真感到「無立足境」的漂流，其樂無窮。漂流中如獨行俠，而心中的你、我、他三者的共語對話，更是韻味無窮。

　　上世紀八十年代我發表了《論人物性格二重組合原理》，講的是「二」，二元對立與二元互動；後來發表《論文學主體性》，也還有主、客的二元對立與互動。而高行健則發現「三」，發現主體（人）具有三個座標，而不是兩個座標，主體內部是三重關係，而不是兩重關係，從二維擴大到三維。他發現世界上的一切語言都是三個人稱，主體都具三重性。老子說：「一生二，二生三，三生萬物。」這個「三」便派生出萬物萬相。在高行健的小說和戲劇中的三個人稱，就派生出千百種心靈訴說與對話。

高行健的三人稱、三座標，是個巨大的藝術發現。

他的冷文學，都與此相關，都來自「你」、「我」中抽離出來的旁觀者「他」。我們不妨重溫一下他自己的解說，高行健在《另一種美學》裡這樣說：

> 藝術家對自我的控制其實還有另一種立場，對自我加以審視，讓「你」觀看「我」，也如同「我」觀看萬千世界一樣，並非聽任自我直接宣洩。中國傳統的寫意畫便蘊藏了這種觀點，而西方現代主義的作家和藝術家，從卡夫卡到賈克梅第則可以說是這種觀點的一種現代表述……

> 「你」一旦從自我中抽身出來，主觀與客觀都成了觀審的對象，藝術家的自戀導致的難以節制的宣洩與表現不得不讓位於凝神觀察、尋視、捕捉或追蹤。「你」同「我」面面相覷，那幽暗而混沌的自我，便開始由「他」那第三隻眼睛的目光照亮。

> 「你」與「我」的詰問與對話，這種內省，又總是在「他」的目光內視下。自我的一分為三，既非形而上，也不僅是一種心理分析，而是藝術家在創作中可以切實捕捉到的心理狀態。

（第27頁，聯經出版，2001）

老子雖也談「三」，但這是純粹形而上的「三」，並非主體內的三座標。弗洛依德也發現三，自我被分解為「本我」、「自我」、「超我」，但是，弗洛依德的三，只是靜態分析，即頭腦對

心理的分析。這種分析如何通過審美形式進行文學與藝術的表達，那是一件極難的事。而高行健的天才，便是把以往哲學家頭腦中的三，變成生命的三和藝術的三，闖出一套新文體。這裡的關鍵是高行健在發現主體的三座標之後，又抓住「人生」這個中介，把抽象的我變成具體的血肉之我，把邏輯分析中的主體變成活生生的個體。一旦抓住「人生」，就找到本我、自我、超我的人性落腳點，就找到展示生命狀態的另一片天地。也就是說，哲學的分析與頭腦的分析就變成生命實在的感受和文學的感性對象了。對主體（人）的認識，其前提是「一分爲二」還是「一分爲三」，很不一樣。以「三」爲起點，對人進行三維呈現，這不僅是以人稱取代人物的寫作手法問題，而且是對人世界的一種根本認識。在文學藝術中，對「三」的發現，是個大發現，其重大意義還有待進一步闡釋與研究。

二十年前《車站》演出之後，有人刻意貶抑此劇摹仿貝克特的《等待果陀》，對此，我認眞想過，總覺得這種判斷不對，因爲《等待果陀》讓我感受到的正是哲學的思辯，而不是人生；而《車站》則是現實人生的感受，它所以能讓我笑得開心，是它說出我感受到的但未能表達出來的現實的荒誕。正像弗洛依德的心理分析是在頭腦中進行一樣，貝克特的戲似乎更多的是在頭腦中展開，而高行健的戲則更多是在心靈中展開，在生命的具體感受中展開。貝克特的思辯是「二」，高行健的呈現是「三」。

行健兄是我的摯友，對他無需刻意研究。無論是獲獎前爲他作品所寫的序、跋和評論，還是獲獎後所作的講演和所寫的文

章,都只是跟蹤他寫作和思想足跡而已,都是人生的一種快樂。
在本文開始時提到的那一封信裡他就說:「好在精神相通,今後
多寫信聯繫」,這是大實話,只是精神相通而已。這部集子的文
章也許可視為高行健的精神相通者的敘述。

寫於2004年1月15

《八月雪》：高行健的人格碑石

（一）

高行健的劇本，有的讓我讀後開懷大笑，有的讓我進入哲學沉思，有的讓我像解謎似的琢磨個沒完沒了，唯獨《八月雪》，讓我讀後徹夜不眠。那個閱讀與閱讀後的夜晚，我充滿著「聞道」、「得道」的激動與喜悅。整個是獲得大自由的真理和走出黑暗洞穴的感覺。

未讀之前，我就知道這是一部關於禪宗六祖慧能的戲，原以為是一部宗教戲，讀後才明白這部戲和宗教一點也沒有關係。劇中的主角慧能，思想太犀利了。他看透了一切迷障，看透了權力和一切權力運作的把戲，甚至也看透了宗教。他是一個不認識字、不讀經書典籍的一代禪宗大師，卻又是一個真正把握了人生真理的天才。他用生命感悟的方式「明心見性」，走進了真理最深的內核。高行健的十八部劇本，雖然每部都融入自己的理念，但沒有一部是完全寫自己的。而這一部，寫的則是他自己，劇中的慧能便是高行健，慧能就是高行健的思想座標與人格化身。人該怎麼活著？該怎麼「詩意地棲居於大地之上」（荷爾德林語）？該怎麼贏得最高的人性尊嚴與價值？該如何得到大解脫、大自在？所有的這些問題，《八月雪》中都作了回答，不是概念

的答卷，而是形象的、飽含著詩意情感的答卷。2000年高行健獲得諾貝爾文學獎後，香港明報出版社出了一部《解讀高行健》的評論集，其實，解讀高行健，只要把《八月雪》讀深讀透就行了。《八月雪》裡藏著一個真實的、內在的、得道的高行健。

（二）

讀了《八月雪》後，我的第一感覺是走出被囚洞穴的大解脫。那個夜晚，我想起柏拉圖著名的洞穴比喻。那個比喻說，缺乏真思想的人就像洞穴裡的囚犯，他們只能朝著一個方向看，因為他們是被鎖困著的：他們背後燃燒著一堆火，面前則是一堵牆。他們所看到的只是由火光投射到牆上的背後東西的影子，並且把這些影子看成實在，而對於造成這些影子的真事物卻毫無所知。最後有一個人逃出了洞穴來到陽光之下，他第一次看到了實在的事物，並察覺到這之前他一直被牆上的影像所欺騙。想起這個比喻，便想到：慧能就是第一個走出洞穴的人。在《八月雪》之前，高行健《車站》裡那個不再等待的「沉默的人」，還有《彼岸》裡那個拒絕充當大眾領袖的「男人」，以及《逃亡》裡的「中年人」，都是第一個走出洞穴的人。高行健筆下不斷出現這種形象，是因為他本身就是一個自覺走出精神囚徒洞穴的人。

人如何獲得大解脫、大自在？這是高行健作品的總叩問即總主題。人生活在洞穴裡作為精神囚徒而不自知，人被眼前牆上的影子所欺騙也不自知。這些影子是什麼？這些遮蔽個體生命的障礙是什麼？高行健的作品，一部一部都在揭示，一部比一部深

入，到了《八月雪》，便是一種徹底的揭示。

　　《車站》揭示的牆上影子，是那種盲目等待的集體妄念，「沉默的人」走出的是集體矇昧的洞穴。《彼岸》中的影子則是集體意志，劇中的男人走出的是暴眾與暴君的洞穴。而《逃亡》中的牆上之影則是革命與民主，劇中「中年人」要逃離的是自我的地獄，那是深藏在自己身上的洞穴。自己做自己的囚徒，不得解放，還想解放他人，這是當代病。我把《靈山》也解讀爲「逃亡」。從政治牢房逃向邊陲自然與邊緣文化之中，與其說是尋找靈山，不如說是精神逃亡。說到底，《靈山》是一部精神逃亡書。上述這些作品的主題，在《八月雪》中全得到深化與徹底化。它告別一切妄念，拒絕各種權力，拒絕當救世主和一切救世的謊言，拒絕樹碑立廟而充當他人的偶像，甚至拒絕傳宗接代的神聖衣鉢，他不在乎這一切，認定只有遠離這一切影子，才能走出囚徒的洞穴而擁有自由。

　　歷史上的慧能本就非常了不起，在「唯識宗」繁瑣教條統治的語境下，他以「不立文字，以心傳心」、「不二法門」、「頓悟」等方法論放逐了令人窒息的概念體系，啓迪人們捕捉眞思想、眞見解，這是中國思想史上最了不起的飛躍，也是世界宗教史上一次了不起的革命。無論是基督教、伊斯蘭教還是佛教，其創始人均被視爲救世主，其教義也是以救苦救難的「救世」思想爲中心的精神系統，而慧能則告別這種宗教大思路，獨闢蹊徑，草創了「自救」的精神與方法，在人類精神史上獨樹一幟。這是產生於中國土地上的一種精神奇觀。可惜這一奇觀始終沒有被世

界充分認識，甚至也沒有被中國的知識界充分認識。在當代，雖然有許多「禪宗史」著作，但都知識性與複製性太強，不能把禪宗的思想精華特別是慧能的精神充分闡釋出來。而高行健對慧能的認識卻是切入心靈的認識。他以整個生命領悟到慧能的智慧之謎及其巨大的精神價值，把慧能看得和基督一樣偉大。這位禪宗第六代傳人，用一種非文字的生命語言寫出一部看不見的「東方聖經」，宣示了一種只有用感悟的方式才能讀懂的眞理。高行健這種感受倘若要用理論語言與邏輯語言來表述，恐怕永遠說不清，即使表述得很清楚，人們也未必信。尤其是西方的學者與作家，恐怕很難進入慧能的精神內核。高行健創作《八月雪》，正是捕捉人類精神界這一弱點甚至是空白點，選擇一種與慧能相似的方式，即直覺、感悟、意象的方式，把慧能透徹的思想展示出來，讓人讀後驚心動魄。

（三）

　　說慧能透徹，首先是慧能把世界看得透亮。在慧能看來，「世界本就如此這般」（劇中語），過去如此，今天如此，明天還是如此。人性大約也是這樣，過去這樣，今天這樣，明天還是這樣。《八月雪》的結尾表述了這一思想：

今夜與明朝，

同樣，同樣，同樣，

今夜與明朝，

同樣美妙，

還同樣美妙。

今夜與明朝，千年前的今夜與明朝，萬年後的今夜與明朝，人們到處都在生活，都在謀取各自的營生，「買房的買房」、「賣笑的賣笑」、「打椿的日日作打椿」、「老橋朽了蓋新橋」（劇中語），世界既然本就如此這般，那麼，說世界可以改造、革命可以改變一切、烏托邦天堂可以建構，這是真理還是謊言？丟開謊言，才有生活，才有生命的實在。實在就是當下要充分而有尊嚴地活著，要順其自然、尊重生命自然地活著：

> 歌伎：（唱）捉筆的弄墨，
>
>   屠宰的握刀，
>
>   無事品茶，
>
>   有病才吃藥。
>
> 作家：（唱）做餅的揉麵，
>
>   掏糞的趕早。
>
> 歌伎：（唱）小兒哭，
>
> 作家：（唱）生下來了，
>
> 歌伎：（唱）老頭兒無聲無息，
>
> 作家：（唱）走了。

生活是自然的，生死也是自然的，平平常常，普普通通，沒有什麼輕如鴻毛的生命，也沒有什麼重如泰山的死亡，世界就是這樣走過來的。慧能正是用這種平常之心和普通人的眼睛去看世界，所以就看得客觀，就看到真實，就看透了各種誇大膨脹的世相和支持這些幻相的各種權力把戲。把「世界本就如此這般」

看透了，英雄崇拜、個人崇拜、救主崇拜就沒有立足之地，各種
謊言、妄言也就斷了根源，面對那種超人大話和救世的許諾，也
只一笑了之，不必聽信，也不必自尋煩惱：

　　　作家：這世界本如此這般，

　　　歌女：哪怕是泰山將傾，

　　　　　　玉山不倒，

　　　　　　煩惱端是人自找。

　　有了平常之道，有了對世界平常而透徹的看法，才有大灑
脫，這是《八月雪》揭示的第一真理。

（四）

　　二十世紀的存在主義哲學曾風靡一時，然而，如果說，海
德格還是在尋求存在的意義、尋找「道」，那麼，老子、慧能則
是存在本身與道本身。海德格的「道」（存在意義）是用概念範
疇體系表述的，而慧能則是用他的生命存在形態加以展示。《八
月雪》所表現的慧能的生命形態最平常又最奇特，可謂舉世無
雙。

　　他本是宗教領袖，但他拒絕領袖的姿態，也拒絕任何偶
像，既不崇拜任何外部偶像，也不讓他人把自己當作偶像。當他
聲名遠播，武則天皇太后和唐中宗皇帝要請他進宮當大師，為他
修廟宇、設道場，讓他到京城裡當佛王時，他拒絕了，皇帝派使
者薛簡按劍相逼也沒用，即使斷了腦袋也不去。他決心遠離權力
中心，決心不扮演神秀那種「兩京法主、聖上門師」的角色。他

知道，一旦當了這種「王師法主」的領袖角色，一旦進入宮殿讓
人供奉起來，那就得故作領袖姿態和神明的姿態，妄念就從這裡
開始，迷信就從這裡發端，他就什麼也想不透，即便想透了也說
不透，在巨大權力的陰影下，還有說透的自由嗎？古往今來，誰
想當「王」當「主」當「聖」，誰就失去自由，永遠都是如此。

慧能既拒絕充當領袖，也拒絕充當救世主。一個活的教
宗，天經地義本就是「救世主」，可是他拒絕這一角色，並告訴
人間不要去求救主。他反覆說明的是「萬法盡是自性」。這是佛
法之心，拯救的真理全在其中。開悟自性，仰仗自性，這就是自
己救自己，就是開掘生命的內在可能，他讓宮廷使者轉告皇帝的
也是你不必到外邊尋覓菩薩，一切都取決於自己的心性，佛就在
自己的心中。他說：「……慧能別無他法可說皇帝。自性迷，菩
薩即是眾生；自性悟，眾生即是菩薩，慈悲即是觀音，平直即是
彌勒。一切善惡都莫思量，自然得入心體，湛然常寂。」而他最
後叮囑弟子的話，也是自救的真理：

> 後人自是後人的事，看好你們自己當下吧！我要說的也
> 都說了，沒有更多的話，再留下一句，你們好生聽著：
> 自不求真外覓佛，去尋總是大癡人。各自珍重吧！

他鄭重告訴弟子，不要給後人製造救世的幻相，你們也不
要有可當救主的幻覺，還是在當下活得真實，自我拯救。至於菩
薩，那也是在內不在外，可不要到山林寺廟等外部地方去尋覓，
倘若不知菩薩就在你自己心中，那你就是大傻瓜。講得如此透
徹，古今中外，恐怕再也找不到第二家了。

　　《八月雪》裡寫得最為精彩的中心情節，是慧能扔掉傳宗接代的「衣缽」。禪宗自達摩創立後，衣缽一代一代相傳。衣缽是領袖、權力的象徵，又是教門之內「正宗」的象徵。歷來的宗教門派和江湖門派爭的都是這個衣缽所指涉的正宗統治地位，從中國到世界均如此。伊斯蘭教中的原教旨主義與非原教旨主義之爭，上帝光輝下的天主教、猶太教、基督教、東正教之爭，佛教中的大乘、小乘之爭，所爭的都是正宗地位。因此，衣缽可說是教門法寶、接班符號。可是，慧能把「衣缽」也看透了。他看到「衣缽」也是空，本來無一物，你爭我奪的衣缽也是「無」。這才是空到底，無到底，才是大徹大悟。當弘忍傳衣缽給慧能時，慧能就問師父：「法即心傳心，這袈裟又有何用？」弘忍雖然指出弟子「代代相傳、心燈不滅」的道理，但心裡也明白這種衣缽接班的方式可能會導致正、邪的權力之爭甚至會導致接班人的生命危險，所以他讓慧能接缽之後立即逃離此地。他說：「此地法泉已盡，別看這偌大的寺廟，香火鼎盛，雖說都來求佛，一個個功名心切，急不可待，也不知求的什麼？中原更是是非之地，今後佛法難起，邪法競興，攀權附勢，依賴朝廷。汝係嶺南來，當南去隱遁，而後再行化迷人，普渡眾生。」慧能聽了師父這番話之後便向南逃亡，果然，以惠明為首的教徒們追殺而來，慧能在緊急之際，當機立斷，故意撒手，讓缽墜地粉碎。當惠明大怒時，慧能以「佛法無相」給予點撥，才開悟了惠明。除了缽，還有達摩東來所授的法衣，也一代傳一代，慧能臨終前，弟子法海問「大師去後法衣當付何人？」他回答說：

持衣而不得法又有何用？本來無一物，那領袈裟也是身
外的東西，惹是生非，執著衣缽，反斷我宗門。我去
後，邪法撩亂，也自會有人，不顧詆毀，不惜性命，豎
我宗旨，光大我法。

不僅弘忍傳下的「缽」不要，達摩傳下的「法衣」也不
要，說到底，衣缽也是身外之物。就這樣，慧能讓禪宗的衣缽接
班遊戲在自己手中了結了。這是一個偉大的終結，其啓迪意義遠
在宗教之外。無論是宗教還是江湖，無論是政治還是學術，都可
從中得到大啓發。既然有衣缽所象徵的正宗，就有持缽者所界定
的異端，門派之爭就不可避免，人性之惡也就從中泛起。慧能看
透了這種神聖之物恰恰是「惹是生非」的禍害，看透了可怕的是
打著衣缽的正宗旗號排斥異端、殺害異端的權力之手和沽名釣譽
之徒。在自己手中了結衣缽，就是了結權力之爭，唯真理是崇。
禪宗到了慧能這裡是個飛躍，其實，整個中國思想史到慧能這裡
也是一個飛躍。在中國思想史上，典籍汗牛充棟，有哪一個思想
家對身外的權力、虛名、地位看得如此透徹?!許多哲學家看到的
其實也是衣缽投在牆上的影子，看不到衣缽的實在。

柏拉圖關於洞穴的著名比喻，最後還是希望走出洞穴的人
再回到他從前的囚犯同伴那裡，把真理教給他們，指示他們出來
的道路。但慧能不這麼做，他選擇了逃亡之路，他明白精神囚徒
的洞穴不只一種，權力的洞穴、衣缽的洞穴之外還有概念的洞
穴、主義的洞穴、自我的洞穴。逃出一個洞穴，就是一種飛躍，
他將不斷地逃亡下去，在逃亡中，他才獲得人生的大自在。這就

是《八月雪》所揭示的自由眞理。高行健的全部人格都與這一眞
理息息相連。

寫於2004年2月

黑色鬧劇和普世性寫作
——《叩問死亡》（中文版）跋

（一）

2001年還在香港時，行健兄就告訴我，法國博馬舍戲劇協會已在巴黎法蘭西喜劇院小劇場，排演朗誦過他獲得諾貝爾文學獎之前已脫稿的法文劇本《叩問死亡》。從那時候起，我就一直渴望讀到中文劇本。後來他忙於導演《八月雪》、《周末四重奏》和馬賽「高行健年」的一系列活動，加上身體不適，一直未能如願。沒想到，2004年伊始，行健兄突然送來一件寶貴的新年禮物：《叩問死亡》的中文劇本打印稿，真讓我喜出望外。篇幅不到三萬字，大約只有法文劇本的一半長度。他告訴我，費了不少心思，因為這不僅是法文版文本作一次翻譯，而且是根據中文的行文方式進行重寫。儘管原意沒有變動，但表述的語言不同，不能不另下一番功夫。讀完劇本，我的第一感覺是：「太透徹了！」是的，我必須用直覺的「透徹」二字來說明高行健這部新作，四年前他所完成的第十八部戲劇。所謂透徹，指的是思想的徹底和表達得透徹。行健以往的劇本也不迴避問題和人的困境，但沒有一個劇本像《叩問死亡》如此尖銳、如此透徹揭示當代社會人所面臨的巨大危機。不僅是當代藝術的世界性危機，而且是現時代人們面臨的普遍精神危機。自從尼采宣告「上帝死了」，一場又

一場的政治革命和藝術革命貫串整個二十世紀。革命者紛紛宣布
以往的藝術已經死亡，自己便成了從零開始的新造物主，於是，
他們橫掃一切，否定歷史的積累與文化的傳承，打破一切藝術規
範和審美的原則，直到把當代藝術的創作推向絕境。

　　《叩問死亡》寫作的時間正是二十世紀和二十一世紀之交，
劇中的唯一角色就處在這個時間點上，絕對的當代。他是一個也
許是因為施工而被誤關在現代藝術館裡（現實空間）而找不到出
路的觀眾。這個老人在當代時髦的藝術革命家眼中該又是「狂人」
了吧，他所提出的大叩問，該又是另一部《狂人日記》了吧。然
而，恰恰是他最清醒，最嚴肅；他徹底揭開當代藝術的面紗，指
出當代藝術已經死亡，現代藝術館已變成一個巨大的垃圾堆，一
個墳場，其中陳列的其實是藝術的屍骨。更為可笑也更為深刻的
是，他突然意識到，他本身可能也面臨著一種危險：說不定已經
被藝術館主宰了，要活活被憋死在這裡，熬成乾癟的樣品，他的
一副骨頭架子也要成為最時髦的藝術。既然有那麼多破爛和垃圾
都進入展覽館，出了一本又一本精裝的目錄，並贏得最時新的評
論，那麼一個被誤關又無人理睬的藝術觀察者，為什麼沒有入展
的可能？說不定還要被捧為人類首例展品而被列入未來的藝術史
冊哩。這是黑色妄想曲，但又是當代藝術世界的現實。當代藝術
已經進入空前的大荒誕：觀念取代了審美，顛覆取代了創造，藝
術手筆變成了對前人大打出手：「要出名就踩、就踏、就碾碎、
就斬草除根，就朝大師開火。」（劇中語），總之，就革命，就革
革命，就革革革命。正像魯迅的《狂人日記》最後撥開四千年中

國文化庫存中密密麻麻的文字而看出「吃人」二字一樣，高行健
此次撥開了密密麻麻的體系、觀念、主義和層層疊疊的所謂當代
藝術，喊出「垃圾」二字。不迴避問題，不拐彎抹角，直面時代
最根本的病症，直面謊言與騙局。高行健的《叩問死亡》此次作
了一次時代性的吶喊，一次宣言性的告別；告別藝術革命，告別
當代藝術給世界造成的幻覺，告別二十世紀以來的藝術顛覆的理
念。

　　現代藝術的深重危機，來自藝術主體——現代人自身。藝術
的瀕臨死亡只是現代人精神沉淪、精神死亡的一種徵象。藝術已
經失去它的本然意義，人也失去它的本然意義。活著的意義成問
題，死還有什麼可怕？所以，《叩問死亡》說人老了比死還可
怕。其實，並非眞的人老了可怕，而是老了軀殼尚未消滅之前精
神已率先自我消滅，是老了找不到精神出路：往後看，覺得自己
「一輩子報廢了」；往前看，「不可能再活一回」，此刻只能和沒
有生命且走了氣的模特兒跳舞，生活在幻覺之中。那麼，出路在
哪裡？戲劇主角一開始就在關閉的藝術館裡左衝右撞，找不到
門，沒有出路，最後只能自殺自我了結，上吊的繩索便是出路。
高行健給自己的主人公開了一個大玩笑，一個黑色的大玩笑。
《叩問死亡》就是這樣一齣鬧劇，一齣找不到出路的黑色鬧劇。

（二）

　　《叩問死亡》在法國演出後，有評論說：這是貝克特的《等
待果陀》似的戲劇。這只說對了一半。《叩問死亡》和《等待果

陀》一樣，沒有大場面，沒有情節，沒有人物性格，只有對世界的質疑。然而，《等待果陀》還是個悲劇，還有「等待」，還有悲憫，似乎還「看不透」；而《叩問死亡》卻完全沒有等待，完全看透了等待的虛構和世界的各種騙人把戲，並且將「把戲」撕得粉碎。完全是一個看透了的鬧劇，雖是鬧，卻非常深刻、非常嚴肅，也許可稱為高行健的黑色荒誕。

在這之前，高行健所寫的十七個戲劇本中，也有介乎喜劇與悲劇之間的《冥城》，地獄裡的眾生相雖然也鬧得很熱鬧，但其中含有對婦女的濃烈悲憫，因此悲劇性很強。《叩問死亡》的結局雖然是自我了結的死亡，卻沒有悲憫，只是一個黑色的大玩笑，這是高行健對二十世紀虛假觀念的徹底告別。高行健在《沒有主義》、《另一種美學》中對尼采和受尼采所影響而十分誇張的悲劇情懷作過許多批評，而各種名目的革命所強調的犧牲情懷，他更是提出質疑。《叩問死亡》刻意擺脫古典悲劇的內涵和審美形式，徹底拋棄英雄救世的謊言和對救世主的幻想。這個大鬧劇，嘲弄了荒誕的世紀與荒謬的藝術，也嘲弄了人自己。一百年來，社會、政治、文化的騙局比比皆是，看不透的以為是悲劇，看透了便知道是大鬧劇。《叩問死亡》是看透了的《好了歌》，只有「了」（了結），才能好，只有徹底的「了」（死亡），才有重生的可能。劇本最後這一了，貌似輕，實則重，貌似消極，實則積極。

我把《叩問死亡》的審美形式界定為黑色鬧劇，就是說，它既不同於悲劇，也不同於通常的喜劇，甚至也不同於已有的荒

誕劇。說它不是悲劇，是說沒有悲憫，它把當代藝術和當代的一些觀念遊戲視爲「無價值」，也同時嘲弄了現時代喪失了價值的人自己；說它不是喜劇也不是荒誕劇，是因爲此乃大滑稽、大怪異與大玩笑，它把撕毀對象推向滑稽的極端，「鬧」到最後自我消滅，不再給讀者製造任何幻相。這種黑色鬧劇是荒誕劇的發展，它比荒誕劇對現實的揭示具有更強的力度，是一種極高的審美形式。高行健的藝術原創性很強，這種把荒誕推向大滑稽卻反而十分嚴肅（大主題）的戲劇形式，即大鬧即靜的形式，不能不說是一種新的藝術經驗。

（三）

《叩問死亡》的叩問對象是整個當代的人類世界。瑞典學院獻給高行健的諾貝爾文學獎讚辭說，他的作品具有「普世價值」。《叩問死亡》再次證明這一評價十分中肯。其實，早在1986年高行健在中國國內創作的《彼岸》，其視野就超越了中國問題，進入普世性寫作。《彼岸》發表時我也剛剛發表《論文學主體性》，主張文學必須從黨性、集體性裡走出來，把藝術主體的個性內在力量解放出來，去重新獲得自身的個體經驗語言。我讀到《彼岸》特別興奮，印象也特別深刻。這部戲劇已沒有中國背景，也沒有中國情結，它把中國人人都有過的經驗提升爲個人與集體、個人與群眾、個人與權力的普世問題。在「玩繩」的集體遊戲中，繩子突然變成河流，玩繩者爭先恐後爭渡到彼岸，卻全部癱倒在失語的此岸，完全丟失了個人語言。只有一個女人站

在群體之外，從最基本的音節開始，重新教人們學語，可是暴眾扼死了她。一個「人」站出來指責暴眾，眾人卻又要推他爲領袖，他拒絕了，寧可獨處。嚴格地說，高行健的精神逃亡從《彼岸》就開始了。後來他一再強調的「個人的聲音」，一再聲明不做大眾的代言人，也是從那時候開始。他已充分意識到：所謂群眾、大眾、人民，這既是龐大的群體，又是個空洞的抽象，不過是掌權者用來剝奪個人權利的一種幌子。群體與大眾所要求的只是最低的平均數，而藝術家卻應當是充分個人化的，藝術創作也完全是個人的行爲，他追求的不是平均數，而是突破平均數的深度、高度與力度。如果思想者與藝術家迎合群眾的口味，當什麼群眾的領袖和代言人，就注定要落入平均與平庸的末路。

　　高行健逃亡到國外之後，這種告別群體的自覺化作內在創造力，使他更是遠離中國情結，獨立地面對西方、面對人類普遍困境（從生存困境一直到精神困境、乃至人性的困境）。1991年在法國發表《生死界》，1992年發表《對話與反詰》，1993年發表《夜遊神》，1996年發表《周末四重奏》，全是探索普世問題，即所有人（不僅是中國人）的問題。《叩問死亡》也是這種普世性寫作的繼續，而且是一個總結，一個發展。其發展點除了審美形式上進行新的實驗，作品的普世內涵也更爲宏觀，更爲深廣。這部作品是一個對這後現代消費社會人的普遍困境的大哉問。如果說《彼岸》中，個人面對的是權力和暴眾，那麼，《叩問死亡》面對的則是全球化潮流。在此大潮流中，一切都市場化，商品化，連文化也是如此。市場無孔不入，文化消費代替了藝術創

造。佔主導地位的西方文化變成超級大文化，它正在吞食一切異質文化與亞文化，在此潮流中，連民族性都難以存在，個性更是沒有立足之地。由此，世界變得空前乏味，精神普遍蒼白，個人聲音聽不見，人類面臨著一個眞正「失語」的歷史性危機。那麼，人類該怎樣擺脫這一困境？二十世紀一個革命接著一個革命，不僅沒有解決人類的基本問題，反而帶來各種後遺症。革命的藥方不行，全球化潮流又難以阻擋，該怎麼辦？在這種歷史場景中，泛泛談人權、人性、人道、自由都顯得空洞。《叩問死亡》正是在此語境下，對西方時興的文化觀念提出挑戰，我相信，這是對西方文化的一次巨大的觸動。

高行健獲獎之後，有些論者誤認爲他逃避一切，其實，他只逃避市場，逃避集團意志，逃避政治控制，並不逃避問題，並非象牙塔中人。他對人類的普遍問題，不僅介入，而且介入得很積極、很深。只是他不從政治層面上介入，也不從意識形態層面介入，而是從他自己選擇的層面即人的生命價值層面介入，也可說是從存在意識的層面介入。正是從這個層面介入，所以他的思索便明顯擺脫了中國作家往往難以擺脫的三個框架：（1）中華民族的國家框架和民族框架；（2）「持不同政見」的政治框架；（3）本族語言框架。從《彼岸》開始，高行健就跳出第一、第二種框架。出國後高行健完全超越極權、社會制度等問題，不僅揚棄國家背景，而且跳出政見的糾纏。更進一步的是不僅用中文寫作，而且兼用法文寫作，在語言上也走出一國一族的範圍。在中國現代文學發展史上，高行健是第一個如此進入普世性寫作而獲

得成功的作家，並且是用雙語寫作（中文和法文）豐富了世界文學。

（四）

對高行健戲劇的價值早已發現，並深有研究的胡耀恆教授曾說，高行健的最大貢獻，是把「哲學戲劇化」，確乎如此。二十世紀的荒誕派其實也可以說是哲學的戲劇化。因為有這前者的存在，所以我要補充說，高行健的哲學不是思辯，不是邏輯推衍的理念，而是具有深切生命感受的思想，帶著濃厚的血肉蒸氣的思想，他的戲劇甚至可稱為思想家戲劇。他的叩問，是思想家通過戲劇形式對時代的叩問。

高行健在《沒有主義》和其他一些論述文章中，一再表明他的文藝觀，認為文學藝術創作，就是要捕捉當下的感受，尤其是內心那些難以捕捉的感受，然後把這些感受凝結於審美形式之中。我在談論《週末四重奏》時，把此劇界定為「狀態戲」，正是說，高行健對世界戲劇有一貢獻，就是把人的內心狀態變成了鮮明的舞台形象。所謂狀態，就是那種看不見的、難以捕捉的、但又確實存在的精神景觀和精神現實，這是情節無法包容、無法表現的。高行健把這種看不見的、但可以感受到的狀態訴諸戲劇，確實是一種大本領。本是文字難以言傳，高行健卻偏偏賦予充分的文字表述，這充分便是創造，便是意義。高行健不僅在表述中發現文字藝術的意義，從而也賦予人生的意義。

李澤厚在新著《歷史本體論》中多次以高行健的劇本為

例，論述歷史本體與生命本體時，引述《夜遊神》劇本中的一段對話，作出這樣的評釋：

> 詞説著人，人就是詞，是詞的各種組合支配下的一部分、一分子。這不是「眞」的你，然而又正是你。人生就是如此。怎麼辦？沒奈何！這人也就是「我活著」——人生的無奈。高的作品那麼多性愛描寫，我以爲眞正突出的就是人活著的無目的性：人生無目的，世界無意義。也許作者本人並不認同甚或反對這一解釋，但這正是我要提出的問題。

澤厚兄提出了一個很重要的問題，可視爲行健叩問的叩問，這也是我的一個問題。我覺得，說行健持有「無目的」觀，似乎並不冤枉，但說行健完全撕掉意義又似乎說不過去。《叩問死亡》中有一段緊要的話：

> 這傢伙好邪惡，跟這世界一樣齷齪，唯一的區別只在於：這世界原本無知，而他卻充分自覺。

在高行健看來，世界是無知的，因此也談不上什麼目的。世界會走向何處？歷史會走向何處？地球原先是恐龍的世界，現在的主人則是人類，而人類有文字記載的文明史才幾千年。幾千年的世界變化如此之大，將來如何？誰也無法知道。

種種烏托邦與其說是預言，不如說是謊話，世界並沒有什麼終極目的和終極意義，高行健在粉碎終極目標和救世主的神話的同時，只肯定了一點，這就是：人有「自覺」，也即有意識，而意義就在於人對自身和世界的意識之中。高行健的每一部小說

和戲劇，都充分意識到人的尊嚴與價值，都在為人的基本價值而呼喚。他的創作，正是對人自身和對世界的意識的審美提升，這提升，又是無目的的合目的性，是最高目的。二十世紀的各種革命、主義、體系和社會價值觀，對人的價值與尊嚴一再掃蕩，而在後現代全球化不可阻擋的潮流下，藝術和藝術家都被商品消費的機制解構了，藝術中的人性和人性尊嚴變成無意義。高行健對無意義的揭示正是重新肯定人的意義，尤其是個體生命、個體聲音的意義。《叩問死亡》恰恰是通過個體生命被抹煞後的無價值呈現進行反抹煞，換言之，是通過「無」呼喚「有」，即通過對虛偽價值觀的撕毀而尋找生命的原點和生命價值的最初依據。所以，讀了高行健的作品，包括《叩問死亡》，不僅不會悲觀或頹廢，反而會獲得一種告別虛假價值觀的力量，不再沉緬於種種主義製造的幻覺之中，而會抓住生命的當下，努力實現的本真本然的意義。

閱讀高行健的作品並領悟其中的奧妙，令人意識到作為活生生的人不必為外在的權力而活，不必為政治理念和烏有之鄉而活，更不必為那些虛假的價值觀與倫理觀而活，倒是應當為自己的生命當下而活，而發出瞬間的光明。當然，這種活法必要的前提是自由。自由，不僅是人身自由，而且是充分表述的自由。人的行為自由總是受限定的，而人的精神自由卻無邊際，也沒有限制。然而，不管何種自由都須有這樣一點意識：自由是自給的，不是他給的。自己不去爭取，即使擁有自由的條件與環境，也不可能擁有自由。讀了《叩問死亡》，令人意識到告別他人製造的

體系和主義，拒絕捲入時代潮流，回到生命，活在當下，才可能
有所創造。這就是高行健的價值觀，意識即意義的哲學觀。這種
哲學不是思辯，也不是體系，自然也沒有體系空洞的言說，而是
屬於高行健個人切實的認識。這是他一個人的聖經，這一聖經使
他在當下把握住無限自由進行精神價值的創造，又使他勇於面對
權力、市場等無所不在的大潮流，挑戰社會和獨戰多數，保持其
精神獨立，並不斷發出叩問和生命個性的光輝。

寫於2004年2月8日

論高行健狀態
——在香港大學、科技大學、浸會大學、 理工大學的講演

（一）

　　高行健獲得諾貝爾文學獎，確實是件劃時代的大事。余英時先生得到消息後，引用蘇東坡的兩句詩並改動三個字，祝賀高行健：「滄海何曾斷地脈，白袍今已破天荒。」〔註〕可謂非常貼切，高行健的確破了百年天荒。

　　高行健今年六十歲，屬龍。所以，2000年（龍年）算是他的本命年。他比我大一歲，但在我心目中，他一直是一條比我聰穎的文學之龍，只是相貌有點烏黑，完全沒有龍的強悍之狀。高行健獲獎後，我又一次覺得中國「葉公好龍」者太多。拿不到諾貝爾獎時，怪人家有政治偏見；拿到諾貝爾獎後，又怪人家有政治目的。同行中不少人反應模式也幾乎是一樣的：意外，高興，說「未必最好」。倒是法國、瑞典和其他一些「異國」的反應非常率真，法國總統、總理、文化部長給高行健的賀電說：「你以中國文學豐富了法國文學」，一語道破了真諦。能夠用漢語寫作的中國文學豐富了拉伯雷、蒙田、盧梭、雨果、巴爾扎克、福樓拜、左拉、斯湯達、波德萊爾、普魯斯特、卡繆這些天才們創造的文學傳統，這是何等的光榮，我真為高行健高興。瑞典文學院

更是直言不諱地說：《靈山》是一部「罕見的、無與倫比的文學傑作」，高行健以「作品的普世價值，刻骨銘心的洞察力和聰明機智的語言爲中文小說藝術和戲劇開闢了新的道路。」馬悅然甚至說：《靈山》是「二十世紀最偉大的小說之一」。這種審美判斷斬釘截鐵，不留任何餘地。不像我們考慮那麼多，生怕說出「偉大」二字會傷害文學老前輩和得罪自負的同輩、下一輩。相比之下，才覺得「性情在別處」、「天眞在天涯」。

　　高行健早在1987年就到法國，1997年才正式加入法國國籍。屬於法籍華裔作家，正像楊振寧、李政道等屬於美籍的中國華人科學家。尤其重要的是，高行健一直是用漢語寫作，他的代表作長篇小說《靈山》和《一個人的聖經》是用漢語寫作的，然後才翻譯成瑞典文、法文、英文。他的十八個劇本，也只有四個是用法文寫的，其他都是用漢語寫的，至於他的文學理論著作，更是漢語寫成的。因此，他的得獎，是漢語寫作的勝利。也就是說，瑞典文學院這個獎雖然是授予高行健，實際上首先是發給漢語，發給我們母親的語言，這是我們母親語言的勝利。五四運動中，激烈的改革者如錢玄同等，曾經主張廢除漢字，以後又有人主張我們的文字應當拉丁化，對漢字漢語沒有信心。也有的作家覺得我們的語言文字所傳達的情思很難與世界相通，認定「美文不可譯」，但是，高行健的寫作成功，說明漢語寫作的美文可以打動西方人的心，可以和世界上任何一種語言寫作媲美，漢語擁有無限光明的遠大前景，它可以創造具有「普世價值」的最精彩的文學作品。因此，高行健獲得諾貝爾文學獎時，我們爲之慶

賀，這乃是一種原始的民族文化感情，女媧、倉頡子孫的原始感
情，這種情感近乎本能。1998年，葡萄牙的左翼作家、共產主義
者薩拉馬戈獲得諾貝爾獎，葡萄牙政府立即聲明我們要放下分
歧，共同慶祝「葡萄牙語的勝利」。在歐洲，葡萄牙語屬於小語
種，能出現一位用葡語寫作的大作家，誰都高興。這是一種原始
性的喜悅，一種帶有民族本眞本然的喜悅。可惜，我們的一些同
胞連這種喜悅都沒有，他們離自由太遠，離文學也太遠，連母語
的光榮都無法靠近。

（二）

　　我認爲瑞典文學院在21世紀頭一年把該獎項授予高行健，
這種選擇本身，也是一大傑作。這次授獎的歷史場合和二戰之後
的冷戰時期不同。在冷戰時代裡，確實存在著意識形態的對立，
因此，瑞典文學院把諾貝爾文學獎授予前蘇聯的索忍尼辛與巴斯
特納克，引起蘇聯政府與作協的強烈攻擊，然而，到了1970年
代，瑞典文學院又把該獎授予蘇共中央委員蕭洛霍夫，這已說
明，他們把文學水平放到第一位來考慮，至於作家站在何種政治
立場，那是作家的自由，他們不想干預。瑞典文學院沒有政治目
的，但有價值取向。諾貝爾在遺囑中要求文學獎授予「富有理想
主義的最傑出的作品」，這個「理想主義」，就是價值取向。儘管
什麼才算理想主義常有爭論，但是，體現人類理想應當是和平的
即非暴力的，是眞誠的而非虛僞的，是良善的而非邪惡的，這種
經過人類數千年歷史積澱而形成的價值取向即基本價值立場還是

可以把握的。像日本的三島由紀夫，在日本可說是真正的大作家，但是他崇尚暴力，諾貝爾文學獎就難以授予這種價值取向的作家。

　　高行健獲獎的歷史背景，不是十年前、二十年前的冷戰背景，而是全球精神沉淪的背景，即史賓格勒在《西方的沒落》一書中所預言的第三維度（人文維度）全面萎縮的背景。在這種背景下，高行健所表現出來的狀態，反叛一切物質壓力與物質誘惑而以全生命投入精神價值創造的狀態，顯得特別寶貴。這是一種反潮流的狀態，中流砥柱似的狀態。

　　高行健是個最具文學狀態的人。什麼是文學狀態，這一點中國作家往往不明確，而在瑞典、法國等具有高度精神水準的國家中，則是非常明確的。在他們看來，文學狀態一定是一種非「政治工具」狀態，非「集團戰車」狀態，非「市場商品」狀態，一定是超越各種利害關係的狀態。這一點高行健也很明確，他的所謂「自救」，就是把自己從各種利害關係的網絡中抽離出來。而所謂逃亡，也正是要逃離變成工具、商品、戰車的命運，使自己處於真正的文學狀態之中。

　　有些作家以為自己在寫作，就必然處於文學狀態之中，其實未必。看到許多作家非常聰明也非常世故，無論是地位、名號，還是金錢、玩樂，什麼都要，把功夫用於詩外，在官場上商場上都混得很好；還有些作家，口頭上談佛、談禪，但名利心很重，什麼都要，什麼都放不下，如《紅樓夢》中的「好了歌」所云：「世人都曉神仙好，唯有功名忘不了」，「世人都曉神仙

好，只有金銀忘不了」。這「忘不了」與「放不下」的狀態，當
然不是文學狀態。高行健喜歡禪宗，是真的喜歡。他不僅喜歡，
而且身體力行，把世俗所追求的一切都放下，對世俗的花花世界
毫無感覺。他在巴黎十幾年，沒有固定的工資收入，幾乎是靠賣
畫為生，過的是粗茶淡飯捲紙煙的日子，但他對貧窮也沒有感
覺，唯有對藝術十分敏感。高行健把禪宗的價值觀與生命狀態融
為一體，所以贏得大自由。

　　在中國二十世紀的傑出作家群中，真正具有徹底的文學立
場的作家很少。像茅盾這樣有才華的左翼作家，也不得不把自己
的作品變成政治意識形態的形象轉達形式（如《子夜》）。1949年
之後，連老舍、巴金也不能不放棄文學立場，把文學變成為政治
服務的工具。即使魯迅這樣偉大的作家，也不能不聲明自己願意
「聽將令」，把自己的部分作品變成「遵命文學」。1992年高行健
在倫敦大學的講演中就為魯迅與郭沫若惋惜。他說：「魯迅有
《吶喊》、《徬徨》與《野草》，都是大手筆，至今仍可再讀。可
惜他們後來都捲進了革命大熔爐，難以為繼，一個打筆仗耗盡了
精力，一個弄成大官，作為擺飾，供養起來，便失去了靈性。」
（《沒有主義》第112頁）當官的御用狀態與打筆仗的鬥士狀態都
不是真正的文學狀態。左翼作家之外，像張愛玲這位本是反潮流
的作家，最後也守不住文學立場，寫了《赤地之戀》這種政治號
筒式的小說，演成天才夭折的悲劇。二十世紀下半葉，在老作家
中，能把文學立場貫徹到底的，似乎只有沈從文，可是他的後半
生幾乎沒有作品。八十、九十年代，大陸新崛起的作家，倒有幾

個堅持文學立場的中青年作家，但最徹底的是高行健。因爲文學立場的徹底，所以他只做「文學中人」，而不做「文壇中人」，遠離「作協」，遠離文壇，甘爲文壇的局外人。在中國，各級作協的會員兩三萬人，而高行健只有一個。他既不聽「將令」，也不聽大眾的命令。一個具有徹底文學立場的人，一定拒絕交出自由。所謂大眾，正是要求作家交出自由而服務於消費的群體，高行健以堅定的態度對大眾說「不」，包括不做大眾的代言人。

（三）

高行健的徹底的文學立場，使他選擇了流亡（逃亡）之路與退回自身（退回到自己的角色）之路。

逃亡，從表面看，是一種消極的被動的行爲，事實上，這是一種非常積極的主動的行爲。

從高行健身上可以看出，逃亡，不是逃跑、逃脫與逃避，而是一種堅持與守衛。也就是說，逃亡正是堅持與維護最積極的文學狀態乃至整個生命的自由狀態，也正是堅持與護衛一種未被歪曲的文學精神與文學信念。高行健多次爲中國文學中的隱逸精神辯護，而《靈山》本身又進入文學藝術的巔峰境界——逸境，顯然是他看到隱逸正是對文學藝術精粹的保持與守衛，置身局外完全是爲了保護局內。中國最早的隱逸者與逃亡者伯夷與叔齊，他們的逃亡固然是對使用暴力方式更換政權的拒絕，更爲重要的是爲了延續一種非暴力的文化精神。王國維的自殺，也不能視爲消極的行爲，不能視爲被歷史所拋棄而躲進死亡的深淵。王國維

的自殺，實際上是一種自救的特殊形式與極端形式，是為了守衛和延續他自己的文學信念與美學信念：如果他不自殺，他就可能像1949年之後的一些學者反過來踐踏自身的學說與尊嚴。因此，與其說是被歷史所拋棄，還不如說是王國維把歷史從自己身上拋擲出去。優秀的作家，總是擁有一種一般作家所沒有的天馬行空的力量，這種力量可以把時髦的潮流從自己的身上拋擲出去，也可以把實體結構意義上的國家從自己身上拋擲出去，而帶著精神結構意義上的國家（即文化）浪跡四方。在高行健心目中，逃亡，正是精神結構的漂移，是文化的延續。他遠在法國，但是，禪宗文化的精粹卻在他身上保持得最好也發揮得最精彩。1993年夏天，在斯德哥爾摩大學召開的學術討論會上，我發表了〈文學對國家的放逐〉，其中心的意思是說，一個擁有人格力量的作家，不能總是徘徊在「被國家所放逐」的創作模式上（即「離騷模式」），而應當創造「自我放逐」與「放逐國家」的模式。放逐國家，不是不愛故國，而是在文學創作上把文學立場放在國家立場之上，然後穿越國家的限制而發出個人的聲音。五四時期的文學改革者呼籲要打破「國家偶像」，也是這個意思。

　　高行健在「逃亡」之後所找到的精神立足點是自身，也就是「退回到他自己的角色中」。這種退回，不是後退，而是一種前進，一種向內心的大前進，一種向人性深層與意識深層的積極挺進。文化是一種向內尋求的事業，文化與文明乃是兩個不同的概念，文明主要是指外部的物質工藝系統，文明的進步是向外尋求的結果；而文化則主要是指內部的精神建構，它是向內尋求的

結果，即精神價值創造的結果。文化可解釋爲以人爲起點（從動物界分化出來的人）向天國（最高精神境界）上升過程中留下的痕跡。以文化的眼睛看宇宙人生，才會看到天堂、地獄都在自己身上。高行健借助禪宗，正是爲了「直指人心」，直逼人性深處與思想深處。《靈山》描寫正是他經歷了瀕臨死亡的體驗之後的內心旅程，這是一部小說，又是一部精神漫遊史。初看時，是《老殘遊記》似的江湖外部歷程，細看後才知道是精神的內在歷程。主人公尋找的是一個永遠難以企及的未被中原官方文化所汙染的精神本體──「靈岩」。這是一個南方楚文化的圖騰，又是脫離宗教色彩的禪文化的圖騰，而且是主人公所憧憬的審美理想的圖騰。這個圖騰是高行健的精神彼岸，他的81節小說（影射八十一難），每一節都是一隻小船，一船又一船，一程又一程，他想靠近的就是距離現實的噩夢非常遙遠的彼岸。《靈山》籠罩著原始的、神秘的氛圍，精神漫遊者在此氛圍中遇到各種各樣的靈異人物，從引誘男人的朱花婆到喜歡巴哈「安魂曲」的女研究員，到身體新鮮而敏感的文化館姑娘，以至雕刻天羅女神的老人，全都是通向靈岩的中介，這些中介負載的不是正統儒家教化文化的陳腐面孔，而是自然文化、民間文化、邊緣文化的清新的神韻。主人公的軀殼朝著故國的邊陲愈走愈遠，朝著內心目標的前行也愈走愈深，深到最後竟然分不清此岸與彼岸，分不清現實世界與超驗世界。（《靈山》第51節描寫那個偶然遇到的姑娘又突然不見後，寫道：「還哪裡去找尋那座靈山？有的只是山裡女子求子的一塊頑石。她是個朱花婆？還是夜間甘心被男孩子引誘

去游泳的那個少女？總之她也不是少女，你更不是少男，你只追憶同她的關係；頓時竟發覺你根本說不清她的面貌，也分辨不清她的聲音，似乎是你曾經有過的經驗，又似乎更多的是妄想，而記憶與妄想的界限究竟在哪裡？怎麼才能加以判斷？何者更為真切，又如何能夠判定？」）然而，正是在精神深處的漫遊中，他才能與那些又美麗又奇特的女子相逢，而人生最高的愉悅就在這種奧德賽似的精神漫遊與精神相逢中。

　　《靈山》所描寫的是對生命本體的追求與體驗，追求中有一種對人類本真本然的精神的回歸。人到中年，才剛剛進入人生，馬上又面臨著死亡，生命之謎哲學無法解釋，人的劣根性良知無法醫治，神祕的經驗書本無法傳授，只好自己去經歷去發現。《靈山》正是作者對人生之謎的叩問，這種尋求與叩問，恰恰能打動處於生存困境的西方讀者。處於物質重壓下的讀者們，大約可從《靈山》中呼吸一股清新的空氣，這是邏輯文化與程序文化籠罩下的西方世界所沒有的空靈文化與感悟文化的清新氣息，這種氣息也許可以呼喚沉淪中的人類的天真。正是這樣，《靈山》打通了東、西方讀者的心靈，贏得了「普世價值」。高行健的精神十字架，縱向的是中國文化的「南」與「北」，橫向的是人類文化的「東」與「西」，他把東西南北的文化氣脈打通了。西方讀者不僅被他戲劇之中的荒誕感所打動，而且又被他小說之中的冷觀眼睛和文化精神所打動。

（四）

高行健「退回到自己的角色之中」，其積極的意義還在於他退回到完全個體的美學立場。他的巨著《一個人的聖經》，重要的是「一個人」，是個體生命。這不是一群人的聖經，也不是一代人的聖經，更不是一國人的聖經。這部聖經是個人的聲音，不是上帝的聲音，也不是使徒的聲音；它沒有神的神聖價值，但有個體生命的神聖價值。他不代表任何人，也不代表人民大眾。因此，他不是代表受壓迫的一代人去譴責，去控訴，而是「一個人」的驚心動魄的生命體驗與生命故事。

這「一個人」具有充分的個性，他的政治心理、造反心理、性心理都是充分個人化的。高行健只管個性，不管共性和典型性，不把個人形象變成群體的「共名」（何其芳的概念）。典型性是別林斯基和馬克思主義的主要文學概念，但高行健拒絕接受。典型性觀念往往會誤導作家刻意去表現一群人、一代人、一階級人的所謂本質，即刻意去追求所謂的歷史本質，結果是扼殺個人的生命活氣，也就是說，按照共性與典型性的假設去設計人物和編造故事，會把文學中的人物形象變成死物和死人物。只有把人還原爲「個體」，這個人和這種文學才會活起來。楊煉在評論高行健時說了一句很精彩的話，他說：「落到『個人』處，中文文化仍然活著。」

在二十世紀的中國，無論是在政治思想領域，還是文學領域，都有一個重大的但是完全錯誤的觀念，這就是不把人看作「個體」，不看作「一個人」，而是把人看作群體當然的一員、一

角、一部分,即所謂群體大廈的一塊磚石。與此相應,也就不是
「一個人」獨立地去面對世界和面對歷史,而是合群地面對世界
和歷史。這種觀念發展到最後,就是以群體和國家的名義要求所
有的知識分子都要充當救國救民的救世主,要麼充當人民英雄,
要麼充當受難者。高行健對此一再提出質疑。他說,整個中國近
代的歷史,中國知識分子在確認自身的價值時,總是不得不把救
國救民的重擔壓在自己的肩上,這種狀態是不是一種歷史的必
然?中國知識分子能否有更好一點的命運?高行健認為,可以選
擇更好的命運。這種選擇,就是「自救」,就是要從群體的觀念
模式中解脫出來。

在流行的社會意識中,人們不把人看作「一個人」,而看作
群體中的一個分子,那麼,他們就要求這個分子為一群人說話,
為一群人犧牲,為一群人服務,也就是「你必須」。高行健的自
救,是「我不承認我是群體的一分子」,我不受群體的擺佈和驅
使,我只做我願意做的事。「我」作為一個人,只對自己的良心
負責;作為一個作家,只對語言負責,也就是說,我的觀念不是
「你必須」,而是「我願意」。所謂作家的主體性,全在於「我願
意」之中。我願意的寫作狀態,才是活的狀態,自覺的狀態。

高行健正是這樣通過充分的個體化而堅持了文學立場。文
學看起來最軟弱,然而文學一旦真正成為文學,它又是最強大
的。

在上一世紀國家神話的政治壓力下和充當社會良心的道德
壓力下,作家要回到充分的個體化立場(把人視為個體)是非常

困難的。個體立場因爲超越了兩極對立的集團之爭,便被當作
「第三種人」的立場和被當作「民主個人主義者」的立場,從魯
迅到毛澤東,都批判這種立場。與此相關,在現代文學歷史上,
也完全沒有隱逸的權利,連魯迅也對隱逸進行很激烈的嘲諷與鞭
韃。直到今天,學界的一些朋友,仍然不能尊重逍遙的權利,也
不能理解逍遙的存在方式對文學藝術的意義。有人甚至認爲這是
對人民苦難的漠視,從而對這種方式進行道德審判,這種審判其
實正是歷史對文學藝術的道德扼殺。扼殺者只知道同一層面上的
對抗,不知道另一層面——另一精神維度上的拒絕是怎麼回事,
也不知道,選擇隱逸方式,乃是一種自由選擇的權利。每個人都
可以自由選擇,你可以選擇去犧牲,去與強權肉搏,但不能要求
別人跟著你去犧牲、去肉搏。

二十世紀的世界文學巨人,從卡夫卡到卡繆到《齊瓦哥醫
生》的作者巴斯特納克,都是站在高維度上對黑暗現實的拒絕。
這種拒絕與沙特式的公開對抗不同,但它對黑暗的否定卻是致命
性和毀滅性的。生活在政治狀態而遠離文學狀態的人,永遠無法
理解卡夫卡方式、卡繆方式。他們以爲索忍尼辛的方式才是對人
民苦難的關懷,而不知道卡夫卡方式是更深的關懷。在荒誕式的
寓言背後(笑的背後)是作家最深邃的眼淚。高行健的方式是卡
夫卡和卡繆的方式、巴斯特納克的方式,而不是索忍尼辛的方
式。

高行健比同時代的中國作家更清楚地看到群體(包括大眾)
對文學的危害,更清楚地知道剝奪寫作自由的力量不僅來自官

方，也來自大眾和來自同行。大眾與同行作爲一個群體時，他們
往往扮演個體自由的剝奪者。《一個人的聖經》所暗示的正是：
任何群體運動和群體方式，其最後的結果都是要你交出自由。因
此，你要贏得自由，不能指望官方，也不能指望大眾與同行的恩
賜，而要靠自己去爭取。只有從群體的觀念與方式中逃脫，贏得
力量獨立面對世界與歷史時，你才獲得自由。一個深刻的精神價
值創造者，不能期待許多人去理解他。在最深的精神領域，最後
只有孤獨者對孤獨者的對話。高行健在獲獎前的孤島狀態，是一
種正常的文學狀態。

　　五四新文學運動之後，中國文學的主流陷入「救亡」的模
式與「啓蒙」的模式。無論是救亡還是啓蒙，著眼的都是一國
人、一代人或一個階級、一個階層的人，因此，在文學中所尋找
的典型人物，其所謂共性，也止是一代人的特性、一國人的特
性、一個階級的特性。這種思路開始時也出現過傑出的作品，如
魯迅的《阿Q正傳》，它可算是揭示了一國人的劣根性。但是，
這種思路後來因爲走火入魔而走向絕路，上世紀六、七十年代所
出現的「英雄人物」或反面人物便一律是一個階級的代表。《一
個人的聖經》提供給我們的藝術經驗很多，但首先是這部小說完
全是「一個人」的生命體驗與「一個人」的藝術實踐，是他人不
可重複的體驗與實踐。這個人不論是參與群體活動(文化大革命)
的方式，還是性愛的方式，都是屬於他自己的。這個人在歷史上
某一瞬間的行爲、語言與情感，都是獨一無二的，任何其他文本
難以複製的。同代人（例如我）可以因爲他再現我們經歷過的時

代而易於理解或受感動，但不會覺得「這個人」就是我的代表、我的代言人。他在公共生活與私人生活中的方式與我完全不同。在《一個人的聖經》中，群體完全是一個陌生者，一個讓個人難以生存的人類異化體。這「一個人」在群體的生活方式下惶惶不可終日，無處棲身，格格不入。這「一個人」在群體生活模式中，尤其是在群體革命模式中，完全不相宜。《一個人的聖經》反映出高行健本人對生存狀態的一種要求，這種狀態應當是個人擺脫群體名義與群體束縛的自由狀態。

（五）

　　退回自身，很容易被誤解爲退回到「表現自我」的創作立場。高行健卻完全不是這樣，他從未落入自我的陷阱。恰恰相反，他在退回自己的角色之後，卻對自我保持了最清醒的認識並對「自我的上帝」進行最深刻的反省，這種反省又集中在他對尼采式個人主義的批評上。他說：

> 尼采上個世紀宣告上帝死了，崇尚的是自我。今天的中國文學大可不必用那個自我再來代替上帝。更何況，那個自我在卡夫卡之後，他已經死了，這是一個舊價值觀念迅速死亡的時代。我以爲，我們的文學與其要西方那個迷醉的酒神，倒不如求得對自我和文學清醒的認識。這也包括不要把文學的價值估計過高，它只是人類文化的一個表象。文學家不是討伐者也不是頭戴統一編號環的聖徒。我們一旦從文學中清除了那種創世英雄和悲劇

　　主角的不恰當的自我意識，便會有一個不故作姿態而實
實在在的文學。（《沒有主義》第113頁，聯經，2001）

　　高行健對尼采的認識，可以說是當今世界（包括中國與西
方）的作家與學者對「自我上帝」最清醒的認識。倘若說，尼采
宣布「上帝死了」，那麼，高行健宣布的是「自我的上帝死了」。
死的不是上帝，而是企圖取代上帝地位的各種妄念。高行健的文
學理論與藝術理論是建設性，而在思想建構中讓人最為震撼的是
他對三項歷史性神話的質疑：

　　（1）對自我神話的質疑。

　　（2）對現代知識分子救國神話的質疑。

　　（3）對二十世紀藝術革命神話的質疑。

　　這三種質疑，也可歸結為一種，這就是對尼采式個人主義
膨脹的質疑。

　　高行健認為，上帝一死，人人都以為他有可能成為上帝。
尼采也是如此。他的超人，就是新的「自我的上帝」。尼采以為
他可以取代上帝而成為新的救世主。這種幻覺，使他走向瘋狂。
高行健認為，只有打破這種自我的超人的神話，把尼采還原為脆
弱的人，才有「清醒」。

　　這種自我神話，又派生出一種集體的更加膨脹的大我的神
話，這就是中國現代知識分子的救國神話。他說：五四時期那個
剛剛覺醒的自我，「一旦呈現在民族與國家或階級集合利益面
前，便不難融為一體，膨脹為大我，變為民族、祖國、階級的代
言人，個體精神的獨立自主很容易被民族與階級集體意識吞沒。

無怪魯迅式的革命激進主義、胡適式的自由主義、郭沫若式的對
共產主義的投入，抑或周作人式的對帝國主義的投降，都可以籠
罩在救國救民的大旗下，哪怕有時只爲拯救自己。」(《沒有主義》
第99頁) 高行健認爲，上世紀八十年代末，救世的浪漫情懷重新
成爲一股強勁的思潮，中國知識分子又重覆扮演從民族國家英雄
到受難者的歷史角色。然而，在救世的神話之下，知識分子卻失
去個人的生存空間與精神活動空間。除了中國，二十世紀在世界
範疇內發生的尼釆式的自我膨脹，表現在繪畫領域是畢卡索之後
的不斷的藝術革命。這些藝術革命者不是眞正的藝術創造者，而
是幻覺中的造物主。過去是零，傳統是零，藝術是零，藝術從他
開始，這種造反派，以思辯代替藝術，以哲學觀念代替審美，又
進入另一番瘋狂。他在1999年完成的藝術論著《另一種美學》，
正是對二十世紀不斷顛覆前人、不斷藝術革命的總反省。

　　高行健對自我的清醒認識，使他的「逃亡」不僅是逃避集
體的意志，而且也逃避自我的虛妄的意志。他的使政府與政府反
對派均不愉快的劇作《逃亡》，表現的正是這種主題。《逃亡》
的時間是六四之夜，地點是廢倉庫的地下室，人物則只有三個：
一個青年學生，一個學生救助下的姑娘，一個厭惡政治但又參加
簽名抗議的中年知識分子。三個人在逃亡中發生思想衝突和情愛
糾葛，其中最重要的一段對話是：

　　　　青年人：（轉爲冷靜，含有敵意）原來你也在逃避我
　　　　　　　　們？逃避民主運動？
　　　　中年人：我逃避一切所謂集體的意志。

　青年人：都像你這樣，這個國家沒有希望了……

　中年人：我只拯救我自己，如果有一天這個民族要滅
　　　　　亡，就活該滅亡！你就要我這樣表白嗎？
　　　　　還有什麼要問的？審問結束了嗎？

　青年人：（茫然）你是一個……

　中年人：個人主義者還是虛無主義者？我也可告訴
　　　　　你，我什麼都不是，我也不必去信奉什麼
　　　　　主義。

　　高行健在劇中暗示，這個青年人能夠逃脫強權政治，但很難逃脫集體意志和「國家神話」這種觀念。他說：「中國知識分子不曾把國家觀念與個人意識分明區別開。對個人精神活動的自由伸張總十分膽怯，中國知識分子近一個世紀來不乏為國為民乃至為黨請命而不惜犧牲生命的英雄，但是公然宣稱為個人自由思想和著述的權利而冒天下之大不韙的可說無幾。」（香港《文藝報》1995年第一期第46頁）劇中的青年人仍然被圍困在悲壯的觀念中，仍然把敢於逃避集體意志伸張自由思想權利視為「沒有希望」，這其實正是最難逃開的自我設置的地獄。所以他說：「我以為人生總在逃亡，不逃避政治壓迫，便逃避他人，又還得逃避自我……而最終總也逃脫不了的恰恰是這自我，這便是現時代人的悲劇。」（「關於逃亡」，《沒有主義》第207頁）

　　《逃亡》最後的結局，是「中年人」發覺到唯一的出路：「我只是躲開……我自己」。高行健在《逃亡》的劇作以及之後的闡釋中，給人類文化提供一個最清醒的認識——「自我」乃是最

後而最難衝破的地獄。沙特貢獻的「他人是自我的地獄」的哲學命題，而高行健貢獻的是「自我是自我的地獄」的文學命題。毫無疑問，後一個命題比前一個命題更深刻、更透徹。在當今世界利己主義橫行的時代，後一個命題更爲重要。而對於那些一心救國救民的知識分子來說，這個命題也作了這樣的提醒：救國救民是好的，但必須首先救治自己。要知道，人間所有的專制權力，都是建立在人性的弱點之上，建立在每一個「自我」的弱點之上。如果每一個自我都能對自己的聰明保持警惕，都能撲滅自己的弱點，都能打破種種精神鎖鍊，都能理直氣壯地維護自己精神創造的權利，都能逃出各種主義、集團、市場的天羅地網，那麼，專制權力能奈我何？它的立足基礎又在哪裡呢？

（六）

對自我的清醒認識，幫助高行健創造了一種冷文學與「高行健小說文體」。

高行健在「我主張一種冷的文學」（《沒有主義》第16頁）一文中說：「文學作爲人類活動尚免除不了的一種行爲，讀與寫雙方都自覺自願。因此，文學對於大眾或者說對於社會，不負什麼義務，倫理或道義上的是非的裁決其實都是好事的批評家們另外加上去的，同作者並無關係……這種恢復了本性的文學不妨可以稱之爲冷的文學，以區別於那種文以載道、抨擊時政、干預社會乃至抒情言志的文學。這種冷的文學自然不會有什麼新聞價值，引不起公眾的注意。它所以存在僅僅是人類在追求物慾滿足

之外的一種純粹的精神活動。」

　　除了高行健自己闡釋的外在意慾之外，「冷文學」還可以解讀爲內在的冷靜文學。也就是說，所謂「冷」，並不是對人對社會的冷漠，而是一種冷靜的寫作狀態。無論是戲劇創作還是小說創作，他都表現得極爲冷靜。這種冷靜，正是來自對自我最清醒的認識和來自對自我浪漫情懷的抑制。爲實現自我抑制，則用兩種最重要的手段：

　　（1）進行嚴格的自我解構。

　　（2）設置自我審視（冷觀）的藝術結構。

　　前者使其作品產生表現現實的力度，後者則導致以人稱代替人物的高行健小說文體的產生。

　　最徹底地撕下自我的各種面具，把個人還原爲一個脆弱的人，這是高行健自我解構的第一步。在《靈山》中，他把自我放在死神面前，結果發現這個自我充滿恐懼，什麼力量也沒有，什麼也不是。他被誤斷爲肺癌，在複查拍片的瞬間，人性全部脆弱都曝露了，他揭示此時此刻的自我：

　　　　秋天的陽光眞好。室內又特別蔭涼，坐在室內望著窗外陽光照射的草地更覺無限美好。我以前沒這麼看過陽光。我拍完側位的片子坐等暗房裡顯影的時候，就這麼望著窗外陽光。可這窗外的陽光離我畢竟太遠，我應該想想眼前即刻要發生的事情。可這難道還需多想？我這景況如同殺人犯證據確鑿坐等法官宣判死刑，只能期望出現奇蹟，我那兩張在不同醫院先後拍的該死的全胸片

不就是我死罪的證據？

我不知什麼時候，未曾察覺，也許就在我注視窗外陽光的那會兒，我聽見我心裡正默唸南無阿彌陀佛，而且已經好一會了。從我穿上衣服，從那裝著讓病人平躺著可以升降的設備像殺人工廠樣的機房裡出來的時候，似乎就已經在禱告了。

這之前，如果想到有一天我也禱告，肯定會認爲是非常滑稽的事。我見到寺廟裡燒香跪拜喃喃吶吶口唸南無阿彌陀佛的老頭老太婆，總有一種憐憫。這種憐憫和同情兩者應該說相去甚遠。如果用語言來表達我這種直感，大抵是，啊！可憐的人，他們可憐，他們衰老，他們那點微不足道的願望也難以實現的時候，他們就禱告，好求得這意願在心裡實現，如此而已。我不能接受一個正當壯年的男人或是一個年輕漂亮的女人也禱告。偶爾從這樣年輕的香客嘴裡聽到南無阿彌陀佛我就想笑，並且帶有明顯的惡意。我不能理解一個人正當盛年，也作這種蠢事，但我竟然祈禱了，還十分虔誠，純然發自內心。命運就這樣堅硬，人卻這般軟弱，在厄運面前人什麼都不是。

我在等待死刑的判決時就處在這樣一種什麼都不是的境地，望著窗外秋天的陽光，心裡默唸南無阿彌陀佛。

這個脆弱的自我，在《一個人的聖經》中得到更徹底的還原。不僅通過故事進行還原，而且在故事敘述的同時，還作了最

坦率的自白：

> 你總算能對他作這番回顧，這個注定敗落的家族的不肖子弟，不算赤貧也並非富有，介乎無產者與資產者之間，生在舊世界而長在新社會，對革命因而還有點迷信，從半信半疑到造反。而造反之無出路又令他厭倦，發現不過是政治炒作的玩物，便不肯再當走卒或是祭品。可又逃脱不了，只好帶上個面具，混同其中，苟且偷生。

> 他就這樣弄成了一個兩面派，不得不套上個面具，出門便帶上，像雨天打傘一樣。回到屋裡，關上房門，無人看見，方才摘下，好透透氣。要不這面具戴久了，黏在臉上，同原先的皮肉和顏面神經長在一起，那時再摘，可就揭不下來了。順便說一下，這種病例還比比皆是。

> 他的真實面貌只是在他日後終於能摘除面具之時，但要摘下這面具也是很不容易的，那久久貼住面具的臉皮和顏面神經已變得僵硬，得費很大氣力才能嘻笑或做個鬼臉。

在文化大革命中，這個自我——「他」充當過造反派，混跡「革命」之中，為了混過去，他帶著假面具，變成自己的異化物。但是，即使變成異化物，還是混不下去。這個荒誕的世界無處可以逃遁，無處可以安生。革命的風暴，不僅毀滅了他的幻想，而且也毀滅了他的面具，於是，他乾脆把面具放下，給自己一個更徹底的還原。還原後的自我，不僅是個脆弱的人，而且是

什麼都沒有的「無產者」。他不僅沒有宗旨，沒有主義，沒有理
想，沒有空想，沒有幻想；沒有同志，沒有同謀，沒有目標，沒
有權力，沒有組織，沒有鬥志，沒有敵人，沒有民眾，沒有上
級，沒有下屬，沒有領導，沒有老闆，甚至也沒有祖國，他只是
特別愛好祖國的烹調。他是一個絕對的「一個人」。他對自己所
作的正是這樣一張「無」的自我鑒定：

> 他從此沒了理想，也不指望人家費腦筋替他去想，既酬
> 謝不了，又怕再上當。他也不再空想，也就不用花言巧
> 語騙人騙己。現今，對人對事都已不再存任何幻想。
>
> 他不要同志，無需和誰同謀，去達到一個既定的目標，
> 也就不必謀取權力，那都過於辛苦，那種無止盡的爭鬥
> 太勞神又太費心，要能躲開這樣的大家庭和組合的集
> 團，真是萬幸。
>
> 他不砸爛舊世界，可也不是個反動派，哪個要革命的儘
> 管革去，只是別革得他無法活命。總之，他當不了鬥
> 士，寧可在革命與反動之外謀個立錐之地，遠遠旁觀。
>
> 他其實沒有敵人，是黨硬要把他弄成個敵人，他也沒
> 轍。黨不允許他選擇，偏要把他納入規範，不就範可不
> 就成了黨的敵人，而黨又領導人民，需要拿他這樣的作
> 為靶子來發揚志氣，振奮精神，鼓動民眾，以示憤慨，
> 他便弄成了人民公敵。可他並不同人民有什麼過不去，
> 要的只是過自己的小日子，不靠對別人打靶謀生。
>
> 他就是這樣一個單幹戶，而且一直就想這麼幹；如今他

　　總算沒有同事，沒有上級，也沒有下屬，沒有領導，沒
　　有老闆，他領導並僱用他自己，做什麼便也都心甘情
　　願。
　　……
　　這就是你給他寫的鑒定，以代替在中國沒準還保存而他
　　永遠也看不到的那份人事檔案。

《一個人的聖經》所表現出來的現實的力度與描寫性的深
度，在中國現代白話文文學史上是空前的。而這種力度與深度，
又與高行健徹底撕下自我面具緊密相關。

　　因為他撕下面具，因此，他絕不為歷史上那個「他」辯
護。「他」為了活命，也學會了生存的技巧與革命的技巧，學會
各種鬥爭策略。「他」充滿恐懼，內心軟弱到極點，但卻首先貼
出大字報，充當造反派的精神首領。一騎上虎背，便難以下來，
於是，他又只好革命到底，從瘋狂走向更大的瘋狂。

　　也因為撕下自我的面具，因此，在書寫上便沒有任何心理
障礙，包括性描寫也沒有障礙。他撕下性愛的全部假面具，表現
得異常大膽，但又異常冷靜、準確。他不是為寫性而寫性，不是
把性描寫當作媚俗的手段，而是通過性描寫揭示在那個荒唐的時
代裡，無所不在的政治恐懼和無處可逃的心理恐懼。這種恐懼籠
罩一切，覆蓋一切，它像魔鬼緊跟著這一個人，緊咬著每一種時
間與空間，連本屬於私人空間的床第也佈滿魔鬼的陰影。那個時
代的名字可以叫作噩夢，那個時代的中國的名字也可以叫作噩
夢，那個時代中的本是歡樂之源的性愛也是噩夢。他和後來成為

他妻子的「倩」，偶然的性遭遇是噩夢，結婚是噩夢，而最後妻子突然確認他是「階級敵人」而告發他，更是噩夢。他的第一個情人、有夫之婦「林」，把他變成一個男人之後，也突然在他們之間降臨了一支可怕的「手槍」——莫須有的父輩私藏槍枝的罪名把情愛完全毀滅。高行健表面上撕破的是性的僞裝，實際上撕破的是荒唐時代那一切革命的面具，性愛中包含著極爲深刻的時代內涵。高行健的性愛描寫不是勞倫斯《查泰萊夫人的情人》那種田園牧歌式的性愛，也不是我國當代小說中流行的性享受與性遊戲，而是在性愛中深藏的歷史荒誕與人性變態。

《一個人的聖經》描寫了主人翁與七個女子的性愛關係，其中有兩個外國女子，一個是德國的猶太女子馬格麗特，一個是法國籍的白種人女子茜爾薇。這兩個女子的設置是敘述結構的需要，而構成小說的主要情感內容的則是與中國五個女子的關係：丈夫是個軍人的有夫之婦——林；總是穿著棉軍裝的十七歲小護士；乳房下有一塊小傷疤的蕭蕭；有「意淫」關係的鄉村姑娘毛妹；後來成爲他的妻子的「倩」。最讓人感到驚心動魄的是主人翁和倩的故事。他和倩的故事開始在槍彈橫飛的紅色恐怖中的一個夜晚，雙方都在逃難，偶爾相逢後一起找個小旅館避難。爲了能住下來，在住宿登記本上竟塡下「夫妻」關係，儘管當時（直到分開）還不知道這個女子的眞實名字，但在恐怖中由於互相慰藉的需要，竟在當晚進入性的瘋狂，不僅多次作愛，而且因爲知道來了月經不會有懷孕的危險而狂亂得兩人滿身血汗。此次邂逅之後，主人翁不忘一夜之情，到處尋找這個「許志英」（登記時

用的假名），最後發現她的名字叫作「倩」，並和倩結婚，但是，倩的一家因為被毀滅而極端憎恨造反派，因此，當她知道主人翁——她的丈夫也曾是造反派時，便歇斯底里地瘋狂起來，直指丈夫是階級敵人，並拿起刀子要殺死他。在恐懼與無可奈何之中，他們只好離婚。

近十幾年來的中國大陸小說，性描寫的禁區已經突破，但是，能像高行健寫得如此深邃、冷靜、準確的卻不多。在紛繁的性描寫中，多數讓人感到「為性而性」，彷彿沒有「性佐料」，小說就沒有人看。應當說，短篇小說和中篇小說沒有性描寫還可以過得去，如果數百頁的長篇小說，完全迴避性描寫，恐怕就難免乏味。然而，寫性不難，難得是寫出性的深度。所謂深度，就是性描寫中所蘊含的心理內涵、文化內涵與時代內涵。高行健描寫的政治恐懼下的性行為與性心理，「他」和每個女子的性故事，都有那個時代的烙印，主人翁的良心、性格、以及其他人性的弱點也全在其中。這些性描寫之所以會讓人感到震撼，是作者把內心最隱秘的卑微、羞辱、恐懼、脆弱、變態全部揭示出來，從而讓人最真實地感到：那場革命風暴，不僅毀滅了文化、毀滅了情感，而且毀滅了人性的最基本的元素，包括本能與潛意識。能寫到這種深度已經很難，而更難的是要把這種描寫變成「藝術」，讓它帶有詩意，高行健的本事就在這裡充分表現出來。

高行健的冷文學的創造以及與此相關的以人稱代替人物的小說新文體的創造，都是來源於他對自我清醒的認識與充分的小說「藝術意識」。

　　《靈山》與《一個人的聖經》，都是以人稱代替人物的小說
文體，這是前所未有的小說新文體，我們不妨稱之爲「高行健小
說文體」。這種文體把敘述者「一分爲三」和「一分爲二」。《靈
山》中的「我」、「你」、「他」到了《一個人的聖經》剩下「你」
和「他」。《靈山》中的「他」，不是外部關係中的「他」者，而
是主體內部的他者。這個內他者，是「我」的冷觀者，有這種冷
觀，就有對「我」的抑制。《一個人的聖經》乾脆去掉第一人稱
之我，把「你」變成此時此刻的敘述者和冷觀者，這又對文本中
的行爲主體──「他」進行評論與抑制。這種結構就不可能使主
人翁陷入浪漫主義的自我誇張，也不可能陷入批判現實主義的控
訴模式。

　　十五年前我撰寫「論文學主體性」，是在自我被壓抑的歷史
語境下發出的。當時文學理論的哲學基點是反映論，我以主體論
的哲學基點取而代之，從而推動作家實現個性與原創性，也推動
作家自我意識進一步覺醒。在當時的語境下，我側重於實現主體
性，還未來得及論述主體間性。主體間性是指主體之間的關係特
性，即自我與他者之間的關係特性。這種關係包括外部關係特性
與內部關係特性。主體性重在自我張揚，而主體間性則重在自我
抑制。這項理論我尚未定成，高行健卻以他的小說創作實踐把內
部主體間性非常精采地展示出來。若要從理論上講清楚主體間
性，只要把《靈山》的三種人稱關係的變奏描述出來就一目了然
了。高行健的天才既在於他找到一種限定自我的形式，又在限定
中把生命的故事精彩地敘述出來。理論是灰色的，唯有生命之樹

常青。高行健並沒有談論過主體間性，但《靈山》和《一個人的聖經》卻包括著主體間性理論所要解決的全部課題。

綜上所述，我們可以確知，高行健狀態乃是真正的文學狀態。這種狀態是超越一般現實狀態、一般寫作狀態的另一種高精神維度的寫作狀態。這種狀態當然包含著反叛，但它不是造反狀態與革命狀態，也就是說，它的反叛不是與強權、與黑暗處於同一層面的對抗，而是與強權、黑暗拉開距離的另一層面（另一種高精神維度）上的拒絕。在《一個人的聖經》中，作者設置主人翁與帶著集體記憶的猶太女子的對話，就如同天堂裡的對話，他們正是處於另一精神維度上去回顧歷史和再現自己的人生。

正是處在另一高精神維度上，因此，所謂自由狀態，就不是一種現實的瘋狂狀態，而是一種可駕駛瘋狂的冷靜狀態，也是一種可熟練地把握文學法度的狀態。有人指責高行健太個人化，是一種「漠視人民的苦難」的極端個人主義。其實不是，高行健不是漠視人民的苦難，而是從更高的精神維度上去審視苦難和探索苦難的原因。在這種精神探索中，高行健發現「自我的上帝」恰恰也是造成苦難的根本原因。自以為是救苦救難的知識分子，如果他們與強權政治同一思維方式，如果他們不承認自己在現實上不過是一個脆弱的人，那麼，他們就可能像尼采那樣，以為自己可以充當新的上帝（救世主）而落入瘋狂，這樣，不僅不能化解人間的苦難，而且可能增添苦難。高行健對尼采式的極端個人主義一再提出質疑，正是他對人間苦難的一種深刻的哲學式的大關懷。倘若沒有關懷，他怎麼會把文化大革命時代知識分子的苦

難，表現得如此震撼人心呢？

　　把自己的精神狀態昇華到一個超越現存生活模式的高維度上，乃是一種從自己所理解的絕對方式與絕對精神出發去觀照現實與觀照自身。這種絕對方式使高行健既不做勢利社會的奴隸，也不做自我情結的奴隸，也不做任何觀念、概念的奴隸，什麼也阻隔不了他的自由表達和藝術探求，因此，他進入了最高的自由狀態。

寫於2000年10月下旬

香港城市大學校園

註：此二行詩出自宋代朱彧《萍洲可談》卷：「東坡責儋耳，與瓊人姜唐佐遊，喜其好學，與一聯詩云：『滄海何嘗斷地脈，白袍端合破天荒』」。余先生在第一行改了一個字，「嘗」改爲「曾」；第二行改了兩個字，「端合」改爲「今已」。

論高行健的文化意義

　　高行健是一個全方位取得重大成就的作家與藝術家。他不僅創作了長篇小說《靈山》和《一個人的聖經》及《給我老爺買魚竿》等中、短篇，還創造了《車站》、《彼岸》、《冥城》、《逃亡》、《對話與反詰》、《生死界》、《山海經傳》、《夜遊神》、《周末四重奏》、《八月雪》等十八個劇本，並親自導演了多部戲劇。此外，還出版了《沒有主義》、《另一種美學》等理論、評論著作；在繪畫上，他的禪境水墨畫又獲得國際聲譽。高行健成就的總和，是中國當代作家中最爲突出的。評論一個作家，不能只是看其幾篇作品或幾本作品集，而應看其全部創作所表現出來的精神整體和價值總量。高行健的整體，是一個具有高度文學藝術成就和高度文化價值的奇觀。今天，我想著重從三個方面說明高行健的文化價值，即高行健獨創的思想及其文化意義：

　　（1）與西方基督教側重於「救世」的文化精神不同，高行健在中國禪宗文化的啓迪下，高揚「自救」的思想與哲學。

　　高行健非常喜歡中國的禪宗，禪宗是中國化的佛教精神與佛學方式。如果借用佛學的概念對作家詩人進行宏觀的劃分，便可分爲兩大類：一類是小乘式作家；一類是大乘式作家。小乘式

作家的特點是獨善其身，注重修煉，張揚個性，追求自由。大乘
式作家的特點則側重於關懷民瘼，救治社會，張揚慈悲精神。雖
然有的偏重於前者，有的偏重於後者，但也有兩者兼而有之。在
中國現代作家中，沈從文、張愛玲、錢鍾書明顯屬於小乘式作
家，而某些左翼作家則屬於大乘式作家，可惜他們後來過於絕
對，強調「解放全人類」時卻完全排斥個體生命的地位。高行健
則是一個立足於小乘但兼有大乘寬容精神的作家。

　　我曾說過，《逃亡》不是政治戲，而是哲學戲，一個反映
高行健基本文化精神取向的哲學戲。這個戲的主題在說明：人們
可以從政治專制的陰影下逃亡，但很難從自我的地獄中逃亡。這
個地獄，無論你走到哪個天涯海角，它都會跟隨著你，因為地獄
就在你自己身上。因此，對於那些想要拯救他人的革命者來說，
最重要的首先必須自救。言外之意是：反抗專制是合理的，但反
抗者首先應當反抗專制制度與專制思想注入自己身上的病毒。逃
亡者以為自己是革命救世者，天生乾淨，其實未必，自己也可能
是個帶菌者。這個戲包含著高行健一個重要的思想：自由的爭
取，專制枷鎖的打破，應從自身開始。趙毅衡先生對高行健的戲
劇研究之後，把高行健的戲劇命名為「中國實驗戲劇」，而戲劇
的精神之核是「禪」，因此也可稱為禪劇，這是非常準確的。中
國作家中，高行健是一個最徹底地抓住禪宗精神的人，他所有作
品都貫徹這種精神。甚至他在諾貝爾文學獎授獎儀式中的演講，
主旨也是這種精神。

　　把「自救」精神推向極致的是他的第十七個劇本《八月

雪》。這部戲與其說是個宗教戲，不如說是個高行健自我寫照的精神文本，戲的主角慧能便是高行健的人格化身。慧能是個宗教領袖，卻沒有任何偶像崇拜，他不要任何「大師」權威的封號，最後甚至燒掉接班的衣缽，把身外之物看透得如此徹底。正是這種徹底性，使慧能得大自由、得大自在。這個戲告訴人們：大自在不是皇帝賜予的，也不是宗教門派的祖師賜予的，而是自己爭取來的。戲中那個皇帝的使者，手按權力之劍進行威逼也剝奪不了。這是一種徹底的自救精神。中國現代作家，找不到第二個對自救精神具有如此高度的自覺。

高行健的小說，從《靈山》到《一個人的聖經》，都是一個尋找的過程，也是一個擺脫精神牢房的過程。尋找與擺脫，兩種意識在《靈山》中同時存在，相比之下，擺脫意識更爲強烈，它時時左右著作者的行文。小說力圖穿越幾十年的人生重壓，連同意識形態的壓迫，也力圖穿越幾千年的陰影，擺脫所有的枷鎖與各種鐐銬（《靈山》第71節），把歷史稱爲謊言、廢話、酸果、麵團、裹屍布、發汗藥、鬼打牆，都是在放逐歷史枷鎖，而最深刻的是他還力圖超越自己身上的各種精神重擔，從對死亡的恐懼（被醫生誤斷爲癌症的恐懼）到被社會規定的各種角色以及人性的弱點。《靈山》可讀作一個精神囚徒越獄的故事，而這種越獄又包含著雙重內涵：穿越社會牢獄與個體自身的牢獄。作者比許多當代中國作家更深刻意識到，處於階級鬥爭煙火中的九百六十萬平方公里，畫地爲牢，他必須悄悄地走出牢房，萬一被發現了，就說去尋找靈山。主人公最後找到靈山了嗎？作者沒有回

答，他只告訴你：最後發現上帝就在青蛙眼裡，即靈山就在每個
生命的徹悟之中。到了《一個人的聖經》就更加明確地點明：靈
山就是自己身上那一點永不熄滅的幽光。《聖經》展示這樣的眞
理：自己是自己的上帝與使徒，決定自己命運的不是外在的偶
像，而是自己內心的力量。這種自救精神具有巨大的文化價值。
尤其在中國，高行健獲獎後，某些文章攻擊他太個人主義，沒有
看到他的「個人化」強調的是自救，也沒有看到，任何專制都是
建立在「非個人」的基礎上，在專制的語境下，強調個人的聲
音、強調自救自立，具有根本性的反專制意義。

（2）與種種烏托邦的謊言幻想劃清界線，創造永恆的當下
哲學。

高行健無論在小說、戲劇還是理論中都一再告訴人們：人
要抓住生命的瞬間，盡興地活在當下，別落進他造與自造的各種
幻相、幻覺與空想中，逃離這一切，便是自由。這一哲學在《一
個人的聖經》第57節最後三段中表現得最爲明確：

> 全能的主創造了這個世界，卻並沒有設計好未來。你不設
> 計什麼，別枉費心機，只活在當下……
> 你也不必再去塑造那個自我了，更不必無中生有去找尋
> 所謂對自我的認同，不如回到生命的，這活潑的當下。
> 永恆的只有這當下，你感受你才存在，否則便混然無
> 知，就活在這當下，感受這深秋柔和的陽光吧！

這是高行健的生命哲學，理解這一哲學首先應把它放在中
國的歷史語境中。二十世紀下半葉的中國，經歷過一個烏托邦的

時代，這個時代製造一個烏托邦的神話。在這種神話之下，一切
生命都被未來的一個未知的天堂所控制，十幾億人全都活在未來
的謊言與幻覺之中。爲了實現這個未知的永恆的天堂，一切人爲
的殘酷鬥爭包括對生命的踐踏都被解釋成合理的。高行健的哲學
首先撕破這一謊言，說明生命只存在於當下。永恆只有具體地落
實到個人，落實到當下，才是眞實的存在；也就是說，只有在當
下，生命才回到它的本源、本眞與本質。

　　高行健和西方許多作家一樣，極其強調個體生命價值，但
是，如何實現個體生命價值卻是一個難題。從尼采到現代的左
派，都犯下同一個錯誤，就是只有高調而沒有可行的途徑。高行
健在1993年就指出：

> 上一個世紀末，尼采作爲一個人喊出了對社會絕望的聲
> 音。現今這個物化的時代在重複所謂生命的意志，無非
> 是一句空話，以哲學的虛妄來肯定人的價值也同樣虛
> 妄。

　　高行健的當下生命哲學，與虛妄的哲學不同，它是低調
的，卻是切實的。它提供了一種實現人的尊嚴與人的價值的有效
途徑。這正是二十世紀西方左派思想家所忽略的。一切虛妄的哲
學都給人們一個天堂的許諾與永恆的幻覺。高行健作爲一個作
家，他天然地追求比生命更加久遠的靈山，然而，他在尋找永恆
的靈山過程中，發現空洞的、抽象的「永恆」沒有意義，永恆只
有在「此時此刻」的當下的努力中才能獲得它的實在性。愈是當
下，愈是永恆。高行健通過他的作品一再暗示，永恆就存在於瞬

間之中。一切精神價值創造和意義的創造，就在於打開自己的生命，捕捉瞬間又深入瞬間，只有深入瞬間，才能贏得在瞬間中達到巔峰的生命體驗，才能通向千秋萬代。這裡高行健對永恆與瞬間的關係有一個大的禪悟，這就是悟到生命只能由色入空。所謂色，不是情，而是瞬間；所謂空，不是虛無，而是永恆。生命必須通過瞬間的創造達到對永恆的領悟與把握。也就是在深入瞬間中打破一瞬間與千萬年的界限，掃除時間的障礙，達到生命的大自由大自在境界。這種瞬間的捕獲，不是靈感，而是深刻的生命大體驗。永恆的理念是空泛的，然而，它一旦找到當下，就具體了。高行健的當下哲學與世俗的「及時行樂」等頹廢哲學完全不同，世俗哲學完全沒有瞬間感，更沒有深入瞬間的深厚生命意義與大自在感。而且，頹廢哲學只能引導生命走向幻滅，而當下哲學則引導人們不依附任何外部勢力而獨撐孤獨的生命，並在瞬間中釋放自己的生命能量，這是一種貌似消極卻是最積極的生命哲學。

(3)針對不斷革命的時代病症，開拓「回歸真實感受」和「回歸繪畫」的大思路。

二十世紀下半葉，西方語言學派把語言強調到精神本體的極端位置上，相應的，許多作家玩語言、玩形式玩得走火入魔。由於對形式的刻意追求，文學便逐步走向蒼白。而在藝術界，自畢卡索之後，更是產生一種潮流性的時代病。這就是在「創新」、「革命」、「現代性」等各種名義下，不斷顛覆前代藝術，以造反代替創造，以理念代替審美，以思辯代替藝術。這股潮流

從西方蔓延到東方。到了中國，人們也以爲文學藝術的主流理所
當然是從現代主義流向後現代主義。高行健是中國作家中最重視
形式創造的作家，但是，他卻又是最早發現純粹玩形式的荒謬和
危險，十年前他就指出：

> 近二十年來，西方文學的危機恰恰在於迷失在語言形式
> 裡。對形式的一味更新便喪失同眞實世界的聯繫，文學
> 便失去生命。我看重形式更看重眞實。這眞實不只限於
> 外在的現實，更在於生活在現實中的人的活生生的感
> 受。[1]

與此同時，他又對當代藝術的「現代性」提出質疑。1994
年二月他發表了〈評法國關於當代藝術的論戰〉一文，就對現代
主義的不斷革命與藝術的物化及對物的摹仿提出了尖銳的批評。
這之後不久，他在〈談我的畫〉中（1995）針對時髦的藝術流
向，第一次提出「回歸」的觀念。他說：「當代繪畫追求種種新
材料、新觀念、新結合，我寧可沿賈特梅蒂的方向，回到造型藝
術的源起，也就是回歸到形象。」[2]

這一思路，到了1988年，高行健終於通過《另一種美學》
這一專著作了系統的表達。《另一種美學》篇幅雖然只有六萬
字，但它卻是一部反潮流的經典著作。我在《文學的理由》[3] 中
文版序言中曾經這樣評價：

> 他這部美學論著宣告了藝術革命的終結，批評了二十世
> 紀觀念代替審美、思辯代替藝術的病態格局，擊中了當
> 代世界藝術根本性的弊端，呼籲藝術回到經驗、回到起

點、回到傳統繪畫的二度平面、回到審美趣味上來，自
藝術的極限內和設定的界線中去發掘新的可能。他還特
別呼籲藝術家要揚棄抽象思辯與革命，返歸人性、返歸
內心的創作衝動，丟掉種種主義和主導時代的意識形
態，而把握住生命內在的脈搏，把混沌的感受和衝動訴
諸可見的形象。[4]

《另一種美學》的意義不僅在於宣告二十世紀現代性美學的
終結，而且對尼采以來自我膨脹即企圖以自我取得上帝的世紀瘋
狂病作了一個總結性的批判。十年來高行健的「回歸」性思路，
與李澤厚及筆者在《告別革命》對話錄中所表述的大思路不謀而
合，我們在《告別革命》之後找到的同樣是「返回古典」的思
路，這與西方文藝復興回歸希臘的策略是相似的，只是文藝復興
是要從宗教統治中解放出來，而我們的「返回古典」則是要從技
術統治、語言統治中走出來。儘管不約而同地呼喚「回歸」，但
高行健與我們相比，卻表現出二個優點：

1. 他通過《另一種美學》作了系統表述。
2. 他通過水墨畫創作藝術實踐和《八月雪》等戲劇創作實
   踐，更有力地表達了他的主張。

我們從高行健的理論與實踐中可以清楚地感悟到，高行健
的「回歸」的呼喚，乃是當代文學藝術領域中一次人性呼喚，其
要點是呼喚文學藝術與人本身與生命本身的重新連接，回歸點正
是人的生命深處。中國古代哲學家老子在《道德經》中表述了他
的核心思路：「反者，道之動」，這個「反」字，不是相反的

反，而是返回的返。高行健的思路與老子相通，他揭示的，正是當今人類文學藝術「道之動」的大路向。這就是向生命、向真實、向古典的大回歸。高行健不僅是一個文學藝術家，而且是個卓越的思想者。他的文學藝術成就已被許多人所認識，但他的思想文化價值還未被世界所認識。通過此次學術討論會，他的特殊的富有原創性的思想一定會被更多人所注意，也一定會有力地推動當代人類的宏觀思索。

---

1 《沒有主義》，第9頁，聯經，2001年。

2 《沒有主義》，第327頁。

3 《文學的理由》，香港明報出版社，2001年。

4 同上，第4頁。

第二輯 舊作

（寫於1987—1999年）

高行健與實驗戲劇

　　詩歌是我國新時期文學的審美先驅，它敏銳地感受著大地上新的氣息，並迅速地把它表現出來。所謂「朦朧詩」，舒婷、北島、楊煉等，都是在自己的詩中表現一種現代人特殊感受到的苦痛、哀傷和憂鬱。這一詩群的詩，無法接受世俗價值觀念，表現出一種詩情的懷疑，在小說基本上還在寫社會問題的時候，詩歌界就已經感受到主體性失落的痛苦，並把這種痛苦和豐富的精神世界表露出來，從而自覺或不自覺地展現了現代人的追求。所以有的朋友稱它為文藝界飛出的第一隻春燕……

　　在戲劇創作中，也表現出現代主義的某些審美方向，但和西方現代戲劇相比，還是具有自身的特色。以高行健來說，他的試驗戲劇發端於中國的傳統戲曲和更為原始的民間戲劇。他將唱念做打和民間說唱的敘述手段引入到話劇中去，又吸收了西方當代唱劇的一些觀念與方法，創造出一種現代的東方戲劇。他的戲劇時間與空間的處理極為自由，常常將回憶、想像、意念同人物在現實生活中的活動都變成鮮明的舞台形象，並且力圖把語言變成舞台上的直觀，使之具有一種強烈的劇場性。國內外的一些評論稱他為「荒誕派」並不貼切，他其實是對戲劇的源起的回歸，並非是反戲劇。他的這些戲劇試驗國內外都相當注意，預示了中

國的當代話劇可以走一條不同於西方戲劇的新路。

西方現代主義的種種文學思潮，十九世紀末就開始發生，到了二十世紀三十年代就已結果。我國現代文學的發生和發展也是這個時期，但是，我國這時期的文學主要是接受西方（包括西歐、北美、俄國）十八、十九世紀的浪漫主義和批判現實主義的影響，儘管取得成就，但浪漫主義無限膨脹的感情也帶給東方詩歌某種口號化的傾向，與此同時，魯迅卻注意吸收十九世紀「世紀末的苦汁」，即現代象徵派的長處而寫作了《野草》。到了三十年代後期，現代傑出詩人艾青所以會脫穎而出，也就在於他既吸收了浪漫主義的激情，也吸收了現代主義象徵派、意象派的一些藝術手段，如通感、變形、意象外化等，因此，他為中國新詩藝術的發展作出了獨特貢獻。歷史證明，吸收現代藝術的營養是必須的。但是，總的來說，我國現代文學對現代主義文學的了解和借鑑是很少的。我國新時期的文學，隨著國家大門的開放，才全面地接觸現代主義文學。

由於現實主義創作傾向一直被我們視為創作方法上的「正宗」，因此，現代主義文學觀念則被視為「邪宗」。新時期的一些敏感的作家，不安於固守一種創作方法，他們認識到本世紀西方現代文學不斷變幻著的風潮和不斷更新著的寫作方式，確實有益於擴展自己的心靈空間，有益於變換我國幾十年一貫制的小說、戲劇、詩歌文體，他們在吸收的過程中也加以創造，並逐步地滲透到自己的創作實踐中。最先借用現代主義文學的某種手段，而在小說中巧妙地變換創作文體的是王蒙，他的《夜的眼》、《蝴

蝶》、《春之聲》、《雜色》等一系列帶有實驗性的小說,是一個
重要開端,他的嘗試馬上引起了爭議和批評。當時的批評是很籠
統的,批評者把這些小說與朦朧詩以及高行健的戲劇「一鍋
煮」,籠而統之地稱爲「現代派」思潮,並認爲這是對現實主義
的嚴重挑戰。但是,王蒙、高行健也得到劉心武、李陀等作家的
積極支持。當然,無須作結論,這種爭議只能使人們更加關注小
說文體的更新。於是,爭論之後便有更多的作家借用現代主義的
技巧來作改革小說創作和戲劇創作的嘗試,以至出現《你別無選
擇》、《無主題變奏》這樣一些小說。可惜這些初露鋒芒的年輕
作家的創作實績不多。這兩個本來無名的作者發表了兩篇小說,
爲什麼會引起人們如此注意呢?我想,這是因爲她(他)們確實
在更徹底的程度上拋棄了鏡子般的「反映」模式。劉索拉寫的是
音樂一樣流動著的主體情緒,何況這種情緒又是那麼古怪。它讓
人們感到,不僅上帝是荒謬的,而且自我也是荒謬的。找不到生
活的意義,還得生活;找不到自我的位置,還得尋找,你別無選
擇。這種本來是十九世紀末的情感苦汁,卻被廿世紀後期的某些
年輕作家咀嚼著、玩味著,這種現象自然不能不引起思索。

摘自〈近十年來的中國文學精神與文學道路〉,
《論中國文學》,作家出版社,1988年版。

寫於1987年

《山海經傳》序

（一）

《山海經傳》是高行健在1989年寫成初稿而最近才完成的一部精彩劇作。

1982年，他的第一部劇作《絕對信號》在北京人民藝術劇院上演後，引起了轟動。由於他打破了傳統的戲劇格局，開創了中國的實驗戲劇，因此立即受到批評。但是從那時起，他的創作卻一發而不可收。在十年內，他不斷前行，繼續創作了《車站》、《模仿者》、《躲雨》、《行路難》、《喀巴拉山口》、《獨白》、《野人》、《冥城》、《彼岸》、《逃亡》、《生死界》、《對話與反詰》等，從國內影響到國外，至今，在中國大陸之外，已有南斯拉夫、瑞典、德國、英國、奧地利、法國、美國、澳大利亞以及台灣、香港等國家和地區上演他的劇作。

一個中國戲劇家，在世界上引起如此熱烈地關注，在本世紀還是一個特殊現象。1993年初，他的《生死界》在巴黎圓點劇院首演後，該院舉辦了有兩百多人參加的座談會，會上有一位戲劇評論家說：「高行健來自問題叢生的中國大陸，但他同樣希望在自己的文化背景和特殊經驗的基礎上，以平等的身分，參與構築今日文化的全球性工作。」（見《歐洲日報》，1993年1月13日）

高行健確實參與了全球性的文化工作。但是，有意思的是，高行健用的既是世界性語言，又是道地的中國藝術語言，《山海經傳》就是明證，而其他劇作也是明證。關於這一點，我在1987年所寫的《近十年中國的文學精神與文學道路》中就曾指出過。

（二）

《山海經傳》是專以中國遠古神話爲本的藝術建構，從創世紀寫到傳說中的第一個帝王，七十多個天神，近似一部東方的聖經。也許高行健在寫作時也隱藏著這種「野心」，所以在考據上非常嚴謹，而在藝術格局上又雍容博大。

中國的遠古神話，記載得最多的是《山海經》，其次在《楚辭》、《史記》等古籍中也可找到一些線索，可惜都比較零散，不成系統。康有爲在《孔子改制考》裡就不滿這種散漫零落，所以才指出上古「茫昧無稽」，而這種慨歎卻啓發了現代的古史研究學者，如顧頡剛先生就說：「我的推翻古史的動機固是受了《孔子改制考》的明白指出上古茫昧無稽的啓發，到這時更傾心於長素先生的卓識，但對於今文家的態度總不能佩服。」（《古史辨》第一冊自序）因爲「不佩服」，因爲不滿「茫昧無稽」，因而就進行了認眞的辨析，寫出七大卷的《古史辨》。和顧先生同時代，魯迅、聞一多也對《山海經》這部古籍作了許多研究。特別應當提到的是袁珂先生《山海經校註》，對上古神話傳說更是作了認眞的考據和整理，可說是中國古代神話研究的集大成者。高行健顯然吸收了現代學人已有的成果，但是，他卻完成了一項學

者們沒有完成的工作，這就是把散漫的神話傳說轉化成宏篇巨製，建構一個藝術的、然而又是材料確鑿的中國古代神話系統，展示出上古時代中華民族起源的基本圖景，完成一部「史詩」性的劇作。每個民族都要叩問自己是從哪裡來的，這種叩問就形成描述民族起源的史詩。中國遠古的神話傳統非常豐富，可惜散失太多，而且還被後世的屬於正統的儒家經學刪改得面目全非，因此，始終沒有形成《舊約》、《伊里亞德》、《奧德賽》那樣的鉅製。《山海經傳》的作者大約也為此感到惋惜，所以他在這一劇作中努力把許許多多的遠古神話傳說的碎片撿拾起來，彌合成篇，揚棄被後來的經學學者強加給它的政治或倫理的意識形態，還其民族童年時代的率真，恢復中國原始神話體系的本來面貌，以補救沒有史詩的缺陷。

由於《山海經傳》選擇尊重遠古神話本來面目之路，即立「傳」的路，因此，創作就更為艱辛。倘若不遵循這一路子，而是抓住其中某些碎片加以演義和鋪設，倒是比較簡單，但這就會放棄「史詩」的藝術追求。採取作「傳」的路子，必須借助於文化學、人類學、民族史學和考古學的功夫，高行健不惜下一番功夫，博覽群書，並到長江的源頭上考察和搜集資料，然後對中國的文化起源作出富有見解的判斷。從《山海經傳》中，我們可以看出，中國文化不僅起源於黃河流域的中原文化，而且也起源於長江流域的楚文化，還起源於東海邊的商文化。高行健似乎有「文化起源」的考證「癖」，多年來他一直叩問考究不停，他的長篇小說《靈山》也作了這種叩問。

　　但《山海經傳》並非學術，而是藝術，因此，把系統的原始神話，上升爲戲劇藝術，又是一大難點。一個大民族開天闢地的完整故事，這麼多線索，這麼多形象，卻表現得這麼有序，這麼活潑，而且要賦予比學術所理解的內涵豐富得多的各種內涵，包括美學內涵、心理內涵、哲學內涵等，實在是很不容易的。但高行健卻能舉重若輕，站在比諸神更高的地方，輕鬆而冷靜地寫出他們的原始神態，這就證明作者具有駕馭大戲劇的特殊才能。

　　劇中七十多個人物，女媧、伏羲、帝俊、羿、嫦娥、炎帝、女娃、蚩尤、黃帝、應龍等，個個都有一種神秘個性，半神半人的個性。尤其是那個神射手羿，上古時代的偉大英雄，更是令人難忘。這麼一個英雄，既被神所拒絕，又被人所拒絕，最後又被妻子嫦娥所拒絕，只有在庸眾們需要利用他的時候才把他捧爲救主。他立下解除人間酷熱的豐功偉績，然而他卻被認爲犯了彌天大罪，天上人間都不能和他相通，這是何等的寂寞。在劇作中，羿的命運和許多天神的命運，都有「形而上」的意味。在今天形而上面臨沉淪的時代，把《山海經傳》作爲文學作品來讀，領悟其中的哲學意蘊，是很有趣味的。那些天神悲壯的生與死，那些生死之交中的天眞而勇猛的獻身與鏖戰，那些類似人間的荒謬與殘忍，細讀起來，可歌可泣，又可悲可歎，然而，他們終於共同創造了一個漫長的拓荒的偉大時代。

　　高行健是八十年代中國文學復興以來極爲突出的一位作家，不論是打破中共官方僵死的文藝路線，就中國文學的革新而言，還是就重新發揚中國文化的精髓來看，都成就卓著。

1981年，他的《現代小說技巧初探》一書的出版在中國文學界引起了一場「現代主義還是現實主義」的論戰，受到批判，從此便一直被視爲異端。

1982年，他的劇作《絕對信號》在北京人民藝術劇院上演，引起轟動，開創了中國的實驗戲劇，法國《世界報》評論稱「先鋒派戲劇在北京出現」，他因此又招致官方批評。

1983年，他的荒誕劇作《車站》在北京人藝剛內部演出便被禁演，他本人也成爲「清除精神汙染運動」的靶子，禁止發表作品一年多。

1985年，他的《野人》一劇在北京上演，美國《基督教箴言報》評論稱該劇「令人震驚」，在中國文藝界再度引起爭論。

1986年，他的《彼岸》一劇排演被中止，從此中國大陸便不再上演他的戲。

1987年底，他應邀去德國和法國繼續從事創作。

1989年天安門事件，他抗議屠殺，宣布退出中共，以政治流亡者身分定居巴黎。

1989年因《逃亡》一劇，被中國官方再度點名批判，開除公職，查封他在北京的住房，他的所有作品一概查禁。

1992年，法國政府授予他「藝術與文學騎士」勳章。

他流亡國外五年，創作力仍然不衰。他的許多作品已譯成瑞典文、法文、英文、德文、義大利文、匈牙利文、日文和弗拉芒文出版。他的劇作在歐洲、亞洲等地頻頻上演。西方報刊對他的報導與評論近二百篇，歐洲許多大學中文系也在講授他的作

品，他在當代海內外的中國作家中可說成就十分突出。

　　他在中國大陸早已著手、在巴黎脫稿的代表作品長篇小說《靈山》，揭示了中國文化鮮為人知的另一面，即他所說的中國長江文化或南方文化，換句話說，也就是被歷代政權提倡的中原正統教化所壓抑的文人的隱逸精神和民間文化。

　　高行健作品中的言說純淨流暢，又很精緻，他不啻為中國現代漢語的一位革新家，不僅講究聲韻，節奏變化多端，而且文體不斷演變，自由灑脫，他在語言上的這些追求豐富了現代漢語的表現力。從早期的中、短篇小說到《靈山》，他一直在追求各種不同的敘述方式。《靈山》是他這些實驗的集大成者。

　　他的戲劇作品，題材非常豐富，表現形式無一重複，他無疑是中國當代最有首創精神的劇作家。他在中國首先引介了西方荒誕派戲劇，並異軍突起，在中國最大的劇院開創了實驗戲劇，在北京他每一個戲的演出都釀成事件。他以現實的社會問題為題材的《絕對信號》，將現實環境、回憶與想像交織在一起，在一個有限的貨車車廂裡把劇中的五個人物的心理活動展示得極有張力。另一齣《車站》卻從現實走向荒誕，把貝克特的徒然等待那個思辯的主題變成日常生活的喜劇：一群人在一個汽車站牌下等車，懷著各自微小而不能實現的願望，年復一年，風吹雨打，到頭來才發現這車站沒準早已作廢，可又相互牽扯，誰也走不了，笑聲中隱藏尖銳的政治諷刺令人心照不宣，同時又讓觀眾不免也嘲弄自己。

　　紮根民間傳唱的大型現代史詩《野人》，所包含的隱喻更層

出不窮，正如他的許多劇作，對官僚主義，對人的普遍生存狀況，對現代文明的弊病，不同的觀眾可以有不同的領悟。

《冥城》原本脫胎於一個道德說教的戲曲老劇目，他卻將被儒教歪曲了的莊子還其哲人的面貌，並把無法解脫的人生之痛注入其中。從戲劇觀念和形式方面來說，實現了他對中國傳統戲曲的改造，使之成為一種說唱做打全能的現代東方戲劇。

《彼岸》則從做遊戲開始，導入人生的各種經驗，愛慾生死，個人與眾人的相互關係，都得到抽象而又充滿詩意的舞台體現。該劇也可以說是一部超越民族與歷史的現代詩劇，個人在社會群體的壓迫下無法解脫的孤獨感，表現得令人震動。

《逃亡》以天安門廣場這一歷史悲劇為背景，在作者筆下，不只限於譴責暴力，還賦予更深一層的哲學含義。人哪怕逃避了迫害，逃避了他人，卻注定逃避不了自我，把沙特的命題再翻一層。

他的新戲《對話與反詰》則回歸禪宗公案，用一種冷峻的幽默來觀照人與人之無法溝通的病痛。該劇由作者本人導演，在維也納首演後，奧地利的報刊評論：「禪進入荒謬劇場」、「劇中的對話創造了一種精緻的舞台語言」。

由法國文化部定購的他的《生死界》一劇，則通過一個女人的內省，精微表達了現代人的無著落感、惶惑感與困頓感。法國戲劇界和漢學界也認為高行健「雖然人在巴黎，足及世界，卻不會是一個斷了根的全球性的藝術家，依然頭頂草帽，從他的天國和相互矛盾的紛繁花卉中吸取靈感，不斷豐富他自己的創

作。」

　　中國現代許多劇作家，一直在努力追隨西方過時的潮流，高行健卻重臨中國戲曲的傳統，從中找尋到一種現代的東方戲劇的種子，並且同西方當代戲劇得以溝通。他每年一個新戲，很難預料他下一齣戲又走向何處。總之，他著意從戲劇的源起去找尋現代戲劇的生命力，一再聲稱他的實驗並非反戲劇，相反強調戲劇性和劇場性。他提出關於表演的三重性，即自我與演員的中性身分和角色的相互關係，是他的劇作的一個機契。他的劇作總為演員的表演提供充分的餘地，這恐怕也是他這些雖然充滿東方玄機和哲理的劇作，能在西方劇院不斷上演的一個原因。他應該說也是迄今被西方大劇院接受的唯一中國劇作家，並且開始預訂他的新作。他的戲劇理論，也已引起西方戲劇界的注意，影響正在日益擴大。

　　　　《山海經傳》是高行健1989年2月完成初稿、1993年
　　　　1月定稿的劇作，1993年由香港天地圖書公司出
　　　　版。

　　　　　　　　　　　　　　　　　　　　寫於1993年夏天

高行健與文學的複調時代

　　由於獨白式的文學與政治的緊密聯繫，因此在1976年文化
大革命結束之後，文學界也經歷了一個「解凍」時期，即從政治
霸權與文化霸權高度統一的文字獄解脫出來。這個時期的文學通
稱爲「新時期文學」。這個時期的文學以八十年代中期爲時間
點，大致劃分爲兩個大段落。

　　前一階段大體上可稱爲新獨白式文學時期。也就是說，這
時期的多數作品還是維持著作者先驗的意識形態的獨白原則，作
品中的人物還是意識形態的載體，而且都有一個明確性的結論。
但是，這時期的文學與前三十年的獨白文學有著質的巨大差別。
這就是文學的靈魂發生了根本的變化，作者獨白的內容已不是
「革命神聖」和「階級鬥爭神聖」這類原則，也不再是謳歌領袖
的現代神話。他們獨白的原則是「人」的原則，是對人的尊嚴和
人的價值的重新發現，是對革命神聖名義下的精神奴役的譴責與
抗議。這個時期的文學實質上乃是一種受難文學，它展示的是一
個時代的大悲劇和一個歷史時代在中國人民心靈中留下的巨大創
傷，因此通常被稱爲「傷痕文學」。這時期的文學雖然依據的還
是獨白式的美學原則，但它是作家良知的獨白──感受一個時代
的大苦難和大苦悶之後的獨白。在這種新的獨白中，文學呈現出

靈魂的巨大變遷。除了靈魂的更新外，這時期的文學在創作方式
上又打破流行一時的社會主義現實主義的話語霸權，恢復了批判
現實主義的文學方式。在人文環境非常嚴酷的條件下，這個時期
的文學能重新舉起自己的負載人類苦痛的心靈和高舉人的尊嚴的
旗幟，重新呼籲救救孩子、重新讓文學發出人道與人性的光輝，
這是大義大勇的智慧展現，其功勞是不可磨滅的。

　　這個文學時期大體上是文學獨白的時代，但它又是醞釀著
複調的時代，即作家已開始尋找自我獨白之外的「他者」之音，
包括意識形態的「他者」與創作方法的「他者」。在這種轉變
中，王蒙扮演著小說結構和語言變革的急先鋒角色。1981年，王
蒙推崇高行健的《現代小說技巧初探》一書，並由此引起一場有
王蒙、劉心武、李陀、高行健等作家參與的現代主義與現實主義
的爭論，這場爭論標誌著獨白式的文學時代開始發生裂變。論爭
之後，王蒙積極進行改革小說文體的創作實驗，把「意識流」等
手法帶入自己的敘述，創作了《夜的眼》、《海的夢》、《蝴
蝶》、《雜色》等富有現代色彩的小說，這些小說主題朦朧、結
構奇突、語言俏皮，富有幽默感，語言意識和文體意識很強，確
實打破現實主義的敘述模式。在王蒙進行小說實驗的同時，高行
健努力進行話劇實驗，他的劇作《絕對信號》、《車站》在北京
人民藝術劇院內外演出，宣告了先鋒戲劇在中國的誕生。高行健
通曉西方現代文學與戲劇，把荒誕意識引入自己這兩部作品和之
後創作的《野人》、《彼岸》、《生死界》、《對話與反詰》、《山
海經傳》等十幾部劇本，又從中國戲曲傳統中找到自己獨特的戲

劇觀念與形式，突破了大陸話劇創作數十年一貫的僵化模式。如果把王蒙、高行健等看作從獨白時代向複調時代的過渡，那麼到了八十年代的中後期，則可以說複調時代已初見徵象。

從八十年代中期到九十年代初，儘管大陸人文環境時而寬鬆時而惡劣，但文學的複調已基本形成。這種形成的標誌有兩個：一是這個時代的文學包含著多種互相對立的眾多聲音，也可說是包含著各有其平等權利和來自各自獨特世界的眾多聲音，而不是過去那種統一的貌似百家其實只有一家的聲音。複調的關鍵點在於獨立的聲音，在於各種聲音都是異質性風格和異質性話語的單元。這一美學風貌，在五十年代到七十年代的大陸文學中是沒有的，但在最近的十年裡，不管其作家採取什麼樣的敘述方法，他們都具有獨立的語言意識、獨立的敘述意識並發出獨立的異質性的聲音，其作品都成為一種異質性的單元，這些異質性的單元共存共生，就構成一個多語言、多風格、多聲部的文學現象。原先大陸那種眾多作家統一於某種「主義」與「思想」的整個時代文學的同質性現象已經消失，而異質的世界觀念和文學觀念，以及異質的敘述方式並置和對話的時代已經開始，現實主義敘述方式和現代主義、後現代主義敘述方式並不相互排斥。重意義的語言和輕意義的語言，重人道的語言和輕人道的語言，重歷史的語言和輕歷史的語言，重性格的語言和重意象的語言，都呈現為一種個體經驗語言。這種狀況如果用中國文學界常用的批評語言，就是為人生而藝術之聲、為藝術而藝術之聲、為大眾而藝術之聲、為自我而藝術之聲都得以共存，並形成一個時代文學的

多聲部。而如果用西方流行的批評語言表述，則是現實主義藝術個體經驗語言、現代主義、後現代主義的個體經驗語言、馬克思主義先鋒派的個體經驗語言並存並置的複調交響時期。

異質性寫作方法，由不同作家負載而構成一個多聲部，這是大陸文學進入複調時代的一個標誌；此外，異質性風格單元又常常在一個作家的小說中呈現，不少作家著意在自己的一部作品並置各種獨立的聲音和並置各種不同的文體，讓它們展開對話，這也是過去所沒有的，作品中各種聲音已不反映作者的統一意識。

在上述的八十年代的作家作品中，無論是王蒙的《活動變人形》、張煒的《古船》、高行健的《靈山》、莫言的《酒國》等長篇，還是文化小說、實驗小說中的眾多作品，都具有複調形式和對話結構。在《活動變人形》中，西方文化意識和中國文化意識展開激烈衝突，而拷向西方文化的聲音和拷向中國文化的聲音都符合充分理由律；在《古船》中，由兩兄弟從完全對立的地位發出報復的聲音和取消報復的聲音也都符合充分理由律；在《酒國》中，莫言的聲音和莫言的學生批評老師的聲音，以及酒國中殘酷的開發的聲音和調侃殘酷開發的聲音，也都符合充分理由律。而在高行健的《靈山》中，則是第一人稱的「我」、第二人稱的「你」、第三人稱的「他」，和分別在第一第二人稱中出現的「她」三者的對話和變奏。這種種異質性的雙音或多音世界又廣泛存在於實驗小說之中，在這些小說中，我們聽到革命和宿命（《紅粉》）有趣的對話，聽到革命與頹廢有趣的對話（《罌粟之

家》),聽到歷史主義與倫理主義有趣的對話（《1934年的逃
亡》),甚至是最崇高最經典的語言和最鄙俗最平民化的語言的對
話（王朔諸小說）。上述這些小說,都不是封閉性的已完成的話
語系統,而是未完成的敞開的運動與交流和難解的命運之謎與語
言之謎。

摘自〈從獨白的時代到複調的時代〉,1994年在
《聯合報》「四十年來的中國文學」學術討論會上的
發言。《放逐諸神》第13-14頁,第22-23頁,香港
天地圖書公司。

寫於1993年11月溫哥華卑詩大學

《車站》與存在意義的叩問

　　中國大陸二十世紀後半葉的文學，政治傾向壓倒了一切，文學成了政治意識形態的直接轉達，完全壓倒了叩問存在意義這一文學維度。因此，從五十年代到八十年代初期，叩問人類存在意義的作品幾乎絕跡。整個文壇是「社會主義現實主義」的單維天下。奇怪的是在這種單維貧乏的地上，仍然有異質的個例出現，其中最典型的要算郭小川的《望星空》和杜鵬程的《在和平的日子裡》。

　　杜鵬程是《保衛延安》的作者，無疑是革命作家。《保衛延安》寫的是革命時代的革命英雄，那是創造生命意義的時代，英雄就是意義的象徵。但是，革命成功之後，即在「後革命」時代裡，革命者的意義何在？難道就是繼續革命繼續爭鬥嗎？可以有個人的嚮往、個人的追求、個人的情感生活嗎？如果喪失個人情感這一本體實在，那麼人的存在是否還有意義？《在和平的日子裡》就寫一個革命者在後革命時代的徬徨，迂迴地對存在意義提出叩問。它一出版，就像《望星空》一樣遭到批判。在二十世紀下半葉的中國文壇中，叩問存在意義這一維度的文學，連合法抒寫權利都沒有，更不用說什麼發展和成就了。

　　這種狀況直到八十年代才有所變化。首先是在戲劇上出現

高行健的《車站》（1983），之後又在小說上出現劉索拉的《你別無選擇》和徐星的《無主題變奏》。高行健的《車站》表現這樣一個非常簡單的故事：周末，某個城市郊區的車站，各種各樣的人都在等車進城。他們因為等得太久而騷動不安，為排隊的次序而不斷發生糾紛，可是，車子幾次過站都不停下。等著等著，已等了一年多，秋夏過去，冬天白雪紛飛，他們才明白車站早已取消；然而，他們明知車站已經作廢，卻捨不得離去，還繼續等下去，只有一個沉默的人，下決心走出這個荒謬的車站。這顯然是一個荒誕戲，有西方荒誕戲的影子。然而，可貴的是他改變了中國話劇延續了數十年的現實主義思路，第一個作了現代戲劇的實驗——強化了西方荒誕戲劇常常忽視的戲劇動作——對人的荒謬存在方式發出一聲有力的叩問。

　　《車站》發表和演出後因遭到強烈批判，使得這種實驗無法繼續下去，然而，過了兩三年之後，劉索拉和徐星的中篇卻突然出現。兩部小說的主題都是音樂，叩問的是音樂的意義，也是存在的意義。選擇，決定著人的存在本質和意義，然而，在荒謬的環境中，一切都已被規定被確定，你別無選擇，你不知道生命的主題，面對人生，只有徬徨、迷失、無可奈何。

　　　　摘自〈中國現代文學的整體維度及其局限〉，嶺南大學《現代中文文學學刊》創刊號，1997年7月。

《一個人的聖經》（中文版）跋

我沒有讀過高行健的詩，他的詩也極少發表。但讀了《一個人的聖經》之後我立即想到：行健是個詩人。這不僅因為這部新的作品許多篇章就是大徹大悟的哲理散文詩，而且整部作品洋溢著一個大時代的悲劇性詩意。這部小說是詩的悲劇，是悲劇的詩。也許因為我與行健是同一代人而且經歷過他筆下所展示的那個噩夢般的時代，所以閱讀時一再長嘆，幾次落淚而難以自禁。此時，我完全確信：二十世紀最後一年，中國一部里程碑似的作品誕生了。

《一個人的聖經》可說是《靈山》的姐妹篇，與《靈山》同樣龐博。然而，主人翁卻從對文化淵源、精神自我的探求回到嚴峻的現實。小說故事從香港回歸之際出發，主人翁和一個德國的猶太女子邂逅，從而勾引對大陸生活的回憶。綿綿的回憶從1949年之前的童年開始，然後伸向不斷的政治變動，乃至文化大革命的前前後後和出逃，之後又浪跡西方世界。《靈山》中那一分為三的主人翁「我」、「你」、「他」的三重結構變為「你」與「他」的對應。那「我」竟然被嚴酷的現實扼殺了，只剩下此時此刻的「你」與彼時彼地的「他」，亦即現實與記憶，生存與歷史，意識與書寫。

高行健的作品構思總是很特別，而且現代意識很強。1981
年他的文論《現代小說技巧初探》曾引發大陸文壇一場「現代主
義與現實主義」問題的論爭，從而帶動了中國作家對現代主義文
學及其表達方式的關注。在文論引起爭議的同時，他的劇作《絕
對信號》、《車站》則遭到批判乃至禁演。這些劇作至今已問世
十八部，又是二十世紀中國現代主義的開山之作和最寶貴的實
績。由於高行健在中國當代文學運動中所起的先鋒作用及其作品
的現代主義色彩，因此，他在人們心目中（包括在我心目中）一
直是現代主義作家。《一個人的聖經》卻完全出乎我的意料之
外，這部新的長篇竟十分「現實」，我完全想不到高行健會寫出
這樣一部如此貼近現實，如此貼近我們這一代人大約四十年所經
歷的極其痛苦的現實。這一現實是尖銳的，現實中的政治又尤其
尖銳，而高行健一點也不迴避。他不僅直接觸及政治，而且把政
治壓迫之下的人性脆弱與內心恐懼表露無遺，寫得淋漓盡致。作
品深刻揭示了政治災難何以能像瘟疫一樣橫行，而人又如何被這
種瘟疫毒害，改造得完全失去本性。儘管我也親身經歷和體驗過
這些政治災難，但是，讀這書的時候我的身心仍然受到強烈震
撼。

描寫大陸二十世紀下半葉現實的作品已經不少，這些作品
觸及到歷次政治變動和文化大革命中的紅衛兵運動及上山下鄉等
等，然而，沒有一部作品能像《一個人的聖經》令我這樣震動，
我雖一時無法說得清楚原因，但有一個直感：面對那個龐大的荒
謬的現實，用舊現實主義的方法，即一般的反映論的方法是難以

成功的。這種現實主義方法的侷限在於它總是滑動於現實的表層而無法進入現實的深層，總是難以擺脫控訴、譴責、暴露以及發小牢騷等寫作模式。八十年代前期的大陸小說，這種寫作方式相當流行。八十年代後期和九十年代大陸作家已不滿這種方式，不少新銳作家重新定義歷史，重寫歷史。這些作家擺脫「反映現實」的平庸，頗有實驗者和先鋒者的才華，然而他們筆下的「歷史」畢竟給人有一種「編造」之感。而這種「編造」，又造成作品的虛空，這是因為他們迴避了一個現實時代，對一時代缺乏深刻的認識與批判，與此相應，也缺少對人性充分認識與展示。高行健似乎看清上述這種思路的弱點，因此他獨自走出自己的一條路，這條路，我姑且稱它為「極端現實主義」之路。所謂「極端」，乃是拒絕任何編造，極其真實準確地展現歷史，真實到真切，準確到精確，嚴峻到近乎殘酷。高行健非常聰明，他知道他所經歷的現實時代佈滿令人深省的故事，準確的展示便足以動人心魄。「極端」的另一意思即拒絕停留於表層，而全力向人性深層發掘。《一個人的聖經》不僅把中國當代史上最大的災難寫得極為真實，而且也把人的脆弱寫得極其真切。

在給「極端現實主義」命名的時候，我想到兩個問題：(一)這種寫作方式是怎樣被逼上文學舞台的？(二)這種寫作方式獲得成功需要什麼條件？

關於第一個問題，我讀近年的小說時已感到文學的困境，甚至可稱為絕境。所謂困境就是：不僅老現實主義方法走到頂，而且前衛藝術的方式也走到頂了。老現實主義方法不靈，可是我

們又不能迴避生存的眞實和生存的困境，不能迴避活生生的嚴酷的現實，這該怎麼辦？當今一些聰明的文學藝術家找到一條出路叫作「玩」，玩前衛、玩先鋒、玩純形式、玩語言、玩智力遊戲，把文學變成一種觀念，一種程序。然而，到了世紀末，人們已逐漸看清這些遊戲蒼白的面孔。語言畢竟不是最後的家園，工具畢竟不是存在本身，文學藝術畢竟不是形式的傀儡，包裝畢竟不是精神本體，後現代主義畢竟只有「主義」的空殼並無創造的實績。總之，藝術革命走到盡頭了，前衛遊戲也玩到盡頭了。高行健看清了形式革命的山窮水盡，因此他告別了「主義」，也告別了革命和藝術革命。他的「極端現實主義」，就是在上述這種思路「轟毀」之後選擇的新路。他選對了，他勇敢、果斷地走進現實，走進生命本體，走進意識深處，並以高度的才華把自己擁抱的現實與生命本體轉化爲富有詩意的藝術形式。

關於第二個問題，我在掩卷之後思考了好久，思考中又再閱讀，我終於發現在這部作品背後作者對主人翁對現實冷靜觀察的眼光。高行健無論是戲劇創作還是小說創作，都有一種冷眼靜觀的態度，而在《一個人的聖經》中表現得格外明顯。這部小說所觸及的現實不是一般的現實，而是非常齷齪、非常無聊甚至非常無恥的現實，所觸及的人也不是十分正常的人，而是一些被政治災難嚇破了膽和被政治運動洗空了頭腦的「革命人」、肉人、空心人等，也可以說是一些白癡。如果用和現實相等的眼光來看這種現實和人，那是很危險的：作品可能會變得非常平庸、乏味、俗氣或情緒化，但是高行健沒有落入這一陷阱。他進入現實

又超越現實，他用一個對宇宙人生已經徹悟、對往昔意識形態的陰影已經完全掃除的當代知識分子的眼光來觀照一切，特別是觀照小說主人翁。於是，這個主人翁是完全逼真的，是一個非常敏感、內心極為脆弱又極為豐富的人，但在那個恐怖的年代裡，他卻被迫也要當個白癡，當個把自己的心靈洗空、淘空而換取苟活的人，可是，他又不情願如此，尤其不情願停止思想。於是，他一面掩飾自己的面目，一面則通過自言自語來維持內心的平衡。小說抓住這種緊張的內心矛盾，把人物的心理活動刻劃得細緻入微，把人性的屈辱、掙扎、黑暗、悲哀表現得極為精彩，這樣，《一個人的聖經》不僅成為紮紮實實的歷史見證，而且成為展示一個大歷史時代中人的普遍命運的大悲劇，悲愴的詩意就含蓄在對人性悲劇的叩問與大悲憫之中。高行健不簡單，他走進了骯髒的現實，卻自由地走了出來，並帶出了一股新鮮感受，引發出一番新思想，創造出一種新境界，這才真的是「化腐朽為神奇」。

1996年，在我為香港天地圖書公司主編的《文學中國》學術叢書中，高行健貢獻了一部題為《沒有主義》的近三百頁的文論集子。從這部文論中可以看到，高行健是一個渾身顫動著自由脈搏、堅定地發著個人聲音的作家，是一個完全走出各種陰影尤其是各種意識形態陰影（主義陰影）的大自由人，是一個把個人精神價值創造置於生命塔頂的文學藝術全才。沒有主義並非沒有思想和哲學態度，高行健恰恰是一個很有思想很有哲學頭腦的人，並且，他的哲學帶有一種徹底性。因為這種哲學不是來自書齋學院，而是來自他對一個苦難時代刻骨銘心的體驗與感悟，因

此，這種哲學完全屬於他自己。在《一個人的聖經》中，我們看到，他對各種面具都給予徹底摧毀，對各種假象和偶像（包括烏托邦和革命）都一概告別，而且不去製造新的幻想與偶像。這部小說是一部逃亡書，是世紀末一個沒有祖國沒有主義沒有任何偽裝的世界遊民痛苦而痛快的自白。它告訴人們一些故事，還告訴人們一種哲學：人要抓住生命的瞬間，盡興活在當下，別落進他造與自造的各種陰影、幻象、觀念與噩夢中，逃離這一切，便是自由。

此文係為台北聯經出版公司1999年4月出版的《一個人的聖經》所作的跋。

1999年1月20日於科羅拉多大學校園

中國文學曙光何處？

　　《打開》雙周刊的朱瓊愛小姐，約請我爲「展望21世紀文化」撰稿。在約請函中她說：「許多人都說文學已死……我們當然不希望如此，但也會想想這是否代表文學走到另一發展階段」。

　　「文學已死」的說法未免過於武斷。上個世紀初尼采宣布「上帝已死」，但上帝並沒有死；現在宣布「文學已死」，文學自然也不會死。不過，死亡本身就是一個巨大的「不可知」，許多宗教家與哲學家都在解說死亡之謎。如果我採用黑格爾《邏輯學》中的死亡界定，那麼，死亡不過是一種已經和存在一起被思想到了的虛無。它既不是一種東西的消失，也不是一個人的消失，而只是一種陰影。如果對死亡做這種形而上的假設，那麼，說世紀末的中國文學籠罩著陰影，則一點也不過分。對二十一世紀的展望，其實正是一個如何走出陰影的問題。

　　中國的二十世紀文學，特別是大陸下半葉的文學，一直被政治陰影和意識形態陰影覆蓋著，這是一個事實。而現在，它又與西方文學一樣被強大的市場潮流的陰影覆蓋著，這也是一個事實。毫無疑問，只有敢於走出雙重陰影、敢於退出市場的作家，才能贏得二十一世紀。關於這點，我以前已經說過，今天，我卻要揭示另一種陰影，這是文學本身基本寫作方式的陰影。它和二

十世紀一樣，已經走到時間的盡頭，彷彿有點「山窮水盡」。

　　所謂基本寫作方式，一種是傳統現實主義方式，一種是前衛藝術方式。前者流行於本世紀的大部分時間，直至八十年代中期才開始式微；後者則流行於八十年代後期和九十年代。傳統現實主義（社會主義現實主義也屬於這一範疇），均以反映論作為哲學基點和寫作視角，作家的眼光與現實事態的水平是同一的。六十、七十年代，大陸的文學「掌門人」過分強調作家的世界觀，結果使現實主義變質成偽現實主義；八十年代的作家擺脫世界觀的牽制，注重現實事態，但眼光往往未能超越對象水平，因此也未能從根本上擺脫譴責、控制、暴露和情緒宣洩等模式。新近出現一批新銳作家，他們重新定義歷史、重新寫作歷史，然而，他們實際上是通過編造故事而逃避禁區和迴避現實的根本，因此也常常顯得無足輕重。

　　前衛藝術方式的產生，乃是對現實主義的不滿與反動。中國的前衛藝術（也可稱先鋒藝術）一直不發達，這顯然是中國缺少它生長的土壤。中國的現實太痛苦、太嚴峻，它和西方那種物質過剩而感到無聊的社會環境極不相同，因此，完全迴避現實與完全退入內心世界不太可行。即使可行，也面臨著與西方前衛藝術相似的絕境。西方在畢卡索之後，一直進行著藝術革命，這場革命發展到後來便是以「後現代主義」為理論旗幟的智力遊戲。它完全拋開人的主體性而走火入魔地玩形式、玩語言、玩策略，他們以工具代替存在，以形式代替精神本體，把語言當成最後的實在即最後的精神的家園，把藝術當作一種程序、一種觀念、一

種碎片。結果，我們看到的是只有後現代主義的理論空殼，而無創造實績：誰能舉出一部後現代主義的經典作品呢？到了世紀末，人們終於逐步看到，所謂前衛藝術，只是一種幻覺，只是虛幻的白茫茫。中國把前衛藝術方式引到文學中來，終究沒有太大出息。

傳統現實主義寫作方式與前衛藝術寫作路子已經走到盡頭，陰影橫在路口與頭頂，怎麼辦？出路總會有，但必須自己去尋找。就在困惑之際，我讀了高行健《一個人的聖經》，讀後為之感到十分振奮。完全出於我的意料，這位在大陸激發現代主義文學思潮、先鋒色彩很濃的朋友，竟會寫出一部如此貼近現實、如此直接觸及政治的書。他的「貼近」與「觸及」，不是「反映」式地在現實表面滑動，而是踏入歷史深層，觸及現實的根本，把我們這一代人經歷過中國當代史上最大的災難準確無誤地展示出來。我從小說中感受到的真實，不是一般的真實，而是近乎殘酷的多重真實。這是注重營造故事情節、典型和注重靜態心理分析的老現實主義方法無法達到的。

高行健顯然摒棄傳統的現實主義方法，而把現實描寫推向極致和另一境界。這裡的關鍵是作者進入現實而又從現實中走出來，然後對現實進行冷眼靜觀，靜觀時不是用現實人的眼光，而是用當代知識分子的眼光，一種完全走出歷史噩夢和意識形態陰影的眼光，這種眼光正是可以超越現實的哲學態度與現代意識。有這種眼光與態度，高行健就在對現實的觀照中便引出一番對世界的新鮮感受和對普通人性的真切認識，並由此激發出無窮的人

生思考，從而把現實描寫提高到詩意的境界。這樣，小說就不僅是現實的歷史見證，而且是特定時代人的普遍性命運的悲劇展示。

《一個人的聖經》給了我的啓迪：一個摒棄舊現實主義方式的作家並不意味著他必須迴避現實，相反，他可以更加逼近現實，可以挺進到現實的更深處；而在形式遊戲走向絕境的時候，作家在拒絕形式遊戲的時候也並不意味著放棄形式的探求，他可以找到蘊含著巨大歷史內涵的現代詩意形式。高行健找到的寫作方式也許可以命名爲「極端現實主義」方式，但他是一個沒有主義並反對任何主義對他進行規定的自由作家，未必贊成我的命名。

贊成與不贊成，這不重要，重要的是高行健這一例子給我們帶來信心：環境與年代（時空）無法決定文學的生死，要緊的是作家保持無窮的原創力，敢於走出二十世紀投下的各種陰影和幻相，踏出自己的新路。二十一世紀中國文學的曙光是對陰影與幻相的超越，新一輪的文學太陽是不會重複二十世紀運行的軌道的。

原載香港《南華早報》的「打開」雙周刊。

1999年11月7日

第三輯 評說

（寫於2000-2003年）

內心煉獄的舞台呈現
——《生死界》與高行健的內心戲劇
（在香港中文大學出版社和商務印書館聯合舉辦的高
行健戲劇座談會上的發言）

　　今天在座的許多朋友對高行健的戲劇很有研究，方梓勳教
授在高行健獲獎之前就翻譯了《彼岸》、《生死界》、《對話與反
詰》、《夜遊神》和《周末四重奏》，在中文大學出版社出版了英
文戲劇集The Other Shore，令人敬佩。在座的還有鄭樹榮先生，
是「無人地帶」劇社的藝術總監，現在正在導演《生死界》，曾
到法國深造戲劇學，是戲劇的內行。在你們面前談戲，實在是班
門弄斧。但是朋友的盛情難卻，我只好談談，談的是一個文學欣
賞者的劇本閱讀心得。因為《生死界》馬上就要在香港上演，大
家都關心此事，我就談談閱讀這個戲本的一些感受。

　　1991年我在《今天》上讀了《生死界》的劇本，至今已經
十年。這個劇在法國、義大利、澳大利亞、瑞典、波蘭、美國等
地演出過，可惜我都看不到。此次在香港演出用的是粵語，我又
不能進入。但是，一讀劇作的文本，就可知道，高行健的戲劇被
歐洲、亞洲、美洲、澳洲廣泛接受，並不奇怪。因為他的戲劇內
涵是普世問題，是所有人的問題。在中國現代戲劇史上，高行健
是第一個廣泛「佔領」西方戲劇舞台的劇作家，曹禺、田漢等都

沒有這種幸運。戲劇在中國歷史上，從一開始發生，地位就很低，被稱為「優伶」的演員不過是宮廷和士大夫的玩偶。在民間，則是讓人瞧不起的「戲子」；在文學史上，又被視為詩文之外的「邪宗」。進入現代社會後，地位雖有所提高，但在中國集體無意識中，演員仍是個戲子。因此，數千年來優伶所創造的形象，從未成為民族的靈魂也未曾深刻揭示個人的靈魂。儘管也出現過一些好的劇作，但總的來說，還是比較小氣。即使觀念較為開放的浪漫戲劇，如《西廂記》，也只是小浪漫。而在西方，戲劇的地位卻很高，從古希臘開始，戲劇本身就有大靈魂。其大宇宙感影響了整個人類的精神歷史。西方大城市中的劇院，不僅很多，而且文化地位很高。古希臘的戲劇、莎士比亞的戲劇，其戲劇文本就是世界文學巔峰。契訶夫、易卜生、史特林堡的戲劇儘管他們的思想傾向不同，但都震撼社會。二十世紀的貝克特、尤奈斯庫、奧尼爾的戲劇，可說是現代人類焦慮的總象徵。要在西方的戲劇舞台上獨樹一幟是件很難的事。但是，高行健卻以自己獨特的戲劇形式和戲劇內涵，給西方戲劇界送上一股新風，為世界戲劇史寫下別開生面的一頁。面對這種卓著的成就，應當為他高興，為他驕傲，應當對此懷有敬意。

就高行健個人的寫作史來說，《生死界》乃是他的兩個標誌：（1）由中國轉向世界的標誌。高行健出國後所作的《逃亡》、《山海經傳》還有中國文化背景，從《生死界》開始，他便揚棄了這一背景，思索和表現普世問題，即所有人的共同問題。《生死界》、《對話與反詰》、《夜遊神》等，表現的都是一

些超階級、超種族、超國界的問題。在空間上，沒有中國，沒有邊界，即沒有空間背景；在時間上，只有當下，沒有年代，即沒有時代背景。還在國內時，《彼岸》就已開始這種戲劇探索，表現哲學問題。但後來又寫了由中國天安門事件觸發的《逃亡》，到了《生死界》便有了普世寫作的高度自覺。（2）標誌著進一步由外向內的轉變。《逃亡》、《山海經傳》還是情節戲，有外部時間；《生死界》則完全是內心狀態的戲，表現的是人類普遍的內在困境、人性困境，只有內心時間。

十年前我第一次閱讀《生死界》文本，覺得這是很奇怪的戲。一是奇怪竟有這樣的沒有現實圖景、只有內心圖景的戲；二是奇怪三個演員演的只是一個人的內心獨白，（另一個女性舞者只是她的心象，還有一個小丑是她意念中的男影像），全部由一個第三人稱「她」貫穿始終，只有內心衝突，沒有社會衝突。這種戲和我的早已習慣的欣賞心理很不相同。後來又讀了他的《對話與反詰》、《夜遊神》和《周末四重奏》，才慢慢進入他的新戲劇世界。進入之後回頭再閱讀《生死界》，便讀出此劇的人性深度與寫作難度了。

我的朋友陳邁平在《高行健劇作選》的序言中闡明了高行健在世界戲劇史上的地位和多方面貢獻，其中有一點是精神內涵上的貢獻。他說，高行健的劇作，基本上是繼承現代戲劇傳統。奧尼爾曾經把現代戲劇傳統歸結為人與上帝、人與自然、人與社會以及人與他人等四種主題關係。而高行健不僅擅長描寫人與他人的關係，而且推出第五種關係，即「人和自我」的關係，這是

非常準確又非常重要的概說。所謂人與自我的關係，也可以說是自我的內部關係。《靈山》中的自我，分解為你、我、他三種人稱，其對話就是自我的內部關係。人的思想、性情、良知等，全在對話中實現。倘若用哲學語言表述，人與他者的關係屬於外部主體間性（或稱主體際性），而自我內部的關係，則屬於內部主體間性。現代哲學家胡塞爾、哈本瑪斯等談的都是外部主體間性，沒有探討內部主體間性的問題。哈本瑪斯的交往理論十分有名，但未觸及內部主體間性。中國文學理論也是如此，談主體性與主體間性時，未觸及內部主體間性。而高行健的小說和戲劇則是內部主體間性的呈現，而且呈現得非常充分，非常精彩。在世界文學藝術史上，很難找到第二個作家，像高行健這樣自覺且充分地從內容到形式把內部主體間性呈現得如此鮮明，尤其是呈現於戲劇，這不能不說是一種精神首創。

　　使用哲學的語言過於抽象，倘若用文學語言表述，便是現代人內心狀態的舞台呈現。《生死界》就寫一個女人在深夜獨處時的內心煉獄。這個女人一出場就處於內心的緊張中，就指斥與她關係最密切的男伴，說彼此難以溝通。連最親密的人都難以溝通，更何況與別的人，僅此一點，她就注定生活在孤獨之中。在孤獨的記憶與幻想中，她訴說他的各種難以承受的「嘴臉」：虛偽、怯懦、乏味、勉強的笑聲。她撕破他的面具。「她原先看到的那雙笑瞇瞇的眼睛裡那犀利機智熱情的眼神，全靠他戴的那副眼鏡，現今把眼鏡一旦摘除，就什麼光澤也沒有了，只剩下倦怠、冰冷和殘忍，正像他那顆自私的心，有的只是利己和無情。

他對她不過是佔有、攫取、享受，要得到的他都已經得到了，使用玩弄過了，只剩下厭倦和煩燥……」如此不堪，如此不能忍受。然而過去不僅忍受，還同床共眠，而此時，極其厭惡，卻又發現自己不能沒有他。待到他眞的一走了之以後，她又希望他回頭，轉身再看她一眼，希望重新得到他的愛撫，重過剛剛詛咒過的生活。既承受不了在一起的重，又承受不了不在一起的輕。情感起伏無常，混亂無序，她也不知道爲什麼？也許只有劇作者清醒知道：這是因爲人太脆弱了。作爲一個女人，她有特殊的本性，所有焦慮都與身體有關。她比男性對身體有更多的敏感，這種敏感又把她推入更深的寂寞深淵。她發現自己的面容憔悴、皮膚粗糙、乳房鬆弛、感覺遲鈍，即發現連支撐孤獨和擺脫孤獨（重新擁有男性）的資本都沒有了，於是，她的孤獨便化作歇斯底里的恐懼……全劇就是主角敘說她的情感故事，也可說全劇就是她的情感流露。這些都是肉眼看不見的，用文字敘述尚且困難，更不用說訴諸舞台。但《生死界》卻找到一個敘說主體，通過演員在觀眾面前呈現角色（她），在舞台上把敘述化爲呈現。這便是把不可視的情感狀態化作可視的舞台形象，也可說是化心相爲實相。這種把看不見的內心圖景轉化成可見的舞台圖景，難度很高。我把這種人性狀態的舞台呈現，稱作「狀態戲」。這種戲的特點，不是情節，也不是思辯，而是呈現。戲中有很深的哲學意蘊，但不直接談哲學，也不作任何倫理判斷與政治解說，對「自我」不作肯定也不作否定，只是呈現眞實的人性狀態，把難以捕捉的狀態加以捕捉並作審美的提升。劇作家在劇中充分看到

人性的弱點，但又清醒地凌駕於弱點之上，這才是真的超越。

　　我對高行健的戲劇，首先是文學閱讀，然後才是戲劇思索。在文學閱讀中，第一個感覺是像在閱讀心理小說，其中許多語言就是小說語言。演員以旁觀者的身份，敘述角色「她」，把小說敘述引入戲劇。但是，戲的本質又是動作性的，因此，小說似的語言敘述弄得不好，就會丟掉戲劇張力和劇場性。但是《生死界》通過演員呈現即通過「我」（演員）向「你」（觀眾）呈現那個「她」（角色），而在呈現中，一個冷靜的「我」又很有分寸、很節制地表演那個分裂的、混亂的、狂躁的、陷入困境的她，也就是在呈現中冷觀、嘲弄那個不冷靜的她，這便形成落差與戲劇場景，與純粹的小說文本完全不同。第二個感覺是對「自我」的觀照。由於在中國的文化中，「自我」的地位常常喪失，五四新文化運動才強調自我、突出自我。可是，「自我」在五四後幾十年中又被消滅，因此，八十年代後中國又強調自我的地位，甚至拔高自我的位置。在西方，自我的地位則常常被誇大。而《生死界》則是一個「我觀我」、「我思我」的冷幽默，全劇是我對我的冷觀、凝視、分解、質疑。不是心理分析，也不是價值判斷，而是觀照。敘說的不是身處的環境有問題，而是自身的內部世界有問題。因此，可以說這個戲是內心煉獄的戲，不同於但丁似的外部煉獄，而是內心煉獄。貝克特、尤奈斯庫的荒誕戲，有頭腦的思辯，但也沒有內心的煉獄。

　　《生死界》中有一細節很有象徵意義，這就是角色（女人）想逃出自己的房間但找不到鑰匙和出路。我們不妨重讀一下：

女人：不！（逃開）太可怕了，她不能這樣支解下去，
自己扼殺自己！她得趕緊逃脫，逃出這房間！（作開門
狀）奇怪的是打不開房門，她怎麼這樣糊塗？自己把自
己鎖在房裡？（圍繞男人的衣物，女人的首飾盒子和脫
落的手腳滿地爬行）她找不到房門的鑰匙！這怎麼可
能？明明是她自己開的房門，那鑰匙明明在她手裡拿
著？卻記不起放到何處？（停住，望著脫落的手腳發楞）
她不明白，不明白這怎麼回事？她自己的家，她這個安
適溫暖的小窩，怎麼一夜之間，竟然變成了可怕的地獄
……她得出去！（叫）她要出去——去——沒有人聽見，
沒有人理會，她在自己房裡，自己把自己（跪在地上，
四方張望，不知所措）鎖住，只進得來而出不去……

這一細節象徵著她把自己鎖在個人世界中，鎖住無法與外
界溝通的自我地獄中。一個溫暖的窩，「怎麼一夜之間，竟然變
成可怕的地獄？」她無法回答自己的問題，她不了解，不是房間
成了她的地獄，而是她的自身成了地獄。真正的牢房不是房間，
而是自己變態的心靈，是心獄。這個深夜獨處的女人，在自己的
心獄裡煎熬、打滾、呼叫，所以是一種內心的煉獄。但丁的《神
曲》，一層又一層的地獄都是外部的酷刑和煎熬，是可以看得見
的滾燙烈火，是外界；而這個女人的煉獄，則是內心發生的「生
死界」。對內心煉獄的敘述與呈現，雖不同於《神曲》，卻也是神
來之曲和神來之筆。

二十世紀由尼采帶頭，以個體神化代替上帝，對「自我」

往往過分誇張與膨脹；而高行健則反對把個人誇大爲神，也反對把人視爲魔鬼，揚棄這兩極的誇張，高行健便對個體自我這個老問題賦予新看法、新態度，其文學、戲劇的智慧就從這種新態度中產生出來。

高行健無論在小說跟戲劇中，都把主體自我一分爲三。發現主體不是二元對立，而是三維世界，這是一個巨大的發現。抓住這個三，才能抓住高行健。我所說的冷解脫，其關鍵就是高行健在「自我」中分解出一個中性且冷靜的反觀自身的我，有這一中性的超越之我，才有整體自我的確切認知和解放。人生中得大自由與得大自在，不必祈求環境與菩薩，全靠自身中的冷觀之我來拯救，這便是自救。這種認識，這「三」的發現運用於戲劇，也就從戲劇內部建立新的角色形象和演員三重性的表演。如果說斯坦尼斯拉夫斯基的戲劇，是演員與角色等同的「合二爲一」，如果說布萊希特是演員與角色不相等的「一分爲二」，那麼，高行健的戲劇，則是「一分爲三」和「合三爲一」。所謂「演員」在「觀眾」面前呈現「角色」，便是演員、角色、觀眾三者的共謀結構。在此結構中，演員是中性的，演員不代表角色，也不體驗角色，只是在觀眾面前敘述角色、呈現角色。高行健通過這種方式，從戲劇內部尋找新的可能性，也從戲劇內部建立新的角色形象。我作爲文學研究者，又可對這一新的角色形象作許多文學分析。我覺得高行健這種探索非常新穎，在座的有許多是戲劇的內行，更了解高行健具有怎樣程度的原創性。

我雖然沒有太多機會觀賞高行健戲劇的舞台演出，但是，

僅僅戲劇文本就給我很多啓迪。高行健不同於荒誕派戲劇，但可能從荒誕派那裡得到劇作家內心空間精神的高度自由；高行健的戲劇也不同於中國戲劇，但又從東方寫意戲劇形式中得到表演空間的自由。東、西兩者的融合使他獲得成功，而給高行健最大幫助的則是中國的禪宗精神。禪的無名狀態與自然狀態，禪避開概念直達心靈深處的方式，一定幫了高行健很大的忙。當心靈、心性、心相被異化成概念時，禪的確是打破概念之隔而進入生命本眞本然的最好方法。二十世紀許多哲學家都是概念的生物，中國的現、當代作家不幸也很多變成了概念的生物。而高行健則大力放逐概念，他的自由不僅不受權力的限定，也不受概念的限定。禪正是從這裡幫了高行健，使他的言外之相、言外之意發揮得更充分。高行健從1980年發表第一個劇本《絕對信號》開始，寫意的戲劇才能就表現出來了。這之後二十多年，他的寫意特點，更是發揮到淋漓盡致。到世紀末所作的《八月雪》已是禪意盎然。表面上是宗教戲，實際上與宗教一點關係也沒有。在禪的智慧眼睛下，各種權力的色相和各種迷信全看透了。那些被世人所追逐的一切，什麼也不是，什麼也沒有，眞正的「有」，乃是當下。慧能的大智慧就是當下對自身和世界的清醒意識，這種意識一說出來，既簡單又極其透徹。這種感知世界與人生的方式是西方哲學家所沒有的，也是西方作家難以學到的。高行健正是在西方傳統思辯的空白處和邏輯空白處獨樹一種感知的方式，這便是東方禪的方式，高度寫意的方式，如此實在又如此透徹的方式。

　　高行健出國後的劇作眞是一部比一部精彩。《八月雪》之

前的《夜遊神》，可說已達到非常完美的程度，其中的幾個角色，從「夢遊者」、「流浪漢」、「那主」到「痞子」、「妓女」，都沒有姓名與性格，只是泛稱。與其說他們是人物，不如說他們是意象。《夜遊神》正是意象戲，也可說是寫意戲。雖是寫意，但細節是眞實的，內心更爲眞實。整部戲是物理空間與心理空間打成一片，是心靈困擾和社會困擾的融合爲一，僅僅讀了劇本就感到意象的「神似」。

我在《論中國現代文學的整體維度及其侷限》一文中曾說，中國現代文學從審美內涵的角度看，只有「國家、社會、歷史」一維，缺乏叩問存在意義的維度和超驗維度及自然維度。像魯迅的《野草》這種超越啓蒙、進入形而上存在之維的作品只是個例，而高行健的戲劇則有一大部分是叩問存在意義的形上戲。中國現代戲劇作爲中國現代文學藝術的一部分，絕大多數的劇作也都是屬於「生存」層面的戲劇，有現實感，沒有哲學感。在審美形式上又都是現實主義方式，少有寫意的探索。高行健在精神內涵上進入「存在」層面，在審美方式上又在寫意上作出不懈的實驗，終於闖出了自己的一條路。瑞典學院稱讚高行健爲中國戲劇開闢了新的道路，並非虛言。

整理於2000年11月

心靈戲與狀態劇
——談《八月雪》和《周末四重奏》

返回美國之後，面對科羅拉多高原純正明麗的陽光，心情格外好。心中唯一牽掛著的，乃是住入醫院的高行健，不知他病情如何。今天早晨，突然接到他的電話，說他已經出院療養，讓我放心。他說，此次可謂大難不死，但願以後還能繼續有所作為。從死神的陰影下走出來之後，他對生命有了新的認識，但對未來的事業那種執著卻依然如故。

因為老是掛念著他，所以老是想起把他累倒的那二個劇本：《八月雪》和《周末四重奏》。去年初，他到香港中文大學接受榮譽博士學位的時候，血壓已高達180，醫生一再叮囑他放下工作，但他還是東西方來回奔波穿梭，硬撐著瘦骨嶙峋的身體親自執導了這二部戲。

赴台之前，我曾勸他不要親自當導演，但他說，導戲是極大的快樂，而且他想把《八月雪》做成一個新型的現代歌劇，既不同於京劇那樣的民族歌劇，又區別於西方的現代歌劇。其實還有一個我知道的但他沒有說出的原因，這就是《八月雪》中的那個主角慧能，就是他的人格化身。也可以說，這個戲表面上是寫禪宗六祖的宗教戲，實際上是借六祖表現自身精神境界的心靈戲。高行健獲得諾貝爾文學獎後曾說：「是禪宗拯救了我」。出

國後十三年,每次和他談話,總是不離禪宗。他對慧能極為崇敬,認為慧能在人間創立了一個與基督的「救世」精神相對應的「自救」精神豐碑,人的內在力量正是從這種自救精神中產生的。行健一再對我說,不必到山林寺廟裡去尋找菩薩,活生生的佛就在自己的心中。與此道理相通,自由不在身外而在身內,一切都取決於自己的心靈狀態。

我未有機會觀賞這部戲在台灣的演出,真是十分遺憾。但是第一次閱讀這部劇本時,曾經徹夜不眠。我讀後得到了一次精神的大解脫。可以想見,行健在導演這部戲時,會是怎樣的投入,難怪他會精疲力竭地病倒在導戲的過程中。

在排演《八月雪》之後,他又在巴黎排演《周末四重奏》。該劇由法蘭西喜劇院演出。此乃法國的國家劇院,由路易十四創立於1680年。劇院擁有大、中、小三個劇場,《周末四重奏》於三月十二日在該院中型劇場「老鴿籠」劇場作邊界性首演。法蘭西喜劇院向來只演已故劇作家的經典作品,高行健知其份量,為不辜負信賴,又是全身心投入。

《周末四重奏》的中文本,首先在香港出版,城市大學也曾經演出過,我所熟悉的朋友余詠宇博士和張欣小姐還曾在劇中扮演過角色。此劇在巴黎演出一個月,左中右不同傾向的法國報刊都給予極高的評價。法國觀眾,特別是法國中產階級觀眾能夠理解和歡迎這部戲,是我預料之中的,因為這部戲表現的正是現代社會充分發展之後,人的疲憊心理和精神困境。這是每一個生活在這種社會中的人,都能感受到卻難以表達出來的一種生存狀

態。高行健曾說，文學最要緊的，就是要捕捉「那種不可捉摸的、不可定義的卻可以感受到的，我們稱之為眞實的東西」。而這部戲恰恰捕捉了這種內心眞實和心理狀態。

　　我第一次閱讀這部劇本時，也讀出一個「煩」字。人生過程中常常會出現一種非常蒼白的瞬間，在這個瞬間裡，生命失去了方向，生活失落了意義，這也許就是米蘭‧昆德拉所說的「難以承受之輕」吧。在此無可奈何之際，劇中的人物在周末尋友聚會，然而大家彼此彼此，人人都處在同樣的蒼白和無奈之中。於是，四顆疲憊的心，合成一個聽上去在互相交流實際上卻極不和諧的人生四重奏。由於如此準確地揭示這樣的心理眞實，演出後得到了法國文化藝術界熱烈而又中肯的評論。法國最大的新聞周刊《影視周刊》，四月二日的劇評說：

> 身兼小說家、畫家、劇作家的諾貝爾文學獎得主高行健，又呈現出一齣奇特的舞台劇，把哲學與抒情詩變為動作。四個人物、四種精神狀態面對生存、藝術、欲念與這個暗淡無情的時代，喚起了種種不安。在舞台柔和的陰影中，四個聲音構成四重悲歌，相互呼喚和交錯，然後重疊在一起，令人好不憂傷。作者把尤奈斯庫和貝克特結合得如此和諧，實在是極為出色的一番創造……這齣由法蘭西喜劇院上演的戲，令人感動，又讓人不知所措。高行健所展示的對生之反胃、愛之無趣、創作之乏味，令我們險些落入苦惱與毫無著落的邊緣，如同失重。除了世界、時代與人群之外，或許生命存在之神秘

正由此而得以思索，得以建構。

此外，法國最大的右派報紙《費加羅報》和法國最大的左派報紙《世界報》也都異口同聲地稱讚這部戲具有獨特的戲劇性，其演出效果十分有趣，令人著迷。

我為高行健的這二部戲在台灣和在巴黎成功上演並且獲得得如此高度的評價，感到高興；而我更為高興的是，他終於戰勝病魔，度過生命的險關，以更新的人生姿態迎接明天。

原載《明報月刊》2003年6月號
2003年3月寫於洛磯山下

閱讀《靈山》與《一個人的聖經》
——在香港城市大學中文、翻譯及語言文學系主辦的文學講座的講稿

一、小說背後的文化哲學

今天想和大家探討一下高行健的兩部長篇小說：《靈山》和《一個人的聖經》。這兩部小說都是高行健的代表作。它的精神價值和藝術價值已被瑞典、法國的一些評論家充分認識，但還沒有被高行健故國的評論家充分認識。因此，我也找不到可以參考的評論文章，無法引經據典，只能講講自己的閱讀感受。

《靈山》的中文本出版於1991年（台灣聯經）。當時一年還賣不到一百本，許多讀者都進入不了「靈山」世界。高行健獲獎之後，才成為暢銷書，但還是有些朋友讀了之後，覺得走入「靈山」有困難。我曾問過一位年輕朋友，你帶著什麼樣的閱讀期待去閱讀《靈山》呢？他沒有回答。而我說，不要有先驗的閱讀期待。因為高行健的寫法和傳統的寫法很不相同，他的小說觀念非常特別。

如果按照傳統的小說閱讀心理，總是要求小說近乎傳奇，有所謂扣人心弦的故事情節，或者鮮明的人物性格；而如果按照時髦的所謂「現代性」要求進行閱讀，又期待小說能玩玩語言，

能有許多破碎的句子或者潛意識活動。可是高行健的小說，尤其是《靈山》，偏偏沒有什麼連貫的故事情節，也沒有人物性格歷史，它以人稱替代人物，以心理節奏替代情節，以情緒變化來調節文體，完全是另一種寫法。無論是《靈山》還是《一個人的聖經》，句子都相當完整，一點也不破碎，而且語言很有音樂感，不僅有意美，還有音美。高行健在兩部小說中也沒有刻意挖掘潛意識，反之，他有相當清醒的意識，甚至還在人稱的三維結構中特意設置一維「他」即中性的眼睛，有意識地觀照、評論「你」和「我」。因此，他的小說不是喬伊斯與沃爾芙那種意識流，而是一種獨創的「語言流」。這種語言方式捨棄靜態描寫、解說與分析，追蹤心理活動過程又不失漢語韻味。如果期待高行健來些意識流或者先鋒派的文本顛覆，就會感到失望。如果有激進革命論者期待高行健能提供一些「反動言論」以滿足政治刺激，那更要失望。高行健的小說不僅擺脫「政治刺激」、「文本顛覆」等老路子，而且完全擺脫流行的小說觀念。寫作《靈山》時，他的小說觀念是反「情節加人物」的傳統模式。在城市大學的講演中，他說他寫《靈山》時，心目中的小說，是不論天文地理、三教九流、異文雜記，只要不是官方觀念的演繹，都可進入小說。在《靈山》的第七十二回乾脆表述一下小說觀念。他認為小說不一定要有個完整的故事，也不一定要遵循「先有鋪墊，再有發展，有高潮，有結局」的邏輯，甚至也不一定要去塑造什麼「人物性格」。《靈山》中有一節表述了他的小說觀念：

　　對，小說不是繪畫，是語言的藝術。可你以為你這些人

稱之間要耍貧嘴就能代替人物性格的塑造？

他說他也不想去塑造什麼人物性格，他還不知道他自己有沒有性格。

「你還寫什麼小說？你連什麼是小說都還沒懂。」

他便請問閣下是否可以給小說下個定義？

批評家終於露出一副鄙夷的神情，從牙縫裡擠出一句：

「還什麼現代派，學西方也沒學像。」

他說那就算東方的。

「東方沒有你這樣搞的！把遊記，道聽途說，感想，筆記，小說，不成其為理論的議論，寓言也不像寓言，再抄錄點民歌民謠，加上些胡亂編造的不像神話的鬼話，七拼八湊，居然也算是小說！」

他說戰國的方志，兩漢魏晉南北朝的志人志怪，唐代的傳奇，宋元的話本，明清的章回和筆記，自古以來，地理博物，街頭巷語，道聽途說，異文雜錄，皆小說也，誰也未曾定下規範。

《靈山》就是這樣一種小說，各種文體，甚至散文詩都融進去了，從而匯聚成一種很和諧的有機的藝術整體。但我們開始會不太習慣，我開始進入的時候也不習慣。那麼我為什麼喜歡高行健的小說？可能是自己比較喜歡寫散文，我把《靈山》當作散文來讀，《靈山》裡的每一節都是非常優美的散文。其小說的寫法很像《老殘遊記》。《老殘遊記》在我們近代小說裡算是優秀的小說，但我覺得《老殘遊記》整個格局不夠大。相比之下，高行

健《靈山》的眼界更寬闊。總之，讀高行健的小說首先得放下獵奇的傳統閱讀心理。此外，要了解《靈山》，先要了解其文化背景和觀念。高行健的文化觀念不是儒家文化觀念，而是非儒家的觀念，用現代的話來說，就是非官方的文化觀念。

高行健喜歡中國四種文化形態：一是士大夫知識份子的隱逸文化；二是道家的自然觀，這一自然觀使他更尊重生命的自然，即內自然；三是非宗教形態的禪宗文化，這是最普通但又最自由的一種文化。禪宗文化對高行健的影響很大，《靈山》整部小說都浸透禪性。小說結尾，「我」最後在青蛙的眼睛裡，見到上帝。這是一種大徹大悟。靈山實際上就是瞬間的徹悟，靈山就在自己心中。世上沒有靈山，卻又處處都是靈山；其情形一如世上沒有上帝，但又處處是上帝一樣。最後第四種，便是民間文化。有關民間文化，高行健告訴我，他最激動的事情就是發現我國西南地區民間的《黑暗傳》，寫得非常好。他說我們中原文化沒有史詩，而我國的少數民族卻有，《黑暗傳》就是史詩。《靈山》裡寫到《黑暗傳》是怎麼來的，我讀後感到很親切。它是多麼美好的民間文化呀！《黑暗傳》給了高行健很大的啓發，他的《一個人的聖經》可以說就是當代的《黑暗傳》，是文化大革命這一特定時期中國人心靈裡的黑暗史。

除了注意高行健小說的文化支撐點之外，還應當注意他小說的哲學支撐點。高行健是一個很有哲學意識的作家，而他的哲學觀又表現爲他對人、對人性的一些很特別的基本觀念。他一再說，人是脆弱的。與過去的人文主義者相同的是，他也呼喚人的

尊嚴與人的權利；但不同的是，高行健是謙卑的，他不唱人的高調，也不像文藝復興時代那樣頌揚人的長處和優點（如莎士比亞的《哈姆雷特》），更反對尼采對人的誇張和自我膨脹（創造另一種自我上帝）。他強調的是人的弱點，人的侷限、人性中脆弱的一面。他不僅清醒地看到人的弱點，而且承認人的弱點的合理性。在《靈山》中，主人公見首先揭示自己的脆弱。他是一個無神論者，但是當他被誤斷得了癌症之後，便充滿恐懼，在複查時，不知不覺地唸起佛來。人是多麼無助與渺小，當死神走近身邊的時候，從內到外都感到顫慄，並不是什麼英雄。文化大革命中他冒充了幾天英雄，也很快就露了馬腳。因為脆弱，他甚至丟失了生命的自然和追求愛情的勇氣。當帶有原始野性的少數民族女子給予他愛的暗示時，他手足無措地退卻了。人性深處那絕對無法掩蓋的脆弱與矛盾於此暴露無遺。《靈山》第39節描寫苗族的龍船節，黃昏到來時，捏著手帕打著小傘的苗家少男少女，唱著情歌，呼喚情郎。在這個未被革命與政治全部捲走純樸民風的邊陲地帶，年輕生命的情愛是自然、勇敢、簡單的：

> 男子肆無忌憚，湊到女子臉面前，像挑選瓜果一樣選擇最中意的人。女孩子們這時候都挪開手上的手帕與扇子，越被端詳，越唱得盡情。只要雙方對上話，那姑娘便與小伙子雙雙走了。

面對這一情景，「我頓時被包圍在一片春情之中，心想人類求愛原來正是這樣，後世之所謂文明把性的衝動和愛情竟然分割」。在夜色越來越濃的時候，他突然聽見一聲用漢語叫哥，

四、五個姑娘朝著他唱，他知道這就是求愛。但是他在愛的面前
退卻了。他意識到自己丟失了原始的自然與野性，也丟失了原始
的天眞與勇敢。他意識到，「我的心已經老了，不會再全身心不
顧一切去愛一個少女，我同女人的關係早已喪失了這種自然而然
的情愛，剩下的只有欲望。哪怕追求一時的快樂，也怕承擔責
任」。而這種脆弱，恰恰是擺脫不了一張人皮，人皮越是精緻就
越是脆弱。各種虛僞的倫理觀念，各種僵死的文化觀念，都在加
厚這張人皮，或使人皮更加精緻。到了文化大革命，人對理念和
意識形態的膜拜到了極點，自然生命也被窒息到了極點。八十年
代中期，中國當代文學的兩極，無論是高行健的冷文學，還是莫
言的熱文學，都發現了中華民族原始自然生命的喪失，因此共同
進行了一場野性的呼喚。

　　《一個人的聖經》中的幾個女子，每一個人的生命都是極其
脆弱的。他的性啓蒙老師「林」，本來好像是大膽無畏的，可是
一聽到他的家庭檔案裡記載著主人公父親有過槍枝，便嚇得從情
愛中逃走。最後，她選擇了一個副部長做丈夫，以爲只有在權位
下取暖，才覺得安全。而妻子「倩」，在瘋狂狀態的背後，也是
極脆弱的。她的父母親一被審查，她就變形變態了。出於恐懼，
她曾和主人公赤身裸體地互相擁抱互相安慰，以至結爲夫妻。她
本應當是主人翁的夏娃，可是，這個夏娃在革命風暴的壓力之
下，變成拿起刀子對著丈夫咆哮的瘋子。「亞當」（主人公）變
成披著狼皮的羊，夏娃變成懦弱卻吐出牙齒的蛇；所謂亞當與夏
娃，已經完全不能夠溝通。這裡，高行健對人性是悲觀的。在他

看來，哪怕是最親近的兩個人，例如夫妻、情人之間，都那麼難以互相溝通，難以互相理解，更何況其他人。

把握了高行健的文化觀念和人性觀念之後，我們再注意一下高行健創作的總特點，就能進入他的文學世界了。這個特點就是無論他的小說或者戲劇，都能將自己的靈魂打開，把內在世界打開，真實真誠地打開，打開的程度又是很徹底的。高行健說他的寫作不迎合讀者，只是「自言自語」，不理會別人怎樣評說，他說他要充分尊重他的讀者，而能給予讀者最高的尊重就是真實與真誠。高行健在諾貝爾頒獎典禮上也說到真實和真誠是文學顛撲不破的最高品格，真實和真誠在文學裡，不僅是審美問題，而且本身就是文學的倫理，這就是說，只有真誠才有作家的道德。高行健撕破一切假面具和偽裝，把自己的靈魂展現給讀者看。幾個月前我到新加坡，有記者問我和高行健有什麼不同？我說我會寫評論，寫散文，高行健也會寫；但高行健會的我都不會，他會寫小說，會寫戲，會畫畫，會導演，我都不會。還有一點不同，就是我有心理障礙，不可能像他那樣展示全部的生命真實，例如性愛的真實，所以我寫不了小說。高行健寫性愛，沒有任何心理障礙。在諾貝爾頒獎典禮上，高行健說他很喜歡中國幾部小說，我很高興他沒有提到《三國演義》，因為我特別討厭這部小說。他提到《金瓶梅》是一部了不起的小說，能把當時的人的生命狀態、人性的真實狀態展示出來。在當時宋明理學陰影的籠罩下，能寫出這類小說確實很不簡單。而且《金瓶梅》的作者笑笑生沒有對性愛作出倫理判斷，只是客觀地描寫，特別是其後半部寫得

非常冷靜，很不簡單。高行健坦率地讚賞《金瓶梅》，也是把靈
魂打開給讀者看，一點也不滲假。

二、閱讀《靈山》

　　《靈山》除了佈滿「文化氣息」這一特徵之外，還有一點則
是對「內心眞實」的描述。什麼是內心眞實？高行健一再說明，
他的寫作寫的不是現實，而是「現實背後人的內心感受」，也就
是內在眞實。抓住這一點去讀《靈山》，就會讀出「其中味」。人
的內在眞實世界，是一個神秘的難以捉摸的生命宇宙；它無限廣
闊，又非常神秘。高行健說他的好奇心就是追究這種眞實。他
說：

> 追究眞實，這種好奇心，出於想認識生活。只要還活
> 著，便總有這種追究眞實的好奇心，創造性也就來自於
> 此。哲學家通過思維達到眞理，我們則企圖盡量貼近去
> 感受這總也無法解釋的神秘的眞實。[1]

　　高行健甚至認爲寫作的成敗，關鍵就在這裡。也就是說，
關鍵是你能否進入哲學家、科學家、讀者、歷史學家通常不可能
進入的地方，捕住他們難以捕捉的情緒和感覺。社會學家們可能
捕捉現實，但無法捕住內在眞實。這眞實無法定義，但高行健還
是竭力加以說明：

> 如果要寫的是令你動心，卻尚說不清道不明的，你竭力
> 要去捕捉的，那就是眞實。這眞實那麼不可以名狀，而

又確實存在，只要你充分鬆弛，精神飛揚時，才有可能
體現在你筆下。這是無法定義的。真實並不等同於我們
日常生活中業已經歷過的事實。不如說，它是主觀與客
觀的相交，它又不具有實體的性質，說它是純然精神
的，卻又實實在在。寫作中捕捉的，就是這不可捉摸
的，不可能定義的卻可以感受到的，我們稱之為真實。[2]

　　文學創作的能力，最為重要的就是捕捉和表現內心真實的
能力。所謂文學天才就是把這種能力推向極致並充分表達出來
（轉換為形式）的才華。無論是《靈山》還是《一個人的聖經》，
都相當傳神地描寫了人尤其是女子的內心真實。《靈山》寫了許
多女子的小故事，每個小故事都是個體生命的命運掙扎。這些女
子有的是主人公的旅伴和談話對手，有的只是萍水相逢的路人，
有的是想像中的情侶。在相逢中，男女之間經歷了愛欲的衝突，
其內心的情感，維妙維肖，可以說整部《靈山》就是一群女子內
心聲音的變奏。《靈山》第19節中，男女主人公第一次做愛時有
一段詩情的描述：

　　　　這寒冷的深秋的夜晚，深厚濃重的黑暗包圍著一片原始
　　　的混沌，分不清天和地、樹和岩石，更看不清道路，你
　　　只能在原地，挪不開腳步，身子前傾，伸出雙臂，摸索
　　　著，摸索這個稠密的暗夜，你聽見它流動，流動的不是
　　　風，是這種黑暗，不分上下左右遠近和層次，你就整個
　　　兒融化在這混沌之中，你只意識到你有過一個身體的輪
　　　廓，而這輪廓在你意念中也消融，有一股光亮從你體內

升起，幽冥冥像昏暗中舉起的一支燭火，只有光亮沒有
溫暖的火焰，一種冰冷的光，充盈你的身體，超越你身
體的輪廓，你意念中身體的輪廓，你需要這種感覺，你
努力維護，你面前顯示出一個平靜的湖面，湖面對岸叢
林一片，落葉了和葉子尚未完全脫落的樹林，掛著一片
片黃葉的修長和楊樹和枝條，黑錚錚的棗樹上一兩片淺
黃的小葉子在抖動，赤紅的烏柏，有的濃密，有的稀
疏，都像一團團煙霧，湖面上沒有波浪，只有倒影，清
晰而分明，色彩豐富，從暗紅到赤紅到橙黃到鵝黃到墨
綠，到灰褐，到月白，許許多多層次，你仔細琢磨，又
頓然失色，變成深淺不一的灰黑色，也還有許多不同的
調子，像一張褪色的舊的黑白照片，影像還歷歷在目，
你與其說在一片土地上，不如說在另一個空間，屏息注
視著自己的心像，那麼安靜，靜得讓你擔心，你覺得是
個夢，毋須憂慮，可你又止不住憂慮，就因為太安靜
了，靜得出奇。

你問她看見這影像了嗎？

她說看見了。

你問她看見有一隻小船嗎？

她說有了這船湖面上才越發寧靜。

你突然聽見了她的呼吸，伸手摸到了她，在她身上游
移，被她一手按住，你握住她手腕，將她拉攏過來，她
也就轉身，卷曲偎依在你胸前，你聞到她頭髮上溫暖的

氣息，找尋她的嘴唇，她躲閃扭動，她那溫暖活潑的軀體呼吸急促，心在你手掌下突突跳著。

說你要這小船沉沒。

她說船身已經浸滿了水。

你分開了她，進入她潤濕的身體。

就知道會這樣，她嘆息，身體即刻鬆軟，失去了骨骼。

你要她說她是一條魚！

不！

你要她說她是自由的！

啊，不。

你要她沉沒，要她忘掉一切。

她說她害怕。

你問她怕什麼！

她說她不知道，又說她怕黑暗，她害怕沉沒。

然後是滾燙的面額，跳動的火舌，立刻被黑暗吞沒了，軀體扭動，她叫你輕一點，她叫喊疼痛！她掙扎，罵你是野獸！她就被追蹤，被獵獲，被撕裂，被吞食，啊──這濃密的可以觸摸到得黑暗，混沌未開，沒有天，沒有地，沒有空間，沒有時間，沒有有，沒有沒有，沒有有和沒有，有沒有有沒有有，沒有沒有有沒有沒有，灼熱的炭火，濕潤的眼睛，張開了洞穴，煙霧升騰，焦灼的嘴唇，喉嚨裡吼叫，人與獸，呼喚原始的黑暗，森林裡猛虎苦惱，好貪婪，火焰升了起來，她尖聲哭叫，野獸

咬，呼嘯著，著了魔，直跳，圍著火堆，越來越明亮變
幻不定的火焰，沒有形狀，煙霧繚繞的洞穴裡兇猛格
鬥，撲倒在地，尖叫又跳又吼叫，扼殺和吞食……竊火
者跑了，遠去的火把，深入到黑暗中，越來越小，火苗
如豆，陰風中飄搖，終於熄滅了。

我恐懼，她說。

你恐懼什麼？你問。

我不恐懼什麼可我要說我恐懼。

傻孩子，

彼岸，

你說什麼？

你不懂，

你愛我嗎？

不知道，

你恨我嗎？

不知道，

你從來沒有過？

我只知道早晚有這一天，

你高興嗎？

我是你的了，同你說些溫柔的話，跟我說黑暗，

盤古掄起開天斧，

不要說盤古，

說什麼？

　　說那條船，

　　一條要沉沒的小船，

　　想沉沒而沉沒不了，

　　終於還是沉沒了？

　　不知道。

　　你真是個孩子。

　　給我說個故事。

　　洪水大氾濫之後，天地之間只剩下一條小船，船裡有一
　　對兄妹，忍受不了寂寞，就緊緊抱在一起，只有對方的
　　肉體才實實在在，才能證實自己的存在。

　　你愛我，

　　女娃兒受了蛇的誘惑，

　　蛇就是我哥。

　　上邊這些文字描寫的正是男女主人公之間第一次作愛時的
內心真實。寫兩個現實生活中的亞當與夏娃，在一個寒冷的深秋
的暗夜裡，在深厚濃重的黑暗包圍著的一片原始混沌中，從愛戀
到作愛到作愛後的複雜心理過程。其中的每一句和每一個細節都
是雙關的，遠古意象和當下意象詩意地交會，內心的表露非常準
確，準確到你無法增減任何一個字。這個女子多情，但又羞澀。
她有性的欲望，但沒有功利的動機。她的生命如同夏娃那樣自
然，但又因為早已吃了智慧果，還需要夜幕來作她的心理屏障。
她和亞當在愛欲中沉沒，忘了天地的存在，感到恐懼，又感到快
樂。她罵亞當是野獸，是誘惑她的蛇，但又和蛇緊緊地纏在一

起，說「蛇就是我哥」。這一節共1540個字，是獨立的、精粹的、完美的短篇。我們從這一節中可以看出高行健文字的風格：準確、洗鍊、富有內在的情韻。這個女子，也許現實中並不存在，只是主人公幻想中的審美理想。我們如果把這一節作為一篇獨立的散文來欣賞，也會覺得很美，很有情趣，有一種天人合一的感覺。《靈山》全書四十多萬字，八十一節，每節都是一篇很優美的散文。有些研究中國現當代文學的評論者，沒有耐心欣賞這種真正的文學語言與情思，就妄加否定這部小說，這只能說明他們心緒浮躁，閱讀時粗枝大葉，品不出味來。

我們還可以再閱讀一節給邊陲地區的少女看手相的文字，這是第56節：

> 她要你給她看手相。她有一雙柔軟的小手，一雙小巧的非常女性的手。你把她手掌張開，把玩在你手上，你說她性格隨和，是一個非常溫順的姑娘。她點頭認可。
> 你說這是隻多情善感的手，她笑得挺甜蜜。
> 表面上這麼溫柔，可內心火熱，有一種焦慮，你說。她蹙著眉頭。她焦慮在於她渴望愛情，可又很難找到一個身心可以寄託的人。她太精細了，很難得到滿足，你說的是這手，她撇了一下嘴，做了個怪相。
> 她不止一次戀愛——
> 多少次？她讓你猜。
> 你說她從小就開始。
> 從幾歲起？她問。

你說她是一個情種，從小，就憧憬戀情，她便笑了。

你警告她生活中不會有白馬王子，她將一次又一次失望。

她避開你的眼睛。

你說她一次又一次被欺騙，也一次又一次欺騙別人——她叫你再說下去。

你說她手上的紋路非常絮亂，總同時牽扯著好幾個人。

啊不，她說了聲。

你打斷她的抗議，說她戀著一個又想另一個，和前者關係未斷絕，又有新的情人。

你誇大了，她說。

你說她有時是自覺的，有時又不自覺，你並未說這就不好，只說的是她手上的紋路。難道有什麼不可以說的嗎？你望著她的眼睛。

她遲疑了一下，用肯定的語氣，當然什麼都可以說。

你說她在愛情上注定是不專注的。你捏住她的手骨，還看骨相。說只要捏住這細軟的小手，任何男人都能把她牽走。

你牽牽看！她抽回手去，你當然捏住不放。

她注定是痛苦的，你說的是，這手。

為什麼？她問。

這就要問她自己。

她說她就想專心愛一個人。

你承認她想，問題是她做不到。

爲什麼？

你說她得問她自己的手，手屬於她，你不能替她回答。

你眞狡猾，她說。

你說狡猾的並不是你，是，她這小手太纖細太柔軟，太叫人捉摸不定。

她嘆了了口氣，叫你再說下去。

你說再說下去她就會不高興。

沒什麼不高興的。

你說她已經生氣了。

她硬說她沒有。

你便說她甚至不知道愛什麼？

不明白，她說她不明白你說的什麼。

你讓她想一想再說。

她說她想了，也還不明白。

那就是說她自己也不知道她愛的是什麼。

愛一個人，一個特別出色的！

怎麼叫特別出色？

能叫她一見傾心，她就可以把心都掏給他，跟他隨便去哪裡，哪怕是天涯海角。

你說這是一時浪漫的激情——

要的就是激情！

冷靜下來就做不到了。

她說她就做了。

但還是冷靜下來，就又有了別的考慮。

她說她只要愛上了就不會冷靜。

那就是說還沒愛上。你盯住她的眼睛，她躲避開，說她不知道。

不知道她究竟是愛還是不愛，因爲她太愛她自己。

不要這樣壞，她警告你。

你說這都是因爲她長得太美，便總注意她給別人的印象。你再說下去！

她有點惱怒了，你說她不知道這其實也是一種天性。

你這什麼意思？她皺起眉頭。

你說的意思是只不過這種天性在她身上特別明顯，只因爲她太迷人，那麼多人愛她，才正是她的災難。

她搖搖頭，說拿你真沒辦法。

你說她要看手相的，又還要人講真話。

可你說的有點過分，她低聲抗議。

真話就不能那麼順心，那麼好聽，多少就有點嚴峻，要不，又怎麼正視自己的命運？你問她還看不看下去？

你快說完吧。

你說她得把手指分開，你撥弄她的手指，說得看是她掌握她自己的命運還是命運掌握她。

那你說究竟誰掌握誰呢？

你叫她把手再捏緊，你緊緊握住，將她的手舉了起來，

叫大家都看！

眾人全笑了起來，她硬把手抽走。

你說眞不幸，說的是你而不是她。她也噗嗤一笑。

這一節表面上是看手相，實際上是在描述心相，勾畫處於愛戀中的少女那種微妙的內心圖景。這就是高行健說的要捕捉難以捕捉的心靈狀態。仔細體味一下，我們就會發覺，作者道破的少女內心秘密，是那麼準確，那麼有趣，又是那麼有分寸。這不是傳奇，也不是語言把戲，而是對生命眞實很貼切的感知。這正是電影和其他視覺藝術所難以企及的。

如果我們抓住《靈山》描寫「內心眞實」這一特點，然後再進行閱讀，一定會很有興趣；如能沉浸下去，又一定會發現這部小說每個女子的心理與命運都有自己的特色，儘管很不相同，但她們展示的內心圖景卻構成一座非常豐富的人性大觀園。

三、閱讀《一個人的聖經》

現在我們再談談《一個人的聖經》。《靈山》與《一個人的聖經》雖然都出自高行健的手筆，但風格、寫法卻很不相同。最大的區別在《靈山》將互相殘殺的社會現實隱去，將小說聚焦於主流社會之外的邊緣文化與原始文化，而《一個人的聖經》卻直面慘苦的人生，抓住現實生活中最震撼人心的創痛和記憶，亦即人與人之間的相戕互鬥，描寫了現實社會中一場極爲瘋狂而荒謬的文化大革命。《靈山》側重於寫內心世界。它只是在形式上有

點像《老殘遊記》，實際上不同於那種社會表層的遊走，而是作者靈魂的旅行，以靈山爲圖騰的尋找精神皈依的旅行。所以，我們可稱《靈山》爲「內心的《西遊記》」。明代小說家吳承恩的《西遊記》寫孫悟空的西行，旅程中主要的障礙是妖魔。而《靈山》八十一回，也暗示著八十一難，但那不是妖魔製造的災難，而是靈魂在欲望生命渡口中的八十一次掙扎、感悟與解脫。《一個人的聖經》則把現實推上地表，這不是日常的現實，而是非正常的現實，是把億萬中國人捲入大災大難的政治浩劫。但小說的重心不是對這場浩劫的現象描寫，而是抒寫現實的生存困境及其困境下無助的生命。這部小說的恐懼感覺寫得特別好，應特別加以注意。尤其可貴的是，雖然整個小說的中心情節是寫文化大革命，但小說的開頭部分和結局部分，又加入主人公和兩個外國女子的性愛關係，從而使生存困境普遍化，也使小說具有更深厚的普世價值。

為了敘述與論證的方便，我們先從主人公與這兩個外國女子的情愛說起。《一個人的聖經》描寫了主人公與八個女子的關係，其中六個是中國女子（女護士、林、倩、蕭蕭、毛妹、孫惠蓉），兩個是外國女子。這兩個外國女子，正好代表兩極不同的價值取向。開始出現的女子馬格麗特，是個德國籍的猶太女子，她有猶太民族的集體苦難記憶，有歷史的精神重擔，父輩的心靈創傷在她身上延續。除了集體苦難記憶之外，她個人還有一段難以磨滅的心靈創傷。她年僅十八歲時，在威尼斯做模特兒，結果就在面對教堂的樓閣畫室裡，她遭到畫家的強姦。在一個西方著

名的文明城市，在日常的平靜的生活中，一個少女的童貞就這樣
被剝奪，但又無處可以申訴，無處可以抹去傷痕。正是這個馬格
麗特在香港與男主人公的性愛，推動了主人公講出東方另一個集
體苦難的故事。在此，性的行爲與其說是基於人的自然本性，不
如說是爲了激發男女主人公對苦難的回憶。因此，可以說，性在
揭示自然本性的同時，又扮演了一個文學第一動力的角色。這種
隱秘而個人化的對集體苦難的記憶方式和講說方式，使得《一個
人的聖經》完全有別於西方《聖經》的經典敘事方式，也有別於
中國文學中傳統的「聖人言」敘事方式和訓戒方式，而呈現出一
種「不得不言」的最平常、最自然的敘述方式。這種方式和《紅
樓夢》的「假語村言」差不多，是很低調的文學方式。

　　另一個外國女子是茜爾薇。她完全是另一種人生取向。
《一個人的聖經》如此描述說；

> 同茜爾薇談起這些往事，她不像馬格麗特，全然不一
> 樣，沒耐心聽你講述，也沒興趣追究你的以往。她關心
> 的是自己的事，她的愛情，她的情緒，每時每刻也變化
> 不停。你要同她說三句以上的政治，她便打斷你。她沒
> 有種族血統的困擾，她的情人大半是外國人，北非的阿
> 拉伯人，愛爾蘭人，有四分之一猶太血統的匈牙利人，
> 最近一個倘若也算情人的話，便是你。但她說更願意同
> 你成爲朋友而非性伙伴。她當然也有過法國同胞男友或
> 性伙伴，可她就想離開法國，去某個遙遠的地方。

她和馬格麗特完全不一樣，她充分自由，充分開放，從性

格到身體都個性獨具。她沒有馬格麗特那樣的歷史包袱,沒有苦難的記憶,但她陷入的卻是另一種生存困境。她喜歡曬太陽,去明晃晃的海濱,力圖尋找一種新鮮的生活,卻又總是捲進老套子裡去。她沉湎於生活的享受,可是又走不出享受太陽——海灘——性那樣的老套子,因為生活畢竟還有更深廣的領域。由於她侷限於那樣的生活模式,所以一再陷入困境。和男人作愛,就難免懷孕,但她已經第三次打胎、第四次懷孕了。這第四次懷孕要不要有孩子,也使她進退維谷。她本想要個孩子,做女人總得生一回孩子,可是那男人總不給她一句明確的話,所以她一氣之下打掉了。事後,這男子才說打不掉就生下來,他要的,可是得讓她來養,這使她非常氣惱。她不是不要孩子,但得先有個穩定的家庭,可這樣的男人她還沒找到,所以苦惱,她的苦惱是深刻的。人都有一種最根本的苦惱,即自由與限定的矛盾。茜爾薇是最自由的女性,沒有人能管得住她,照說,她是最快樂的人,但是,她不僅有苦惱,還有憂傷,而且是深刻的憂傷,永遠無法排除的憂傷。她也想認認真真做件有意義的事,想藝術創作,而這也像生孩子,有個值得她全身心投入的孩子。然而,什麼才值得她全身心投入呢?如果說是愛情,可是經歷了多次愛情之後,她發現愛情也很難,因為這不取決於她一個人,還要取決於另一個人,這就是限定。所有的夢、所有的自由,都無法超越限定。你即使全身心投入,也是如此。茜爾薇正是感悟到她的愛永遠是一種烏托邦,所以憂傷。她的憂傷是情感的憂傷,也是哲學的憂傷。高行健最近完成的第十八部劇作《叩問死亡》,我尚未讀到。但他

對死亡早已發表了看法，這就是，死亡是一種巨大的不可知，卻又是不可抗拒的限定。人類發明再好的藥品，生活具有再好的條件，原先的體魄如何健壯，都無法突破這個限定。從這點上說，人爭取不朽的努力，一切延伸生命的努力，到頭來都無意義，都一樣要走到同一個終點（墳墓）。生命注定是悲劇，能夠感悟到這一點，便是深刻的憂傷。

馬格麗特有歷史的包袱，有集體的記憶，她成了歷史的人質，沒有自由。而茜爾薇放下了歷史與群體包袱，卻仍然是各種關係與限定的人質，也沒有自由。可見，人類的生存困境是無處不在的。

《一個人的聖經》的主體部分，寫了主人公在文化大革命中的經歷，包括與六個女子的情愛經歷。在此，小說所展現的生存困境是一種充滿恐怖的無處安生的困境。主人公本是一個非常脆弱的人，革命一開始，他的內心充滿恐懼，卻選擇了造反。所在的機關大院發生了武鬥之後，他溜到西郊幾所大學去轉了一圈。他在北京大學擠滿了人的校園裡，從滿牆的大字報中看到了毛澤東的那張《炮打司令部》之後，回到機關的辦公室裡激動得不行。當天夜裡，在夜深人靜時分，他也寫了大字報。他原想等到大家上班時再徵集簽名，但又怕早晨清醒過來會喪失勇氣，便趁著夜半尚存的狂熱，把這張大字報貼了出來。於是，他就成了造反的英雄。所謂造反，就是投入角鬥場，為生存一搏。內心其實怯懦到極點，卻硬要裝扮為英雄，這種反差使他像是一隻披著狼皮的羊。在書寫這段故事的時候，主人公陷入的困境是全面的困

境：一是生存困境。不造反，無論是成爲保皇派或是逍遙派，都可能被打入「反動路線」的營壘。造了反、充當了幾天英雄之後，人家又在背後揭發他的父親曾私藏槍枝。其二是愛情困境。情人「林」在他造反後聽到人家揭發他父親藏有槍枝而和他疏遠，從此在愛情上再也沒有一個女人可以全身心投入。其三是精神困境。大革命粉碎了他的理想，他再也沒有精神寄託，年輕充沛的精力無處發洩，如果不到濁世中去折騰一番，又該到哪裡？在這種困境下，他無法眞實地做人，也無法以眞實的個體生命去面對世界，而只能戴上面具做自己不願做的事情，扮演自己不願扮演的角色。造反之後，他作了這樣的自白：

> 這個注定敗落的家族的不肖子弟，不算赤貧也並非富有，介於無産者與資産者之間，生在舊社會與長在新社會，對革命因爲還有點迷信，從半信半疑到造反。而造反之無出路又令他厭倦，發現不過是炒作的玩物，不肯再當走卒或祭品。可又逃脫不了，只好帶上個面具，混同其中，苟且偷生。

他在回憶這段歷史時還作了心理闡釋：

> 你努力搜索記憶，他當時所以發瘋，恐怕也是寄託的幻想既已破滅，書本中的那想像的世界都成了禁忌，又還年輕精力無法發洩，也找不到一個可以身心投入的女人，性慾也不得滿足，便索性在泥坑裡攪水。

《一個人的聖經》寫的就是人的全面困境。這是一部生命、情愛、精神全面陷入悲愴的交響樂章，主人公與幾個中國女子全

在困境中變形變態。人爲的大政治風暴毀滅了一切，不僅毀滅了
情愛的物理空間（連床第空間也不得安寧）和心理空間，也毀滅
了本能的潛意識空間。從以上分析中，我們可以看到，《一個人
的聖經》寫的是文化大革命，但展示的並非是革命本身，而是革
命對人的命運、心理、人性的打擊和扭曲。作爲描寫革命題材的
作品，它抓住了要點，抓住了文學的本性。高行健沒有把自己的
才能浪費在對革命本身即革命現實的描寫上，而是把才華投入到
以革命爲背景的人性探索中。在這點上，《一個人的聖經》所捕
捉的關鍵點與巴斯特納克的《齊瓦哥醫生》相似，同樣都走進了
人性的深處。

《齊瓦哥醫生》描寫十月革命和革命帶給俄羅斯的巨變，但
它不是側重於描寫革命圖景，而是描寫革命對人的命運、人的心
理以及人的日常生活的衝擊。主人公齊瓦哥醫生一家在革命中被
毀滅，顛沛流離，而女主人公娜莉莎也是這樣。這對革命的棄
兒，在四處逃亡中重逢於遠離莫斯科的荒涼小鎮，他們抱頭痛哭
地愛作一團。爲什麼革命會把他們逼到這個地步？爲什麼命運會
把他們拋在這個陌生的地方？齊瓦哥感到迷惘。面對苦痛的靈
魂，娜莉莎對他說了耐人尋味的一番話，這番話堪稱經典：

> 我這樣一個孤陋寡聞的女子，如何向你這麼一個聰明的
> 人解釋：現在一般人的生活和俄羅斯人的生活發生了哪
> 些變化？很多家庭，包括你我的家庭，爲什麼支離破
> 碎？唉，看上去好像是因人們性格相不相投，彼此相不
> 相愛造成的，其實並非如此。所有的生活習俗，人們的

家庭，與秩序有關的一切，都因整個社會的變動和改組
而化爲灰燼。整個生活被打亂，遭到破壞，剩下的只是
無用的，被剝得一絲不掛的靈魂。對於赤裸裸的靈魂來
説，什麼都沒有變化，因爲它不論在什麼時代都冷得打
顫，只想找一個離它最近跟它一樣赤裸裸，一樣孤單的
靈魂。我和你就像世界上最初的兩個人：亞當和夏娃。
那時他們沒有可以遮身蔽體的東西，現在我們好比在世
界末日，也一絲不掛，無家可歸。現在我和你是這幾千
年來，世界上所創造的無數偉大事務中最後的兩個靈
魂，正是爲了紀念這些已經消失的奇蹟，我們才呼吸，
相愛，哭泣，互相攙扶，互相依戀。

娜莉莎的這段話，把革命這一被偉人稱爲「偉大事務」的
行爲所造成的人的命運之謎給道破了。革命確實改變一切，確實
砸爛了舊世界，然而，被改變的、被砸爛的是什麼呢？原來是人
的日常生活，是每個人每天需要從中取暖的家庭生活，是天然沒
有罪責的愛戀與愛欲的權利。這一切都被粉碎了，最後只剩下偶
爾相逢的兩顆赤裸裸的靈魂。而《一個人的聖經》也是這樣。一
場砸爛舊世界的文化大革命，掃蕩了一切，改變了一切。無論是
主人公的靈魂，還是與主人公相逢過的靈魂，個個都恐懼得發
抖、寒冷得打顫。最後的結局是，主人公連一個可以互相擁抱著
哭泣、傾訴的女子都沒有，一個可以互相依戀、取暖、攙扶的娜
莉莎都沒有。所以，他只能在極端孤獨中幻想有一個女子：

一個和你同樣透徹的女人，一個把這世界上的一切羈絆

都解脫的女人，一個不受家庭之累不生孩子的女人，一個不追求虛榮與時髦的女人，一個自然而然充分淫蕩的女人，一個並不想從你身上攫取什麼的女人，只同你此時此刻行魚水之歡的女人，但你哪裡去找到這樣一個女人？

相比於《齊瓦哥醫生》，《一個人的聖經》展示了另外一種絕望。不是彼此擁抱作最後一次相互取暖努力的末日感，而是面對末日時發現自己一無所有，連一個滿足基本欲望的機會都不存在的空空蕩蕩。比起那對俄羅斯情侶，高行健筆下的主人公更加孤苦無告。也正是這樣的孤苦無告，高行健把他的這部小說命名爲《一個人的聖經》。是的，只有一個人，一個找不到夏娃的亞當；或者說，當亞當回到伊甸園時，發現夏娃不在了。那轟轟烈烈的世界，剩下的只是白茫茫一片眞乾淨。我想，這也許是《一個人的聖經》最爲耐人尋味的地方吧。

2002年7月6日於香港城市大學校園

1《沒有主義》，第83頁，聯經，2001。

2 同上，第84頁。

高行健小說新文體的創造

　　作為一個文學研究者，我曾陷入苦惱與困惑：傳統的現實
主義方式已經難以再表現出活力，而前衛藝術方式又在玩得走火
入魔之後而山窮水盡了，這該怎麼辦？在困惑之中，我讀到了
《一個人的聖經》的打印稿，並立即確信，高行健突破了這種困
境，他找到了一種既不同於舊現實主義的反映、批判、譴責方
式，又不同於前衛藝術的「玩語言」、「玩技巧」的方式。

　　《一個人的聖經》讓我感到的曙光意義，首先是這部小說表
現現實的空前力度。許多作家都描寫過文化大革命時代的生活，
但沒有一部作品像《一個人的聖經》這樣不留情面地撕下一切面
具，包括已經和身體的皮肉黏貼在一起的自我面具。也沒有見過
其他作家像高行健這樣挺進到人性的深處，把自己內心最隱秘的
恐懼、脆弱、羞恥、屈辱、卑微如此淋漓盡致地呈現出來。小說
中的政治風暴，毀滅了一切。它毀滅了人們看得見的文化上層建
築，也毀滅了人們看不見的人性深層建築，甚至把數千年歷史積
澱下來的區別於野獸的人類本能和人性底層最基本的原素也毀滅
了。那種生存困境，不是一般的困境，而是無處可以逃遁的讓人
絕望到底的困境。在困境中，小說主人翁和其他一切人，從意識
層面到潛意識層面，從行為、語言、心理、身體到性本能，全都

發生變形變態。然而，我們從小說的文本中不僅看到對那個時代最有力的質疑，而且聽到作者的最真摯的人性呼喚，一個脆弱的人向歷史所作的最有力的呼喚。以往讀過許多描寫歷史傷痕的小說，我也感動，而此次閱讀則是身心的震動。這無疑是《一個人的聖經》的力度造成的閱讀效果。

《一個人的聖經》給我的另一種文學曙光之感，是高行健創造小說新文體的寫作藝術。

小說這一文學門類，在中國文學傳統的觀念中，始終不能進入和詩歌、散文並列的「正宗」地位，只和戲劇一起處於「邪宗」範圍。中國人總是把小說視為茶餘飯後說故事的「閒書」，而未能把小說視為「藝術」。梁啟超大力提倡新小說，把小說推入中國文學的正宗地位，這一點功勞很大，然而他卻過份誇大小說的社會作用，把「新小說」視為創造新國家、新社會、新國民的救世工具。梁啟超對二十世紀中國的小說觀念影響極大，以至影響到作家只知小說是「歷史的槓桿」，而忘記小說首先是一門藝術，一門訴諸人的全生命、全人格的語言藝術。當代許多中青年作家，才氣橫溢，下筆萬言，書寫過於熟練，以為一有素材和故事，表達出來便是小說，也忘記小說是門藝術。既然是藝術，就要求有藝術的法度、藝術的技巧、藝術的形式。因此，尋找適當的表述方式以表達自己的感受，便成了創作的第一難題。高行健認為「小說的形式原本十分自由，通常所謂情節和人物，無非是一種約定俗成的觀念。藝術不超越觀念，難得有什麼生氣。這也就是小說家們大都不願意解釋自己的作品的緣故。我不是理論

家，只關心怎麼寫小說，找尋適當的技巧和形式，小說家談自己手藝和作品創作過程，對我往往還有所啓發。我談及自己的小說也僅限於此。」小說家具有「小說觀念」（即只知道小說是情節與人物所構成的文類）並不等於具有「小說藝術意識」。而只有具備小說藝術意識，才能努力去找尋適合的技巧和形式，把小說寫作過程視爲不斷克服困難的過程，也才能用藝術的法度求諸自己，對情感的宣洩有所節制。

二十世紀中國現代文學史，從晚清到今天，其中出現過譴責文學、革命文學、謳歌文學和傷痕文學，這幾種文學現象共同的缺點是「溢惡」與「溢美」，也就是缺乏節制、缺乏分寸感，而產生這種弱點的原因，又是忘記或根本不理睬文學是門「藝術」。高行健的特別之處是小說藝術意識極強。他宣稱只對自己的語言負責。這個「只對」，正是文學創作最根本的責任感。這種責任感與人們常說的社會責任感不同，它是作家特殊的天職。高行健對漢語的語法、語氣、語調、語音、時序不斷探索，棄絕歐化語言和意識形態語言，努力發揮漢語的魅力，就是他的充分的小說「藝術意識」的表現。

高行健充分的藝術意識，除了表現在語言上，還表現在結構上與表述方式上，後者更爲突出。高行健創造了一種冷文學和一種以人稱代替人物的小說新文體。

「冷文學」包含雙重意義：其外在意義是指拒絕時髦、拒絕迎合、拒絕集體意志、拒絕消費社會價值觀而回歸個人冷靜精神創造狀態；其內在意義則是指文本敘述中自我節制與自我觀照的

冷靜筆觸。這不是拜倫、盧梭、海明威、沙特的筆觸與狀態，而
是卡夫卡、卡繆、喬伊斯和曹雪芹的筆觸與狀態。高行健的冷文
學，是把人性底層的激流壓縮在冷靜的外殼(藝術外殼)之中的文
學，有如蘊藏著溶岩的積雪的火山。俞平伯先生說《紅樓夢》
「怨而不怒」。這與《水滸傳》相比，是說得不錯的。《水滸傳》
有憤怒，而《紅樓夢》沒有憤怒；然而，說《紅樓夢》有「怨」
也只能說它有傷感，而不能說它有怨恨，如果是指怨恨，又不準
確了。李後主的詞有哀傷，但沒有怨恨。宋太宗誤讀了他的詞，
以為他還有怨恨，便把他毒死了。高行健的冷靜是既沒有怒氣，
也沒有怨氣，只有冷靜的觀照與敘述。即使在描寫文化大革命中
的種種瘋狂，也是冷眼靜觀與冷靜敘述。高行健的小說新文體正
是在這種冷靜態度下產生的，《靈山》首先作了這種寫作嘗試。
這部小說的人稱結構我已談過多次，這裡需要強調的是作者為了
避免陷入自戀，已開始設置了審視作家本人和審視書中人物的眼
睛，這實際是是作家的第三種眼睛。這雙放在「他」身上的眼
睛，不帶情緒、不帶偏見，與自我的眼睛拉開距離，因此是中性
的眼睛。這樣，審美距離在沒有交給讀者之前，作家就已率先作
了具有審美距離的觀照了。由於具有這種審美距離，即使描寫的
是腐朽的、骯髒的、無恥的現實，也會在引起憎惡的同時喚起讀
者的悲憫，這就能在揭示人性毀滅的血腥時代之中也呼喚人性的
尊嚴。《一個人的聖經》的悲劇性詩意，就在這種拉開距離的冷
靜觀照中。

　　《一個人的聖經》與《靈山》相比，帶有更濃的自傳色彩(但

不是自傳)。它書寫的是自己親身經歷過的中國當代最混亂、最
悲慘的歲月。在這個苦難至深的時代，作者本身也飽受苦難，
「在劫難逃」。描述這個時代，不可能像《靈山》那樣空靈、逍
遙，佈滿禪味。然而，令人感到意外的，是作者仍然像《靈山》
那樣冷靜，甚至比《靈山》更為冷靜。如何以冷靜的筆法去抒寫
最不冷靜的劫難時代，這才是難題。高行健在《一個人的聖經》
中敘述的是他自己人生中一段最重要的受盡苦難的經歷。在這種
自我之旅中，「自我」該如何表現呢？

　　高行健的選擇是出人意料之外的，他表現自我的辦法是
「無我」──把第一人稱完全排除文本之外。《靈山》中的人稱
是「我」、「你」、「他」，而《一個人的聖經》卻剔除了「我」，
三重人稱結構變成二重人稱結構。這不是一字之差，而是寫法
上、結構上的重大變化。變化中，包含著高行健多年來的美學思
考，特別是對尼采式的「自我的上帝」所作的最徹底的反省。我
在《一個人的聖經》的〈跋〉中，我說這個自我早已「被嚴酷的
現實扼殺了」，這並沒有錯，在文化大革命中那個「狂妄之徒」
的確已經死了。然而，今天應當補充說明的是，小說第一人稱之
「我」的消失，主要並不是現實原因，而是作家的美學原因，即
高行健拒絕讓一個可能帶來浪漫主義情緒的「自我」在文本中出
現。他顯然敏感到：這部長篇的藝術節制，最重要的是對這個
「自我」的限制。這個苦難的「我」一旦膨脹就會消解《一個人
的聖經》的藝術。高行健顯然在肯定人的尊嚴與人的價值，但他
又知道，不能以哲學的虛妄和美學的虛妄來加以肯定。總之，剔

除「我」，使小說敘述的冷靜獲得了第一個保證。

剔除「我」之後，小說文本中只剩下此時此刻的「你」和彼時彼地的「他」，三種結構變成二重對應結構(現實與記憶，生存與歷史，意識與書寫)之後能否保證文本敘述的冷靜呢？也未必。

這裡又有新的難題，而且是多重的困難。首先是此時此刻敘述者的「你」的角色和語調，其次是處於歷史進程中的「他」的角色和狀態。

爲了使「你」和「他」保持距離，作者首先把「你」從歷史運動中抽離出來，變成一個冷靜的敘述者、觀察者，而且是一個與保留著集體記憶的猶太女子進行對話的敘述者。與猶太女子的邂逅、性愛，並非可有可無。作者多年所致力的是從過去的政治噩夢中逃亡，現在又要進入噩夢的記憶。這是爲什麼？猶太女子給他理由：「她需要搜尋歷史的記憶，你需要遺忘」；「她需要把猶太人的苦難和日耳曼民族的恥辱都揹到自己身上，你需要在她身上去感覺你在此時此刻還活著。」從表面上看，是作者通過與猶太女子的邂逅，贏得敘述歷史的「性動力」；實際上是通過這麼一種結構，使敘述者與歷史拉開距離，從而做一個放下情緒的歷史觀察者與自我觀察者。高行健反對刻意賣弄技巧，但不是沒有技巧，他的大技巧就融化在這種自我觀察之中。這裡沒有尼采式的自我擴張與「救世」、「濟世」妄想，只有正視歷史悲劇與「人的脆弱」的哲學態度。現實瘋狂，尼采跟著瘋狂，但高行健拒絕跟著瘋狂；歷史荒誕，尼采跟著荒誕，但高行健拒絕荒

誕。他絕不與荒謬現實同歸於盡，他選擇了一個平靜的觀察點，一個最好的觀察伴侶，然後才開始他的訴說與書寫。

關於這種創作方式，他多次進行自白，其中談得最為透徹的，就隱藏在《一個人的聖經》中的第22節。在這一節中，他說：

> 你得找尋一種冷靜的語調，濾除鬱積在心底的憤懣，從容道來。好把這些雜亂的印象，紛至沓來的記憶，理不清的思緒，平平靜靜訴說出來，發現竟如此困難。
>
> 你尋求一種單純的敘述，企圖用盡可能樸素的語言把由政治汙染得一塌糊塗的生活原本的面貌陳述出來，是如此困難。你要唾棄的可又無孔不入的政治竟同日常生活緊密黏在一起，從語言到行為都難分難解，那時候沒有人能夠逃脫。而你要敘述的又是被政治汙染的個人，並非那骯髒的政治，還得回到他當時的心態，要陳述得準確就更難。層層疊疊交錯在記憶裡的許多事件，很容易弄成聳人聽聞。你避免渲染，無意去寫些苦難的故事，只追述當時的印象和心境，還得仔細別除你此時此刻的感受，把現今的思考擱置一邊。
>
> ……
>
> 他的經歷沉積在你記憶的折縫裡，如何一層層剝開，分開層次加以掃描，以一雙冷眼觀注他當時的心境中去，你已變得如此陌生，別將你現今的自滿與得意來塗改他。你得保持距離，沉下心來，加以觀審。別把你的激

奮和他的虛妄、他的愚蠢混淆在一起，也別掩蓋他的恐
懼與怯懦，這如此艱難，令你憋悶得不能所以。也別浸
淫在他的自認和自虐裡，你僅僅是觀察和諦聽，而不是
去體味他的感受。

高行健這段自白訴說了他創作的艱辛和極為嚴肅的態度，
也說明「小說」要成其為「小說藝術」，必須克服困難。也就是
說，創作不能只是宣洩的痛快，它還有克服困難的痛苦。深刻的
「痛快」並非宣洩的痛快，而是在克服困難並創造出真正的藝術
品之後的痛快。高行健在這段自白中說他克服了三重困難：

第一，描述政治化生活本相的困難。《一個人的聖經》所
描寫的現實是髒兮兮的現實，而且是充滿語言暴力的現實。那時
代的語言把「引車賣漿者流」語言粗俗的一面發揮到極致，完全
失去語言的誠實與質樸。而作者在描寫這種現實時卻必須使用乾
淨、質樸的語言，這裡存在著兩種語言的巨大落差，敘述時必須
化解這種落差。

第二，在充斥群體方式的「我們」覆蓋一切的時代，「我」
根本沒有存身之所。（這也是《一個人的聖經》無「我」的原因
之一）。那個處於歷史運動中的「他」，雖然是「個人」，但又是
沒有「我」的個人，即沒有本真本然的「他」。一個沒有「我」
的他，偏又是個活人，一個有血有肉的人，一個真實的存在，只
是這個人與那個無恥的時代淆混在一起。儘管被淆混、被汙染，
但他還是他，還是活生生的個人，因此，敘述時又必須回到這個
人當時的具體的心態中，不能以籠統的「一代人」的心態取代這

「一個人」的心態，質言之，必須把文化大革命時的政治心態、集體心態和第三人稱「他」的特殊心態區別開來。

第三，進入處於歷史運動中的「他」的心態，不能不牽動此時此刻的敘述者的情思，這樣，就很容易以作者當下的心態（「你」的心態）去取代「他」的心態，從而又消解「你」和「他」的距離，因此，必須剔除作者此時此刻的感受，懸擱現今的思考，堅持第三隻眼睛的中性立場。如果不是這樣，就可能發生兩個問題，一是可能「你」會掩蓋「他」的恐懼；二是他可能沉淪於自戀與自虐。

除了克服這三重困難之外，還得克服最後一重困難，這就是在對過去的自己進行審視的時候，又必須對「他」進行藝術再創造（虛構），即對往昔的自身重新發現。只有穿越這一重困難，寫作的技巧才展開出來。關於這一點，「他」又作下列的自白：

> 你觀察傾聽他的時候，自然又有種惆悵不可抑止，也別聽任這情緒迷漫流於感傷。在揭開那面具下的他加以觀審的時候，你又得把他再變成虛構，一個同你不相關的人物，有待發現，這講述才能給你帶來寫作的趣味，好奇與探究才油然而生。

我們之所以不能把第三人稱的「他」視爲就是作者本人，《一個人的聖經》之所以具有自傳色彩但又不能視爲高行健的自傳，原因就在於文本裡有虛構，有作家對個人經歷的審美再創造。

　　高行健是小說新文體的發明家，他的《靈山》與《一個人的聖經》都是以人稱代替人物的新小說文體，但後者更為成熟，結構更為嚴密，你我他的距離拉開得更遠。對於這種新文體的形成、結構、特點，以及它會給今後的小說創作帶來怎樣的影響，將是二十一世紀文學理論上的一個重要課題。

　　　　　　　　　　　　　　寫於2000年11月1日城市大學

高行健與作家的禪性

當有些人肆意攻擊高行健、揚言要把諾貝爾文學獎「埋葬一萬次」的時候，中文大學校董會以全票通過授予高行健榮譽文學博士學位，並將於11月29日舉行頒發儀式。中文大學以此鄭重的行爲語言向世界宣告：香港的文化良心沒有死亡。石在，火種是不會滅的（魯迅語）。有文化良心即文化魂魄在，香港就會繼續以自由的姿態站立於東方。最近，兩項華文文學的評獎工作正在進行，一是馬來西亞《星洲日報》主辦的「花蹤」文學獎，一是《明報月刊》與香港作家聯會等主辦的「世界華文報告文學獎」。兩個獎項的主持人都希望我談論一下華文文學的前景，可是，預測一種大語言體系的文學未來幾乎是不可能的事。文學是充分個人化的事業，一切都取決於個人。雖不好展望，但可期待。我只期待漢語寫作領域在新世紀上半葉，能出現幾個高行健似的大作家。

無論是文學的魅力還是整個文化的魅力，歸根結柢在於生命的魅力。也就是說，文學、文化是通過人（作家）才表現出它的魅力的，文化形態的核心是它的生命形態。換句話說，文化的精采，首先表現爲它的生命形態，然後才表現爲它的文化形式。美國著名的散文家愛默生說，眞正的詩是詩人本身。我們可以引

申說，眞正的詩，是詩人本身的靈魂狀態與全部生命形態。莎士比亞是上一個千年最偉大的作家，他寫了三十幾個劇本，創造了哈姆雷特、奧賽羅、茱麗葉與羅密歐、馬克白等藝術形象，但莎氏全部戲劇的眞正主角是莎士比亞本人。如果沒有莎士比亞這個文學總和，如果沒有莎士比亞這一天才形態，如果莎士比亞的三十幾個戲劇分散至三十幾個一般戲劇家身上，那麼，英國文學便黯然失色。

英國人所以那麼珍惜莎士比亞（寧可失去印度，也不能失去莎士比亞），就因爲他們明白，這一誕生於英國的精采生命，是他們靈魂的天空，是英國文化魅力的源泉和第一象徵。在俄國，則是托爾斯泰與杜斯陀也夫斯基構成俄國文學眞正的磁場。俄羅斯文學的吸引力，首先存在於這兩個大作家的生命形態中。我很喜歡魯迅說的一句話：「從竹管裡倒出來的都是水，從脈管裡倒出的都是血。」不同的生命，倒出來的東西不一樣。文學的成敗，取決於把文學倒出來並把文學的精采凝聚於筆下的生命，取決於作家本身的生命形態。高行健獲得諾貝爾獎後我所以用「文學狀態」四個字來闡釋高行健，就是想說：要改變中國文學，首先要改變作家的生命形態。生命形態一改變，一切都會跟著改變，語言、結構、情感、文體、想像力全都會改變。高行健幾次逃亡（包括國內尋找「靈山」之旅的逃亡），就是爲了改變自己的生命形態：把被政治權力與集體意志揉捏的生命形態變爲獨立不移的大自由形態。他完成這個轉變，所以他獲得了成功。

爲了說明生命形態的極端重要，我甚至刻意用反語法的方

式表述，說高行健的特點是「最最文學狀態」，從寫作到生活到精神，都「很文學」，「非常文學」。這並不容易。我就看到許多作家處在作家協會或處在文學場所，也有一點文學名聲，但其狀態卻「很不文學」，倒是很功利、很世故、很善於玩些人生策略與權謀之術。他們在文學學院或文學機構裡討論文學，實際上是謀劃文學、利用文學、算計如何以文學為「敲門磚」去敲開名利、權力、權威之門，離文學本真本然很遠。高行健獲獎後，香港一家學術刊物發表了一位華裔學人的文章，大罵瑞典學院和嘲弄高行健，說得天花亂墜，好像很有理論，但他最後不得不聲言，尚沒有閱讀高行健的作品。這種文學研究者哪裡是在探討文學，完全是在謀劃文學，吃文學。這些人當然不會為文學的勝利高興，不會為漢語寫作的成功祝福，他們日思夜想的只有自己的「學術地位」和「文學史地位」，這種狀態怎能搞好文學與文學批評呢？從事文學寫作卻沒有文學狀態，這是一個很諷刺的現象。也許意識到文學狀態很容易變成非文學狀態，所以高行健說要「自救」。先不忙於拯救別人，要緊的是拯救自己。

高行健的劇本《八月雪》寫的正是禪宗大師六祖慧能的故事。這個劇本除了藝術上的完美之外，就是慧能的生命狀態太使我震撼了。慧能不是一個文學家，但是，他的生命形態卻「很文學」、「非常文學」，他真正把功名利祿、峨冠博帶一直到樹碑立傳等一套非文學之物看透了，透徹得讓人感到有點冷。

禪宗對人的救援，不是替代，即不是救世主似的救援。它只告訴你，菩薩在你心中，天堂地獄在你心中，一切都取決於你

自己，包括最豐富的資源和最強大的力量都在你內心之中。這一點，對於作家的終極啓發是：文學的魅力，最後是作家生命中內在的魅力，魅力在內不在外。作者靠身體（性）、靠口腔（耍貧嘴）、靠關係、靠集團等外在手段獲得名聲都是暫時的，而所謂大眾反應、社會效應等也往往只是假相。

禪宗不僅給作家許多精神啓迪，又給作家提供一種進入文學狀態的精神中介，我們不妨把這一中介稱爲「禪性」。宋代的文論家嚴羽把禪學思想引入文論，寫了著名的《滄浪詩話》，把禪學概念「頓悟」、「妙悟」化爲文學思想，給了作家很大的幫助。我曾寫過一篇短文，叫作〈散文與悟道〉，認爲每篇散文都應有所悟才好，有所悟就有文眼，就有思想，就有靈魂。但是悟性不等於禪性，禪性的概念內涵大於悟性，它包含悟性這種哲學智慧，但主要指一種審美狀態。具體點說，禪性就是用審美方式面對世界、面對人生、面對寫作。作家如果有禪性，就會把生命、生活審美化。禪宗進入中國之前，莊子致力於把生命生活審美化，其實，這就是禪性。所以，莊禪是相通的。同樣，陶淵明也是出現在禪宗進入中國之前，但他也具有天生的禪性。他最了不起的就是把日常生活審美化，而這又是他把自己的生命審美化的結果。他覺得自己在官場上混日子是一種「迷途」，因爲在官場中，生命完全功利化了。幸而迷途未遠，可以回到詩化的生活中。禪性把陶淵明的境界提升，幫助他和世俗的功名、功利拉開距離。所以宋代的詩評家葛立方在其詩話《韵語陽秋》中稱陶淵明爲「第一達磨」。（註）

　　過去我在探討文學主體性時，曾說文學主體性實際上是文學超越性，即作家要超越現實主體身分而化爲審美主體，可是，如何實現這種超越呢？我想了很久，最終我認識到，必須要有一種禪性，一種面對社會人生的審美態度。西方美學中所說的「日神精神」，正是這種態度。也就是說，中國的禪性與希臘的阿波羅精神相通。當世界的精神發生沉淪現象，當人們都被慾望所牽制以至慾望壓倒文學初衷的時候，作家保持一點禪性，把心靈繼續指向美，是非常要緊的。我覺得，未來能體現華文文學的光輝的，一定是一些有禪性的作家，而不是慾望燃燒、什麼都要、什麼都放不下的作家。

　　作家藝術家既不能爲功名利祿活著，也不能爲某種概念、某種主義活著，拒絕這兩種活法便有禪性。無論是黑格爾的「絕對精神」，還是伊斯蘭原教旨主義，還是中國過去所倡導的所謂「雷鋒精神」、「螺絲釘精神」等等，都有一個共同的特點，就是無視人的生命存在，更無視人的審美要求。高行健力倡「沒有主義」，正是他清楚地看到，如果作家活在「概念」、「主義」之中，或活在某種政策理念中，事實上就蔑視、糟蹋自己的生命，甚至喪失審美的可能與文學的可能，被概念佔據的生命一定是蒼白的。作家在創造作品時，也追求精神內涵，沒有精神維度的作品是膚淺的。但是，文學作品中的精神，不是抽象的說教，而是與生命細節聯繫在一起的精神細節。杜斯陀也夫斯基的偉大，就是他寫出許多動人的精神細節。喬伊斯筆下的心理細節，許多是精神細節。精神細節是和抽象概念連在一起，還是和眞實生命連

在一起，這是文學與非文學的重大區別。許多高喊「主義」、玩
弄大概念的文學工作者，他們追求的並非文學，而是慾望。禪的
一個特點是對語言的警惕，高行健聲言他「只對語言負責」，就
是對語言囚牢與和語言變質的警惕。儘管禪宗走向述而不作的極
端，但是他們對概念所採取的警惕態度，卻可以給作家以啓迪。
活潑、精采的活靈魂，不可被功利功名所糾纏，也不可被概念所
牽制。具有禪性的作家，一定是低調的。他們有生命的激情，但
這種激情是內在的、冷靜的，而不是高調的、囂張的，禪性是種
扼制囂張與瘋狂的力量。高行健所創造的「冷文學」以及他的節
制情感氾濫的小說藝術意識，顯然都得益於禪宗。

　　高行健向來只管耕耘，不管收穫，超然於各種誘惑之上，
卻贏得最高的文學榮譽。獲得諾貝爾文學獎後，他譽滿全球，卻
心歸平淡，一直保持著平常之心，不斷地尋找新的起點。禪性幫
助他走到今天這個很真很美的精神地帶，還將幫他愈走愈遠。

　　此文係香港「世界華文報告文學徵文獎」頒獎會上的講
話，原載《明報月刊》2001年12月號。

──────────────

（註）葛立方《韵語陽秋》卷十二中寫道：
「不立文學，見性成佛之宗，達摩西來方有之，陶淵明時
未有也。觀其《自祭文》，則曰：『陶子將辭逆旅之館，

永歸於本宅。』其《擬挽詞》則曰：『有生必有死，早
終非命促。』其作《飲酒詩》則曰：『採菊東籬下，悠
然見南山……此中有眞意，欲辯已忘言。』其《形影神》
三篇，皆寓意高遠。蓋第一達摩也。而老杜乃謂：『淵
明避俗翁，未必能達道。』何邪？東坡諗陶子《自祭文》
云：『出妙語於續息之餘，豈涉生死之流哉！』蓋深知
淵明者。」

高行健與靈魂的自救

（一）

在本文中，我們選擇談論高行健與中國文化的「自救」意識。

高行健的戲劇與小說，既不以情節人物取勝，也不以文本的怪誕離奇取勝，卻取得巨大成功。這是爲什麼？這裡的關鍵是他把自己的靈魂和人的靈魂打開了——眞誠地打開給讀者看。《靈山》裡的女尼、《生死界》中的女尼，都把自己的內臟一寸一寸地掏出來給讀者看。這一象徵性的精神細節和行爲語言，正是高行健的創作精神。他成功的秘密就在這裡：我向讀者眞誠地展示內心眞實，但又異常冷靜。《生死界》中的女尼，「她只一味解剖她自己」，她「捧腹，托出臟腑置於盤上」，她「揀起柔腸，纖纖素手，寸寸梳理」。故事的敘述者（兼主要角色）問：「這又何苦：偏偏受這番痛苦？」女尼繼續低頭揉搓，提問者聽到「她說她得洗理五臟六腑，這一腔血汗」，還聽到「她說洗得淨也得洗，洗不淨也得洗。」人必須不斷刷洗自己，清理自己，不管自己是否願意。這個女尼，正是高行健自己。文學靠什麼感染人，打動人？高行健最明白，靠它的眞誠與眞實。他在題爲「文學的理由」的獲獎演說中，講了一個最重要的思想：眞實與

真誠，是文學顛撲不破的永恆品格。文學倫理不是世俗善惡道德判斷的移用，而是對讀者最高度的尊重，即一點也不欺騙和隱瞞讀者，這也正是作家的良心所在。高行健正是以對文學的高度真誠，正視了自身的弱點與人的弱點，眼睛盯住自我的地獄，並在中國禪宗的啓發下，創造出以自救爲精神核心的文學。也因此，成爲「懺悔視角」無法避開的現象。

（二）

　　馬悅然在高行健獲得諾貝爾文學獎後，說《一個人的聖經》是高行健的懺悔錄：

　　　　高行健自己認爲《靈山》跟《一個人的聖經》是姊妹篇，這個我雖尊重作者的意思勉強同意，但這兩部作品是完全不同的，有人問我對於《一個人的聖經》有何看法，我就說了一句高行健本人或許不愛聽的話，我說依我看，《一個人的聖經》是一種懺悔錄，因爲他寫的兩個主人翁「你」和「他」，「你」就是離開中國流亡的作者，「他」就是文革中的作者，「你」非常不願意面對「他」，但是那本書，據我看是高行健非寫不可的，有「人」逼他寫，說「你」非寫不可，所以高行健就聽話地寫了。文革的「他」是「你」所最不想見、最不想認識的人，「他」在文革中扮演著三種不同的角色，一是造反派，一是被迫害者，第三個則是沈默的旁觀者。[1]

　　馬悅然是瑞典學院院士、高行健作品的主要譯者和研究

者，他判斷《一個人的聖經》是懺悔錄，可說是極有見地。但還
是聲明了一下，說高行健可能不會同意。其實，高行健本人承認
與否，並不要緊。關鍵是他寫出的作品，一經問世，就成爲客觀
文本即客觀存在，就屬於社會，人們就可以對這一存在進行闡
釋。

　　我們在《罪與文學》（筆者與林崗合著）中說明，懺悔意識
有狹義與廣義之分。狹義懺悔是帶有宗教色彩的對於罪責的承
擔；廣義懺悔則是靈魂的自我拷問與審視。兩者的共同之處都是
對個體良知責任的體認，高行健屬於後者。他雖然沒有「懺悔」
的承諾，卻是一個在廣泛意義上確認自身弱點、自我地獄並對這
一地獄進行審視的思想者。在二十世紀傑出作家的精神類型中，
高行健不屬於沙特、索忍尼辛這種法官型的作家行列，即主要不
是把自己的才華與文字投向對社會的譴責與批判；而是屬於卡夫
卡這種承擔人類的恥辱與荒誕的作家，將自己的才華與文字投向
個體內心、投向靈魂深處的作家。他坦率地批評過索忍尼辛：

　　　我認爲他仍然是個政治人物，除了他早期的《伊萬·傑
　　尼索維奇的一天》，那是本文學作品。他大部分的書主要
　　是政治抗議，到晚年又重新投入政治。他關心的是政
　　治，超越他作爲作家的身份……他犧牲了作家的生涯，
　　花了那麼多年的時間去寫揭露蘇聯極權的長篇，可是政
　　權一垮，檔案都可以公佈，這作品也就沒多大意思。他
　　浪費了他作爲一個作家的生命。[2]

像索忍尼辛這種政治抗議型的作家，自然也有其正義感和

他們選擇的理由，但是，他們的目光投向社會黑暗面的時候，卻未能轉過身來審視自己的黑暗面，或者說，在忙於拷問社會的時候，無暇進行靈魂的自我拷問。

高行健還對身兼「思想領袖」與「社會良心」的沙特式作家提出質疑，他說：

> 我以爲一個作家最好是處在社會的邊緣，這樣可保持清醒，觀察這個社會，不至於捲入身不由己的潮流和這社會的機制之中。上世紀末一直到本世紀七十年代，西方的許多作家曾自認爲是人民的代言人，把自由表述的權利同大眾的利益視爲一致，紛紛參與形形式式的社會主義、共產主義、無政府主義的政治運動，種種的文學藝術運動和集團也都有鮮明的政治傾向……如今，一個作家如果不同政治黨派聯繫在一起，社會便不可能再聽到他的聲音。那時代的作家，有兩重身份，一方面是個人身份的作家，又可以成爲思想領袖，有如沙特。如今卻沒有能兼任雙重身份這樣的作家了。輿論如此昂貴，不是政黨或財團，個人無法運作。再說，一個作家不從政的話，也毋需投入到這個機器裡去……於是作家應退回到他自己的角色中。我不反對要從政的作家，從政就是了，這也是他自己的事。我只是有我自己的政治見解，有記者來採訪，我不諱言，如此而已，也只是我個人的聲音，不充當人民的代言人，或所謂社會的良心。再說，這抽象的人民又在何處？而社會有良心嗎？[3]

　　走出索忍仁尼辛、沙特式的精神方式，而以靈魂的探究為創作的主要題旨，這是高行健的根本徹悟。這一徹悟導致他產生「自我乃是自我的地獄」這一命題，也導致他在戲劇史上創造了一種全新的主題關係，這就是「自我和自我」的關係。

　　高行健雖然也書寫過人與自然關係的劇作如《野人》，但他擅長的是描寫「自我與自我」的關係。這無疑豐富了世界戲劇寶庫，也是沙特「他人是自我的地獄」的反命題，標誌這一精神指向完全成熟的是他的劇本《逃亡》。戲中的「中年人」在政治風浪中，儘管身不由己地捲入簽名抗議運動，但之後卻保持一種最高的清醒，他在逃亡的路上表明，他既逃離政治極權，也逃離反政治極權的反對派，因為反對派也是一種集體意志。他必須回到自我本身，而這個自我早已分裂為真我與假我。他熱烈地追求內心的真實，可是，這個「真我」又被「假我」所包圍。「假我」是被社會異化的我，這個我成了真我的圍牆與牢房。真我要獲得自由與自在，必須打破「假我」。所以他說：「我只是躲開……我自己」。我要逃開我，這是什麼意思？這就是真我要躲開假我，本真我要從異化我的牢籠中逃亡。禪宗的所謂打破「我執」，正是要打破假我之執，排除假我對真我的障礙。高行健一再表達的正是「我從我中逃亡」的思想。他說：

> 當我們已經擺脫了神權、政權或族權等等，再不存在確立「自我」的障礙時，我們又突然發現「自我」是個牢籠。我們被它囚禁，我們想擺脫，逃出。[4]

　　逃亡，對一個作家，一個精神價值的創造者來說，它的意

義不在於反抗政治極權，而在於自我救贖。高行健後來又進一步
把逃亡的意義伸延到文學的意義，認爲文學的意義並不在於拯救
社會，而在於自救。關於這點，他說得極爲明確：

> 古之隱士或佯狂賣傻均屬逃亡，也是求得生存的方式，
> 皆不得已而爲之。現代社會也未必文明多少，照樣殺
> 人，且花樣更多。所謂檢討便是一種。倘不肯檢討，又
> 不肯隨俗，只有沉默。而沉默也是自殺，一種精神上的
> 自殺。不肯被殺與自殺者，還是只有逃亡。逃亡實在是
> 古今自救的唯一方法。[5]

他還說：「救國救民如果不先救人，最終不淪爲謊言，至
少也是空話。要緊的還是救人自己。一個偌大的民族與國家，人
尚不能自救，又如何救得了民族與國家？所以，更爲切實的不如
自救。」「文學便是人精神上自救的一種方式。不僅對強權政
治，也是對現存生活模式的一種超越。」「創作自由不過是個美
麗的字眼，或者說是一個誘人的口號。這種自由從來也不來自他
人，即無人賞賜，也爭取不到，只來自作家自己。你只有先拯救
自己，才贏得精神的自由。」[6]

在中外當代作家中，幾乎找不到第二個人，對「自救」具
有如此高度的自覺。高行健正是在「自救」這一基點上與西方的
「救世」思想系統區別開來，並以此確立他的創作的靈魂支撐
點。也可以說，把握「自救」，便把握了高行健創作的精神內
核。也正是在這一基點上，高行健提供了「懺悔意識」的另一形
態，把上帝、法官、犯人乃至整個精神法庭都移入人的身內的形

態，即無宗教、無外在理念參照、無中介的自審形態。這種高度
的「自救」意識，使他既懷疑「救世」的外在權威，又拒絕別人
對他的拯救。他聲明說他不需要這些救主：

> 人都好當我的師長，我的領導，我的法官，我的良醫，
> 我的諍友，我的裁判，我的長老，我的神父，我的批評
> 家，我的指導，我的領袖，全不管我有沒有這種需要，
> 人照樣要當我的救主，我的打手，說的是打我的手，我
> 的再生父母，既然我親生父母已經死了，再不就儼然代
> 表我的祖國，我也不知道究竟何謂祖國以及我有沒有祖
> 國，人總歸都是代表。而我的朋友，我的辯護士，說的
> 是肯為我辯護的，又都落得我一樣的境地，這便是我的
> 命運。[7]

　　所謂靈山，其實正是他的「道」，他的精神圖騰，他的立世
方式與精神方式。從《靈山》到《一個人的聖經》，他一直在尋
找。那麼，他最後找到靈山了嗎？在現實的地表上，他好像沒有
找到，但在精神深處，他是找到了。他找到的靈山，就是自救之
路。《靈山》第七十六節中，主人公的旅行已快結束，但還是不
知靈山在哪裡。

> 他孑然一身，游蕩了許久，終於迎面遇到一位拄著拐杖
> 穿長袍的長者，於是上前請教：
> 「老人家，請問靈山在哪裡？」
> 「你從哪裡來？」老者反問。
> 他說他從烏伊鎮來。

「烏伊鎮？」老者琢磨了一會，「河那邊。」

他說他正是從河那邊來的，是不是走錯了路？老者聳眉道：「路並不錯，錯的是行路的人。」

「老人家，您說的千真萬確。」可他要問的是這靈山是不是在河這邊？

「說了在河那邊就在河那邊。」老者不勝厭煩。

他說可他已經從河那邊到河這邊來了。

「越走越遠了。」老者口氣堅定。

「那麼，還得再回去？」他問，不免又自言自語，「真不明白。」

「說得已經很明白了。」老者語氣冰冷。

「您老人家不錯，說得是很明白……」問題是他不明白。

「還有什麼好不明白的？」老者從眉毛下審視他。

他說他還是不明白這靈山究竟怎麼去法？

　　長者暗示他，不是沒有靈山，而是你看不見靈山，也毋須問靈山在哪裡？在河這邊還是河那邊，其實，靈山就在你自己身上。世上沒有靈山，但又處處是靈山。正如世上本沒有烏伊鎮（烏有鎮），作者自稱從「無」中來，長者也告訴他到「無」中去。信「有」信「無」，全取決於你自己。於是，作者在《靈山》的最後一節，終於宣布自己在小青蛙的眼睛中看到了上帝。「很小很小的青蛙，眨巴一只眼睛，另一只眼圓睜睜，一動不動，直視著我。」「一張一合」的那一只眼在講人類無法懂得的語言，我應該明白，至於我是否明白，這並不是上帝的事情，而是自己

的責任。在《靈山》的小說裡沒有找到「靈山」，那麼，在《一個人的聖經》裡是否找到靈山呢？他當然也沒有找到神跡似的靈山，但他對靈山的精神內涵卻更清楚了。這個靈山，就是個體生命從統一的思想符碼體系中擺脫出來、解放出來的瞬間精神狀態，也就是從多種外在束縛下解脫出來而對自由的大徹大悟。換句話說，靈山不是紅太陽，靈山不是上帝，靈山不是佛，靈山不是知識，靈山只是對自身存在的覺醒，說到底，就是對"自救"之道的大徹大悟。《一個人的聖經》所揭示的救贖方式是個體生命自我救贖的方式。再看小說結尾最重要的一段話：

> 人生來注定受苦，或世界就是一片荒漠，都過於誇張了，而災難也並不都落在你身上，感謝生活，這種感嘆如同感謝我主，問題是你主是誰？命運，偶然性？你恐怕應該感謝的是對這自我的這種意識，對於自身存在的這種醒悟，才能從困境和苦惱中自拔。

這段話再明確不過地暗示：與其感謝主，不如感謝自身的醒悟，與其尋找與主相連的靈山，不如在自身中發現靈山。於是，接著，他又寫了這麼一段話：

> 棕櫚和梧桐的大葉子微微顫動。一個人不可以打垮，要是他自己不肯垮掉的話。一個人可以壓迫他，凌辱他，只要還沒有窒息，就沒準還有機會抬起頭來，問題是要守住這口呼吸，屏住這口氣，別悶死在糞堆裡。可以強姦一個人，女人或是男人，肉體上或是政治的暴力，但是不可能完全佔有一個人，精神得屬於你，守住在心

裡。說的是施尼特克的音樂，他猶豫，在暗中摸索，找尋出路如同找尋對光亮的感覺，就憑著心中的那一點幽光，這感覺就不會熄滅。他合掌守住心中的那一點幽光，緩緩移步，在稠密的黑暗裡，在泥沼中，不知出路何處，小心維護那飄忽的一點幽光。說他頑強，不如說他耐心，那種柔韌卷曲，織一個繭像蛹一般裝死，閉上眼睛去承受那沉寂的壓力，而細柔的鈴聲，那一點生存的意識，那點生命之美，那幽柔的光，那點動心處便散漫開來……

這段話又進而暗示，靈山原來就是心中的那點幽光。靈山大得如同宇宙，也小得如同心中的一點幽光，人的一切都是被這點不熄的幽光所決定的。人生最難的不是別人的，恰恰是在無數艱難困苦的打擊中仍然守住這點幽光，這點不被世俗功利所玷汙的良知的光明和生命的意識。有了這點幽光，就有了靈山，高行健作品中的靈魂維度產生於靈山。他認定人是脆弱的，但是脆弱的人有他的尊嚴。他和自己的弱點搏鬥，不斷地進行自責、自嘲與自審，不斷叩問自身存在的意義，不是自虐、自餒，更不是自己打垮自己，而是為了守住身心中的那一點幽光，即一點永遠的良善和美。他深知世界的荒誕、革命的虛假、人際的骯髒，還知道各種形式的時代潮流難以抗拒，但他還是要守住最後一點人的驕傲，保持一點貴族氣。正如唐吉訶德一樣，明知世界如大風車一樣荒誕，卻還是要往前征戰，而且要保持一點騎士姿態。

（三）

　　確定「自救」先於救世，並確認自救最重要的是從自我的牢籠中與自我的地獄中「逃亡」出來，又確認這種救贖方式是作家贏得精神自由的最切實的途徑，這是高行健最基本的世界觀與人生觀，也是他的創作觀。中國的禪宗精神，尤其是禪宗六祖慧能的精神和方法確實給了高行健以決定性的影響。關於禪，高行健作過多次的表述。他說，禪「體現了中國文化最純粹的精神」[8]。禪，表面上看是宗教，實際上不是宗教。它是一種感知方式，一種精神狀態，一種審美態度，一種對大自由的內心體驗與領悟，一種對自我的透徹的了解。總之，一種自救自我解脫的精神體系。他說：

> 禪宗不像一般的宗教，我以爲禪宗的本質是非宗教，並不走向迷信，沒有任何偶像，連佛都打了，而佛不過是對自我的某種透徹的瞭解。[9]

又說：

> 西方對於痛苦是從外面加以分析，東方則是內省，走向靜觀。禪宗的高度理想不是崇拜偶像，皈依什麼，而是「佛就是我」、「明心見性」。[10]

　　眞正的禪，總是徹底地打破加於「自我」身上的各種「執」，包括「我執」。世俗世界上執著追求的各種世相：名號、金錢、權力、地位，都是禪宗棒喝打擊的對象，到了慧能，連「接班」用的「衣鉢」也打破。「眞正的大禪師，恐怕連衣鉢傳給誰，也看得很透。」[11]禪宗還有一點了不得的，就是高度自覺

地打破語言之執，即發現語言概念仍是人的一種終極地獄。如果說，《金剛經》發現了「身體」這一終極地獄，那麼，《六祖壇經》發現的是「語言」這一終極地獄。正是這一發現，使禪宗對語言充滿警惕。高行健最終提出「沒有主義」的論說，正是對「主義」這種大概念的質疑與放逐。正當人們企圖使用「主義」去救世的時候，他卻發現「主義」不僅救不了世，反而給人自身造成巨大的牢房，因此，重要的不是去標榜主義，而是放下主義，正視人自身的弱點進行自救。禪不僅在精神指向上給高行健以影響，而且直接進入他的戲劇文本、小說文本與水墨畫本中。筆者在這裡想要強調的是，禪給高行健的啟發，主要不是帶給他的作品某些禪意，而是給予高行健對人生的感悟，即從根本上悟到人在短暫的生涯中如何得大自由，如何得大自在。

> 寫作的自由既不是恩賜的，也買不來，而首先來自你內心的需要……說佛在你心中，不如說自由在心中，就看你用不用。[12]

也就是說，作家一生唯一應當做的，就是打開心靈的大門，把「佛」請出來，把自由請出來。這就是說，禪給高行健最根本的啟迪是：你必須自救！你不要仰仗外部力量，包括不仰仗上帝的權威與佛陀的權威，而要相信自己的肩膀和自己的內心力量。高行健全部作品的思想，就立足在這一首先由禪宗點破的「自救」精神上。

最能體現高行健通過「自救」而得大自在精神的劇作是《八月雪》，這部以慧能為主角的戲，表面上看，寫的是宗教題材，實

際上寫的是慧能在各種現實關係中如何得大自在的生活奇觀。慧能是個宗教領袖，但他不崇拜宗教偶像，不膜拜任何神的權威，所以也不落入教條的牢籠之中，當然，也無所謂以神爲中介的懺悔。慧能弘揚禪宗思想而名播天下之後，又不被名號所拘，也不爲權力地位所誘惑，連欽定的「大師」桂冠也不要。皇帝派了特使、帶著聖旨來傳他進京，說：「大師德音遠揚，天人敬仰……則天太后、中宗皇帝陛下，九重延想，萬里馳騁，特命微臣，徵召大師進宮，內設道場供養。請能大師略作安排，則由微臣護衛，火速進京。」可是，慧能一點也不動心，一再拒絕。使者見誘惑不靈，便威脅說：「這敕書可是御筆親書，老和尚不要不識抬舉。」並按劍逼迫，慧能此時更是坦然：

　　慧能：（躬身）

　　要麼？

　　薛簡：什麼？

　　慧能：（伸頭）

　　拿去好了。

　　薛簡：拿什麼去？

　　慧能：老僧這腦殼。

　　薛簡：這什麼意思？

　　慧能：聖上要的不是老僧嗎？取去便是。

　　寧可掉了腦袋，也不就範宮廷的指令，也不要外在的名號桂冠。這些全是無。北宗神秀早已應召入京，當了兩京法主、聖上門師，但慧能不走神秀的路。使者告訴慧能，當今「皇恩浩

蕩,廣修廟宇,佈施供養僧侶,功德天下」,而慧能傳使者轉告
皇帝:「功德不在此處」,「造寺、佈施、供養只是修福。功德
在法身,非在福田。見性是功,平直是德,內見佛性,外行恭
敬,念念平等直心,德即不輕」,又說:「自性迷,菩薩即是眾
生;自性悟,眾生即是菩薩,慈悲即是觀音,平直即是彌勒。」
慧能把神的「救護」歸結爲「自性悟」,自性一旦大徹大悟,便
生大慈悲,大正直,便是大菩薩、大觀音。他透徹了解,到宮廷
裡去當法主大師,不過是當皇帝的點綴品,哪裡是什麼菩薩彌
勒。而所謂廣修廟宇,還不如對百姓多一點仁愛之心。慧能不僅
看透世俗最高的榮華顯貴,而且也看透本教中祖傳的袈裟衣鉢,
臨終前弟子提出最後一個問題:「大師過去,後人又如何見佛?」
他回答說:「後人自是後人的事,看好你們自己當下吧……你們
好生聽著:自不求眞外覓佛,去尋總是大癡人。」禪宗作爲一種
宗教,就是這種「自我求眞」、「自我求善」的宗教。一切取決
於「自性」,一切取決於自身的心靈狀態。如果把慧能的名字換
成基督,那麼,這個東方基督與西方基督相比,其相同處,是都
具有大慈悲的宗教情懷,其不同處是西方的基督告訴眾生必須仰
仗上帝的肩膀,走出苦難,而東方的基督則告訴眾生:你必須仰
仗自身內心的力量走出苦難。當你心內的力量足以抵禦外部世界
的壓力與誘惑,放下各種地獄與牢房,你便獲得救贖。

但是,讀《靈山》者會發現:主人公「我」沒有找到最後
的目標,按照禪宗的看法,人生最後的結果是走入「空」門,一
個形而上的「無」。因此,他們只樂於過程,樂於在尋找過程中

的內心體驗，而不在乎外界的神的標誌。這一點實際上與基督教相通，基督教並不承認人可達到神。人無論怎樣努力，只可接近神，無法達到神，再偉大的人物，只能殉道，不可能成道。與禪宗不同，中國的儒家卻著重思考外部秩序，也特別關心最後能否達到「內聖外王」的結果。不能成好王，就說明「內聖」有問題，「外王」與「內聖」總是互動與互相定義，因此，儒家便通過一套修養方式去追求完美的道德境界，總之，它執著於外部的社會秩序與道德權威，甚至刪除內心體驗與內心感覺。而禪宗剛好相反，它把內心體驗與內心感覺看成是最重要的東西，它的全部思考目的就在謀求內心的大解脫，以至認爲上帝在內不在外，天堂地獄也在內不在外。人類得大自由，也不是依靠外在的神明，而是靠內在的精神。因此，如果說，儒學是思考外部人際秩序的思想，那麼可以說，禪宗是思考內在人類生命的思想。高行健的《八月雪》把禪宗的思想推向精彩的極致，主人翁慧能把外部的秩序、制度、榮耀、權力統統看穿。

高行健作爲一個當代的思想先鋒，他不僅像慧能一樣看穿外部的權力、榮耀等身外之物，而且叩問由「救世」思想所派生的「社會良心」是否可能，或者說，是否可靠。與「自救」的思想相銜接，高行健只確認「個體良心」的實在性，不確認「社會良心」的實在性。他發現人類歷史上的各種苦難、災難，都是良心無法療治的：

> 回顧一下人類的歷史，人生存處境的一些基本問題，至今也未有多少改變。人能做的只是些細小的事，製造些

新的藥，弄出些新的產品、時裝、氫彈或毒氣，人生之
痛卻無法解脫……諸如戰爭，種族仇恨，人對人的壓
迫，而人的劣根性，良知並不能醫治，經驗也是無法傳
授的，每人都得自己去經歷一遍。人之生存就無法解
釋。人如此複雜，如此任性。現今宗教又回潮。我不信
仰任何教，但有種宗教情緒，我們得承認等待我們的是
如此不可知，個人的意志無法控制，我們首先得承認個
人之無能為力，也許倒更為平靜。[13]

　　上帝早已存在，所謂「社會良知」也早已存在，但是，戰
爭依然不斷發生，人對人的壓迫有增無減，人的劣根性沒有改
變。歷史攜帶著苦難，不斷在地球上重複。面對歷史，高行健對
「社會良心」提出懷疑。作家是否可能成為「社會良心」？他的
良心資源與尺度來自何方？一旦代表「社會良心」，這種良心會
不會標準化、權威化而演變成一種權力？一種道德專制？在高行
健看來，所謂良知責任，乃是個體對道德責任的體驗和體認，而
不是拿著道德權威的名義和其他外部權威的名義去號令他人。所
以他決斷地說：

　　　作家不是社會的良心，恰如文學並非社會的鏡子。他只
　　是逃亡於社會的邊沿，一個局外人，一個觀察家，用一
　　雙冷眼加以觀照。作家不必成為社會的良心，因為社會
　　的良心早已過剩。他只是用自己的良知，寫自己的作
　　品。他只對他自己負責，或者也並不擔多少責任，他冷
　　眼觀察，用一雙超越自我的眼睛，或者從自我中派生來

的意識，將其觀照，藉語言表述一番而已。[14]

中國近、現代作家與信奉弗洛伊德學說的一些西方作家不同，他們的寫作動力不是「性壓抑」，而是「良知壓抑」。在潛意識的層面上，他們的寫作不是出自感官本能，而是出自精神本能。因此，中國作家對於良心責任的問題特別敏感。但是，現代中國一個奇怪的現象是人人都想充當社會良心的角色，而整個創作卻缺少應有的良知水平。根深柢固的奴性，無休止地媚上與媚俗，既迎合政治極權又迎合市場極權，該說的話說不出來，不情願說的話又不停地說。個個高喊解放全人類，到了必須具體地援救一個人，爲一個人伸冤時（如文化大革命中爲一個劉少奇或爲一個鄧拓、吳唅說話時），卻個個沉默。經歷了良知系統崩潰和混亂的時代之後，高行健不顧被譴責爲「喪失社會良知」的危險與罪名，提出上述觀念，無疑具有特別的意義。

首先，高行健打破了「社會良知」的神話，揭示「社會良知」的幻相。從客觀上說，到底「社會良知」存在不存在的問題，與救世主存在不存在的問題是一樣的。社會良知的角色就是變相的救世主的角色。高行健認爲，這種救世主的角色過剩了，太多了。救世主本來只有基督一個，現在則有無數基督。然而，這些代表「社會良知」的小基督與眞基督完全不同。眞的基督至少有兩個方面是當今「社會良心」角色所沒有的：（1）基督從來都不聲稱自己代表社會良心與人類良心。認定基督代表社會良心與人類良心，這是他的信徒和他的闡釋者闡釋出來的。（2）即使基督扮演的是社會良心的角色，他也是用生命和鮮血去扮

演，即生命被釘上十字架時才充分放射良知的光輝，而不是空喊
「解放全人類」，更不是打著救世的名義巧取豪奪，爭名奪利。

第二，社會良知是否眞實？它到底是哪裡來的？如果沒有
個人實實在在的良知，能有「社會良知」嗎？如果沒有個人的責
任承擔，如果未能首先正視自身的弱點進行自我審視，他有可能
去救治社會嗎？一個沒有任何謙卑的瘋子，有資格去審判時代
嗎？在高行健看來，「社會良心角色」即使發展爲上帝，這個上
帝也不在外邊（社會）而在裡邊（個人身內）。良知關懷所以可
能，就因爲上帝在每個生命個體的心靈之中，然後通過這個心靈
去影響另一個心靈。這就是說，任何可能影響社會的良知意識，
都是個人的良知，只有個人的良知才是良知的實在。

第三，離開個人的責任承擔，所謂社會良知，便會變得空
洞化與抽象化。此時，社會良知就可能變成一種招牌，一種廣
告，一種面具。「解放全人類」等口號，最後被歷史拋棄，就是
它已不具眞實的個人責任內涵，只是一種宣傳。

第四，個人良知是個人體驗到人與人的相關性及人在社會
中不可推卸的責任，所謂「義不容辭」，便是自然地響應良知的
召喚。個人良心乃是一種平常心，而社會良心角色則把自己的良
心視爲代表性良心、權威性良心、標準性良心。可是，良心一旦
權威化、標準化與制度化，就會轉化爲一種可以號令他人良心和
侵犯他人良心的專制形式。希特勒就標榜他代表日耳曼民族的良
心，他的良心變成權威之後便號令一切個人良知服從他這個至高
無上的權威，所有的德國人都必須以他的社會良心內涵爲標準來

改造自己。文化大革命中，江青曾發表「爲人民立功」的文章，她當時扮演的是代表人民的社會良心。許多野心家都借用「人民權力意志代言人」與「社會良心」的名義擺佈社會與民眾，這種歷史現象可稱之爲良心的無限膨脹，它往往膨脹到可以踐踏人類的公理與基本法則。

第五，高行健的逃亡只是爲了自救，爲了個人獲得更高的自由。逃亡的反叛意義也只是個人自由的實現。但「社會良心角色」的逃亡，往往不是爲了個人自由，而是爲了把社會良心的角色扮演得更加完美，以獲得更大的話語權力。

第六，「社會良心角色」在沒有掌握政權的時候，它還可能只是一種精神權力，其呼風喚雨也有一定的侷限。而一旦獲得政權，即聖與王結盟，精神權力與政治權力結盟，就會變成強制改造他人良知系統的外在力量，甚至會強制他人交出良心、修改良心，此時，社會良心角色就變成一種精神侵略者。它霸佔一切良心領域，要求一切人都以他們的良心爲標準，悔過自新。「社會良心」角色的這種極致，造成的危害就是要求每一個人都與他的標準劃等號，毛澤東也是如此。因此，高行健在《一個人的聖經》中對毛澤東發出叩問。他說，你可以隨意扼殺人，但「不可以要一個人非說您的話不可。」

（四）

中國的所謂「聖人」，便是「社會良心」的代表。然而，人一旦充當聖人的角色，便發生一個大問題，即忘記自身也是一個

與普通老百姓一樣具有人性弱點與缺陷的人,一個在內心中同樣
潛藏著黑暗地獄的人。

在高行健看來,二十世紀的一些怪誕現象與瘋狂現象,包
括文學藝術上打倒前人的不斷革命、不斷顛覆的瘋狂現象,全來
源於自我地獄,或者說,全來源於對自我的錯誤認識。這一錯誤
認識,有萎縮性的自我貶抑,但主要卻是誇張性的自我擴張與自
我膨脹,而其代表便是宣布「上帝死了」的尼采。尼采的權力意
志與超人學說,企圖製造一個新的「超人」上帝來取代原來的上
帝,而結果是自己發瘋還影響他人發瘋。二十世紀許多先鋒派藝
術家都宣稱以往的藝術史等於零,一切從他開始。他製作的新藝
術便是從零點上發生的「創世紀」藝術,即自身是藝術新上帝。
這些發狂的藝術家忘記自己是一個人,是一個有弱點、有侷限的
人。因此,對於這些瘋狂者,倘若要停止瘋狂,其自救的方法就
是回歸到「脆弱的人」,回歸到對自身的清醒認識,包括回歸到
對自身的黑暗面的確認。而這一點,又恰恰與懺悔意識相通,其
實,也與原罪感相通。高行健在《另一種美學》中,審視二十世
紀現代藝術,對其不斷顛覆的時代病症提出十分中肯的批評,而
他開給「革命狂」藝術家的藥方,就是「回到脆弱的個人」,他
說:

> 回到繪畫,是回到人,回到脆弱的個人,英雄都已經發
> 瘋了。回到這物化的時代還努力想保存自己的脆弱的藝
> 術家,他的掙扎,他的畏懼和絕望,他的夢想,他只有
> 夢想還屬於他自己,而他的想像卻是無限的。回到他夢

想中期待的清白，那一點剩下的美，連同他的憂傷，他
的自虐與自殘，他沈溺在痛苦中求歡。回到他的孤獨與
妄想，他的罪惡感、慾望與放縱。他當然也還有精神，
即是他對自己的一點意識，飄浮在意識之上，對也自己
的審視。[15]

這段話寫於1999年，是高行健獲得諾貝爾文學獎之前表述
的重要觀念：「回到人，回到脆弱的個人。」自從尼采宣布上帝
死了之後，二十世紀的英雄眞的都瘋了，他們不承認人是脆弱的
個體，以爲人眞的可以代替上帝，可以成爲超人。尼采自己就這
樣變成瘋子。受尼采影響，許多政治家、哲學家、藝術家也以爲
可以成爲超人。高行健對尼采式的妄念一再進行批評。在《另一
種美學》中的「超人藝術家已死」又說：

尼采宣告的那個超人，給二十世紀的藝術留下了深深的
烙印。藝術家一旦自認爲超人，便開始發瘋，那無限膨
脹的自我變成了盲目失控的暴力，藝術的革命家大抵就
這樣來的。然而，藝術家其實同常人一樣脆弱，承擔不
了拯救人類的偉大使命，也不可能救世。[16]

高行健抓住尼采不放，可說是抓住了時代症，抓住了二十
世紀病症的要害。二十世紀各個領域出了那麼多瘋子，顯然與尼
采的超人觀念相關。尼采的超人觀念是對自我的無限自戀和無限
膨脹，因此，他宣布「上帝死了」之後推給歷史舞台的是一個假
的上帝，這就是造物主式的個人。這種個人當然不會有任何懺悔
意識、自審意識，也不會有任何罪惡感。高行健說：「取代上帝

的造物主式的個人，如果不精神分裂，真發瘋的話，便走向杜象的玩世不恭。」[17] 即或變成瘋子，或變成痞子，只有兩條出路。瘋子不可能有罪惡感，痞子當然也不會有罪惡感。瘋子把自我價值誇大到無限大，甚至誇大為上帝；而痞子則把人的價值縮小到等於零及至等於馬戲團裡的猴子。

在人發生無限自戀的歷史語境下，高行健提出「回歸脆弱的個人」的思想，不是人的倒退，而是人的進步。當人確認自身乃是脆弱的個體時，便產生一種拒絕的力量——拒絕帶假面具以掩蓋自己的脆弱，於是獲得真誠與真實。而從這裡開始，人也就獲得自審與自白的前提。拋開尼采的自戀與自我膨脹，高行健選擇了卡夫卡式的自嘲。他說：「尼采式的癲狂在這個充分物化的當代，顯得那麼造作，那麼矯情，也那麼虛假，遠不如卡夫卡的困惑和自嘲來得真實。」[18]

高行健像卡夫卡那樣發現自己的變形和異化，在人世界中變成彈跳不已的一粒豆，一只「小爬蟲」，一個「跳樑小丑」，毫不掩飾自己的可笑與可悲。在《一個人的聖經》中，那個為了保護自己而造反的「他」，終於被「揭露」出來。此時，他不是為自己辯護，而是確認自身的醜惡。外部有一座審判台，而他的內心也有一座審判台：

「跳樑小丑！」前中校對他喝斥道，這時成了軍管會的紅人，擔任清理階級隊伍小組的副組長，正職當然由現役軍人擔任。

你其實就是個蹦蹦跳跳的小丑，這全面專政無邊的籬籬

裡不自主彈跳不已的一粒豆，跳不出這簸籮，又不甘心
被碾碎。

你還不能不歡迎軍人管制，恰如你不能不參加歡呼毛的
一次又一次最新指示的遊行。這些指示總是由電台在晚
間新聞中發表。等寫好標語牌，把人聚集齊，列隊出發
上了大街，通常就到半夜了。敲鑼打鼓，高呼口號，一
隊隊人馬從長安街西邊過來，一隊隊從東頭過去，互相
遊給彼此看，還得振奮精神，不能讓人看出你心神不
安。

你無疑就是小丑，否則就成了「不齒於人類的狗屎堆」，
這也是毛老人家界定人民與敵人的警句。在狗屎與小丑
二者必居其一的選擇下，你選擇小丑。你高唱「三大紀
律八項注意」的軍歌，也得像名士兵，在每個辦工室牆
上正中掛的最高統帥像前併腿肅立，手持紅塑料皮《語
錄》，三呼萬歲，這都是軍隊管制之後每天上、下班時必
不可少的儀式，分別稱之為「早請示」和「晚匯報」。

這種時候你可注意啦，不可以笑！否則後果便不堪設
想，要不準備當反革命或指望將來成為烈士的話。前中
校說的並不錯，他還就是小丑，而且還不敢笑，能笑的
只是你，現如今回顧當時，可也還笑不出來。[19]

高行健在描寫過去的自己時，身處異國，擁有自由，他完
全可以粉飾自己或掩蓋自己，但他一點也不掩蓋和粉飾。他徹底
地撕下假面具，承認自己當時就是一個小丑，一個怕死怕落入狗

屎命運而強裝硬扮成戰士的小丑，一個內心極度脆弱極度恐懼卻唱著豪邁軍歌的小丑。對自己的宣判斬釘截鐵，一點也不含糊。他的自我審判如此無情，他的自我拷問如此徹底。經歷過文化大革命的作家很多，但有幾個像他這樣直面恥辱的人生、瘋狂的時代呢？這樣不顧面子地進行自我揭露，反映著一種精神深度。而這種深度正是來自他的自我懷疑與自我拷問的力度。

在《一個人的聖經》中，高行健帶著情感訴說應給脆弱的人以尊嚴的道理：「他最終要說的是，可以扼殺一個人，但一個人哪怕再脆弱，可人的尊嚴不可以扼殺，人所以為人，就有這麼點自尊不可以泯滅。人儘管活得像條蟲，但蟲也有蟲的尊嚴，蟲在踩死、捻死之前裝死、掙扎、逃竄以求自救，而蟲之為蟲的尊嚴卻踩不死。殺人如草芥，可曾見過草芥在刀下求饒的？人不如草芥，可他要證明的是人除了性命還有尊嚴。如果無法維護做人的這點尊嚴，要不被殺又不自殺，倘若還不肯死掉，便只有逃亡。尊嚴是對於存在的意識，這便是脆弱的個人力量所在，要存在的意識泯滅了，這存在也形同死亡。」[20] 說人是脆弱的，不錯；說人是有力量的，也不錯。人不要誇大自己的力量，但確實有力量。這力量就因為人擁有尊嚴，擁有對自身存在的意識。但這只是第一前提；人的自審還有第二前提，這就是人有尊嚴，有了第二個前提，自審才不會變成自虐與自我踐踏。高行健的自審——正是在這雙重的前提下進行，因此就顯得真誠而有精神力量。

(五)

　　高行健不是基督教徒，沒有「上帝」這一參照系。但他比許多有宗教信仰的作家更堅定地把「上帝」視爲生命內在的精神，即上帝站立在自我世界之中。他認定，全部生命之謎與謎底都必須到自己生命的深處去尋找，對此，他有一個徹底的表述。他說：

> 生命是個永遠迷惑而解不開的謎，越深究愈不可解，愈豐富，愈任性，愈不可捉摸。上帝在生命之中而不在生命之外，主體不在別處，而在這自我。生命的意義，與其說在這謎底，不如說在於對這存在的感知。[21]

　　既然生命的意義在於對自我存在的感知，那就應當努力向這存在的深處走進去，並對這一存在提出懷疑與叩問。懷疑與叩問便是價值。高行健一再肯定「自我懷疑」的價值。他說：「這自我歸根到柢，也大可懷疑。尼采把自我視爲眞實的存在，可自我不過是一種觀照，一種觀照的意義，向內的審視。」[22] 又說：「當你一層層剝去了被別人附加、強加的東西，你才漸漸確立了自己的價值，包括『自我懷疑』的價值。」[23] 高行健所以「揪住」尼采不放，就因爲尼采只有自戀與自我膨脹，而沒有自責與自我懷疑，他以爲只有超人的權力意志是開劈歷史道路的動力，不承認自我懷疑更是一種巨大的動力。懷疑，自我懷疑，是推動人類走向深處的槓桿，它不僅推動著人類的思想不斷前行，並且使人獲得觀照世界的冷靜與深邃，又使人對自身存在有個確切的認知。高行健是一個充分發現「自我懷疑」之價值的思想者，無論

是在中國範圍裡還是世界範圍裡，他都是一個對於自我認識最清
醒的作家。

　　無論是《靈山》的三種人稱，還是《一個人的聖經》的兩
種人稱（隱去「我」，只剩下「你」和「他」都有一個人稱負載
「中性的眼睛」，這個長著中性眼睛的敘述者，既是「自我」的一
部分，又是自我的審視者與批評者，他事實上負責著「自審」，
「自省」、「自我懷疑」、「自我提問」的角色使命。這雙中性的
眼睛及其負載著它的人稱，乃是高行健發明創造的內心世界的精
神法官。「他」是故事的主角，這是歷史角色。「你」是現實角
色，是審視者與批評者。「你」和「他」拉開了數十年的時間距
離，「你」對「他」進行叩問與調侃。這裡不僅產生自審，而且
產生「自嘲」，但沒有自戀與自辱。歷史場景中的「他」，曾是一
個「造反派」，曾帶有革命面具混跡於大風浪之中，「你」對
「他」的回顧、審視、評判與調侃，正是「我」對「我」的回
顧、審視、評判與調侃，這個過程，是「自審」過程，也是「自
救」過程。

　　中國現代文學受盧梭《懺悔錄》的影響，曾出現一些自我
反省的文學，例如郁達夫的《沉淪》和巴金的《眞話集》等。這
些作品的自我反省，均是作者的自白。無論是盧梭還是郁達夫、
巴金，他們的自白都是主體單一的獨白形式。也就是說，在自我
內部沒有一個審視者和拷問者，因此也缺乏靈魂的論辯與精神的
張力，而高行健走出這種侷限。富有深度的自審文學，不應只是
自我譴責的文學。自我譴責往往只是內心黑暗面的展示，展示的

結果是確立一種倫理原則。例如郁達夫的《沉淪》，他對性慾的
暴露，最後確立的是為國爭氣的民族倫理原則，而看不到個體生
命的心理深度。高行健的自我審視卻放下倫理判斷，他致力的是
把自我存在的矛盾狀態給展示出來。例如在《一個人的聖經》
中，他展示的是無處不在恐懼狀態。這種狀態是作家的內心感
覺，也是作家的內心真實，這種狀態本是難以捉摸的，但高行健
卻準確地捕捉和表現。小說中的主人公，無論是「造反」之前、
「造反」之中、「造反」之後，也無論是在戀愛或作愛之中，都
被恐懼的感覺所覆蓋。可以說，恐懼佈滿一切地方，從床第到每
一根毛孔。認真閱讀高行健這部長篇，會感到這是真正的文學，
而其文學才能不是在描寫性愛動作與性愛場面，而是在描寫性愛
之時以及性愛前後的心理恐懼，那種可憐又可笑的恐懼，那種文
學之外的哲學家、政治家、歷史家無法感覺到的恐懼細節。這種
恐懼，正是深層意義上的內心自白，它的精神內涵遠遠超過性愛
所造成的道德不安。由此，我們可以說，高行健的自我審視，乃
是精神深層的自審，而作品中的內在主體對話，乃是他獨創的自
審形式。

　　高行健曾經通過他的筆下人物聲明他不「懺悔」。他說：
「你只是不肯犧牲，不當別人的玩物與祭品，也不求他人憐憫，
也不懺悔，也別瘋癲到不知所以要把別人統統踩死，以再平常不
過的心態來看這世界，如同看你自己，你也就不恐懼、不奇怪、
不失望也不奢望甚麼，也就不憂傷了。」[24] 高行健聲稱「不懺
悔」，但又無情地自我拷問，這是不是矛盾呢？不是。高行健所

以不懺悔，是他不願意進入任何先驗的思想框架去審判自己，包
括拒絕神聖價值框架，當然也包括倫理道德框架。也就是說他的
自我拷問、自我審判不是爲了去接近神或聖人。他的自審只是爲
了回歸一個平常的正常人，一個剔除恐懼、憂傷、恥辱、虛假的
人。這種自審，完全是人性的自審，自身需要的自審。

這就如同他明知文學難以伸張正義，但還要作努力。

> 這令人絕望的努力還是不做爲好，那麼又爲什麼還去訴
> 說這些苦難？你已煩不勝煩卻欲罷不能，非如此發洩不
> 可，都成了毛病，個中緣由，恐怕還是你自己有這種需
> 要。[25]

高行健的自我拷問完全是自己有這種需要。自己審問自
己，自己需要通過審判和拷問告別過去的自己，告別過去的陰影
與噩夢，告別過去的僞裝與假面具，告別過去的荒唐與幻想，告
別過去的理念與主義，告別過去的自己熱衷的老問題與老框架。
由於出自自身的生命需要，他的自審顯得格外眞摯，格外徹底，
格外有力度。這是和宗教懺悔和歷史懺悔不同的個體詩化生命的
懺悔。換句話說，高行健的自我拷問，不是遵循上帝的命令，也
不是遵循道德理念的命令，而是遵循內心平常平實之心的絕對命
令。盛行在中國六十、七十年代的「鬥私批修」，只要放在高行
健自審的參照系之下就可以清楚地看到：這種現實的悔過，完全
是在就範一種先驗的政治意識形態框架，完全是服從一種外在的
政治命令，它只是意識形態統一的需要，而不是個體生命人性昇
華的需要。總之，高行健在中國禪宗文化支持下的「自救」意識

與「自救」文字，給人類精神文化提供了別一境界，也給靈魂對
話創造了一種新的形式。

　　此文係《罪與文學》（與林崗合著，牛津天學出版社出版）
　　的一節

1 中國時報，2002年2月11日。

2《沒有主義》，聯經，第57頁。

3 同上，第75頁。

4 同上，第140頁。

5「巴黎隨筆」，見《沒有主義》，第19-20頁。

6 同上，第20-21頁。

7《靈山》第65節。

8 同上，第196頁。

9 同上，第219頁。

10《世界日報》，2001年2月17日。

11《沒有主義》，第219頁。

12 同上，第351頁。

13《沒有主義》，第61-62頁。

14 同上，第22頁。

15《另一種美學》，聯經，第56頁，2001。

16、17、18同上，第10頁。

19《一個人的聖經》，聯經，第35節，第278-279頁，1999。

20 同上，第404頁。

21 同上，第89頁。

22 同上，第93頁。

23 同上，第172頁。

24 同上，第24節，第203頁。

25 同上，第24節，第201頁。

《文學的理由》（中文版）序

　　許多讀者知道高行健在戲劇、小說、繪畫上的成就，但未必知道他是一個很有思想的文學藝術理論家。而我卻首先是從他的小說理論《現代小說技巧初探》（1981年出版）開始認識他的。這本小冊子在大陸引起了一場現代主義與現實主義的論爭，刺激了八十年代中國的文學思考。論爭的是非究竟且不說，單是高行健的新穎思想與活潑表述就使我欽佩不已，並確實幫助我打開了思路。在當時一片迷霧籠罩理論界的時候，這本書可以說是唯一的亮色。我從這本小冊子開始了解：理論建構也需要有靈魂的活力。這對於我後來提出「人物性格二重組合原理」和「文學主體性」起了很大的影響。

　　我和高行健是多年老友，二十年中我們一起交談了無數個白天與夜晚，而我總是聽不厭他那些絕對拋開陳腐教條只屬於高行健的文學藝術見解。這些見解由於得到他自身豐富的創作實踐的支持，顯得特別生動，又很實在。這是一種奇特的有生命蒸氣的思想，一種有血液的理論，是從書本裡討生活的學院難以產生的。他的文論講的都是新話，而且一語中的。理論語言非常透明、精粹，沒有任何廢話和偽裝。這不僅把問題想透了，大約還得益於禪宗。他喜歡禪宗，喜歡用最簡約的語言擊中要害。由於

激賞行健的文論藝論，1995年天地圖書公司委託我主編一套《文學中國》學術叢書時，我特別約請他把自己的文論編成集子出版，他編就的集子命名為《沒有主義》。

《沒有主義》是高行健的談藝錄，也是二十世紀中國最有價值的文藝理論著作之一。同產生於上世紀四十年代的錢鍾書先生的《談藝錄》相比，兩者的理論風格完全不同：錢先生的《談藝錄》旁徵博引，以「六經注我」。而高行健則完全撇開六經，既不是「我注六經」，也不「六經注我」，他不引證別人的話，表述的完全是他自己的聲音，是充分個人化的藝術感受與藝術見解，但是，這些見解卻提煉了古今中外大量的藝術經驗和高行健自身的創作經驗，從而自成一家，獨樹經典。李澤厚在高行健獲獎前就多次對我說，他對《沒有主義》評價很高，書中的許多見解，非常深刻。他特別欣賞《沒有主義》對尼采「自我上帝」的質疑和對現代漢語日益歐化的批評。高行健的確對漢語歐化現象早已警惕，這與他作為一個嚴肅的作家具有充分的小說藝術意識與戲劇藝術意識有關。文學是語言藝術，應當對語言絕對負責。他努力擴大漢語的表現力，努力尋找符合漢語的現代表述。他的努力，突出兩個方向：一是尋找語言的活性，注意吸收方言與口語中活生生的語彙，書寫充分個人化的感受（不是描繪客觀對象），刪去影響語言活性的形容詞與定語，警惕西方語言的詞法、句法進入漢語書寫；二是尋找語言的音樂性，重視語調與樂感，強調重新發現漢字，特別是去品味單音節的動詞，把內在清韻與外在流暢結合起來，使作品不僅具有意美，而且還有音美。

不僅可讀可誦，還抵制西方的分析性語言對現代漢語的改造，從而保住漢語的魅力。這部集子所選入的〈現代漢語與文學寫作〉一文，與《沒有主義》中的若干研究現代漢語的論文思想相通，不過，表達得更為完整。

如果說，《沒有主義》還缺少章節程序的話，那麼，《另一種美學》則是高行健系統的理論表述，這裡濃縮著高行健關於文學與藝術的精闢見解，是一部理論奇書。他從法國南方的地中海邊的拿普樂城堡打電話給我，說他逃避了喧囂，躲在海邊寫一部藝術論。聽了這消息，我立即想到：又有好的理論書可讀了。出國之後，我不再迷信體系，更厭惡用時髦的概念術語掩蓋思想蒼白的所謂學術文章，每次在科羅拉多大學圖書館翻翻文學理論刊物，總是讀不下去，覺得這些「理論」完全被語言所遮蔽，概念覆蓋層太厚，看不到真問題與真見解。我把這種現象稱作「語障」。在語障的困境中，真希望行健的書會幫助我重新獲得理論的興趣。果然，他把打印好了的書稿寄到美國，作為第一個讀者，我一口氣讀完。這太精彩了，是一部反潮流的歷史性論著，一部屬於全人類的書。在過去的一百年間，中國學者苦思冥想，思考的都是中國問題。學習西方的自然科學與人文科學，也是為了解決中國問題。而行健的這部著作，標誌著中國思想家完全進入人類共同問題的形而上思考，而且思考的是西方學者尚未充分意識到的世紀性文化弊病。高行健在此書中對畢卡索之後的前衛藝術革命進行了一次全面的質疑與批評，而這種質疑與前衛藝術家的造反方式完全不同，它既是反省性的，又是充分建設性的。

最近幾年，我對文學革命與藝術革命也不斷提出叩問，但還未能確立一種高視野來把這個問題說清，而行健卻完成了這一工作。他這部美學論著宣告了藝術革命的終結，批評了二十世紀觀念替代審美、思辯替代藝術的病態格局，擊中了當代世界藝術根本性的弊端，呼籲藝術回到經驗、回到起點、回到傳統繪畫的二度平面、回到審美趣味上來，在藝術的極限內和設定的界線中去發掘新的可能。

行健在法國海濱寫作這部書時，有時也禁不住內心的興奮。他在電話中說，前衛藝術到了盡頭，再也玩不下去了。藝術家不是從零開始的創世主，不能再把尼采當作精神偶像，藝術家得還原為脆弱的個人，而藝術家一旦從造物主的幻覺回到個人，才更真實，更像人，也活得更充分，更為實在。藝術家只有在他內心的世界裡才是自由的，在現實中往往是脆弱的。梵谷在現實中也拯救不了自己，才被現實弄得發瘋。

《另一種美學》尚未問世，高行健已獲得諾貝爾文學獎。按照諾貝爾獎的規則，他發表了獲獎演說辭《文學的理由》。儘管寫作時已被巨大的榮譽所籠罩，而且是站在歷史的崇高講壇上，但此文的表述仍然是冷靜的。有人說，演說太政治化了，這完全是一種誤讀，高行健所選擇的立場恰恰是徹底的文學立場。他所闡釋的文學的理由，是古往今來文學存在的理由，即人何以需要文學的理由，也是在當今世界向物質利欲傾斜時保持文學尊嚴的理由。二十世紀，文學一直面臨政治與市場的雙重壓迫，這種壓迫導致世界性的精神萎縮與人文頹敗，在此歷史情境中，作家要

獲得主體自由是否可能？文學能否保持自身的尊嚴？高行健對此
作出了積極的回答，認定這是可能的。因爲自由不是向政治權力
祈求恩賜，也不是買來的，它完全取決於自身：「說佛在你心
中，不如說自由在你心中」。儘管商業的潮流難以抗拒，但個人
可以在「此時此刻」爭得自由的瞬間充分表述，而人的驕傲就在
這種自由表述中。高行健的這種哲學態度，不盲目樂觀製造幻
想，也不悲觀絕望，更不頹廢，他悟到的作家的自由之路，是多
種困境中的一條最有效、最積極的道路。

2001年3月11日

第四輯　散篇

（寫於2000-2003年）

新世紀瑞典文學院的第一篇傑作

高行健的作品是傑作。瑞典文學院作出抉擇，把諾貝爾文學獎授予高行健，這一行為本身，也是一大傑作，而且是新世紀新千禧年的第一篇傑作。這是因為，瑞典文學院在今天利慾橫行的世界裡，它通過自己的選擇，旗幟鮮明地支持自由寫作、自由表達的權利，表彰了最具文學立場、最具文學信念的作家，有力地肯定了人性的尊嚴與文學的尊嚴。

我對高行健一直評價很高，認為他是一個全方位取得卓越成就的作家與藝術家。他對文學的酷愛，他對藝術的敏銳感覺，他對自由的執著追求，他為了贏得自由寫作的權利而不斷地從「主義」和「集團」中逃亡，他數十年在文學藝術中的沉浸狀態與孤島狀態，都是異常動人的。以往我與朋友談起高行健時，總愛說一句話：這是一個「最最文學狀態」的人。他寫作只為了自救，決不迎合時勢，也決不迎合讀者，他和我說得最多的一句話是：「退出市場」。他說到做到，身體力行。在《靈山》每年只賣出幾十本的情況下，仍然堅持自己的文學信念，不怕孤獨與寂寞，寫出了《一個人的聖經》。這部新長篇的寫法與《靈山》完全不同，但仍然極為冷靜，接觸到的雖然是現實的根本，但沒有任何煽情與矯情。他所寫的是刻骨銘心的苦難，但它沒有譴責與

控訴，只有平靜的觀照與詩意的表達。

　　二十世紀與二十一世紀之交，人間世界的經濟與科學技術高度發展，人慾橫流，物質主義氾濫，無論是官方還是民間，都被急切的功利所驅使，許多作家也被捲入市場的潮流之中，遺忘了一個作家和詩人原初的、寶貴的寫作目的與寫作狀態。在這種歷史潮流下，高行健執著的個人化的寫作立場與精神，就顯得特別寶貴；而瑞典文學院能發現這種精神及其相應的文學成就，真是獨具慧眼。可以說，瑞典文學院這一選擇，包含著二十一世紀的未來信息，即優秀人類對新世紀的美好憧憬與期待。

　　這裡我要特別表示對瑞典卓越漢學家馬悅然教授的敬意，他正是一個無條件地維護作家尊嚴與作家自由寫作權利的學者與衛士。自1987年相逢至今，他給我最深刻的印象是他對中國文學具有宗教般的虔誠與摯愛，這種宗教情懷燃燒了整整半個世紀。他從青年時代到中國考察方言開始，數十年如一日地沉浸於中國語言學與中國文學的研究、翻譯之中，他不僅翻譯了從魯迅、沈從文、艾青到李銳、北島等一千多種現代和當代詩歌、小說，而且翻譯《水滸傳》與《西遊記》這兩部中國古典文學鉅著，可謂嘔心瀝血。1992年至93年，我在瑞典斯德哥爾摩大學擔任客座教授時，他正全神貫注於《西遊記》的翻譯之中。每譯完一章，他都會高興得像小孩一樣地告訴我：又譯完了一章了。他每次相告時，總是對我提起在那一章有些什麼古怪的詞彙或名稱折磨過他，但說到孫悟空在空中撒一把尿化作一場大雨時則哈哈大笑起來。他是中國人的「女婿」，但他不僅把愛獻給中國女子陳寧祖

大姐,而且把愛把生命獻給了中國的詩歌、小說與戲劇。他不像一些文學史作者,只會對人所共知的明星作家進行「英雄排座次」,而是進行辛勤的閱讀,以自己的眼光去發掘眞正有文學質量的作家,高行健就完全是他在閱讀中發現的。從戲劇進入小說,他翻譯了高行健十八部劇作中的十四部,還翻譯了長篇小說《靈山》與《一個人的聖經》及許多短篇。他作爲中國文學的摯友與知音,通過夜以繼日的工作,通過對高行健作品的翻譯,表達了他對漢語的深厚之情與對中國文學的無限傾心。高行健雖然懂得法文,但寫作全用漢語(只有幾部劇作用法文寫成),如果不是馬悅然和其他法文、英文譯者的勞動,他的作品就無法被瑞典文學院充分認識。

瑞典文學院經歷了一百年的世界性文學評獎活動,這是非常艱巨的工作。在一百年的評選中,每年都有遺珠之憾,一個世紀中的卓越作家,絕對不只是他們評選出來的一百個。除了一般的「遺珠」,瑞典文學院還發生過遺漏托爾斯泰、卡夫卡、喬伊斯的失誤。然而,應當公正地說,瑞典文學院在評選中未曾出現過荒唐的事。那位被人們常作爲例子來說明的瑞典文學院「錯誤」的賽珍珠,也許弱些,但畢竟也是傑出的作家。她的八十多部作品及其代表作《大地》等,其價值都是難以抹煞的。一百年來,獲獎的作家在政治傾向上有些屬於左翼,有的屬於右翼,但不管是流亡者索忍尼辛還是蘇共中央委員蕭洛霍夫,都是眞正的文學家。文學水平、文學質量,始終是瑞典文學院的絕對原則,至於作家在現實層面選擇何種政治立場,那是作家的自由權利,他們

絕不干預。

1998年瑞典文學院把獎項授予葡萄牙的左翼作家、持不同政見的薩拉馬戈，但葡萄牙政府得知獲獎消息後立即宣布放下分歧，表示熱烈祝賀，並同自己的人民一起歡呼、歡慶「葡萄牙語的勝利」。他們知道，這個經受近百年考驗的、在全世界人民心目中擁有崇高威信的瑞典文學院，把文學獎授予葡萄牙的一個偉大兒子，這是葡萄牙文化的光榮。這種民族的自尊心，幾乎是一種本能，至少是原始情感。

高行健是個視野與情懷非常廣闊的作家。他的體驗在中國，寫的是中國，但他又不侷限於中國。在中國題材之中蘊藏著對人類生存困境、人性困境的普遍關懷和對人的存在意義的大叩問，既激動中國人的心，也激動西方人的心。然而，他畢竟是一個用漢語寫作，即用我們的母親語言寫作的作家，他的作品浸滿中國的禪味和母語的韻味。因此，他的成功，是我們母親語言的一次勝利。一切具有中華民族情感的人，都會由衷地感到高興，並感謝瑞典文學院超越語言障礙的踏實工作。

瑞典文學院的諾貝爾文學獎與物理獎、化學獎、醫學獎、經濟獎、和平獎等，已和奧林匹克運動會一樣，成爲人類共有文明的一部分。它在二十一世紀的第一年也是千禧年的頭一年，所寫的關於高行健這精彩的一筆，不僅令中國人感到由衷喜悅，而且也爲人類的共有文明增添了光彩。在今後一百年人類社會即將展示的精神大網絡裡，這一筆將會愈來愈顯示出它的巨大的人性

意義與人文意義。

原載於《明報月刊》2000年11月號

獨立不移的文學中人
──在香港城市大學歡迎高行健演講會上的致辭

　　城市大學和《明報月刊》兩家主辦機構都要我介紹一下高行健。但是，要在十分鐘之內介紹清楚是很難的，這不僅因爲高行健已名滿天下，而且還因爲他的作品相當深奧，尤其是他的《生死界》、《對話與反詰》、《夜遊神》、《八月雪》等後期戲劇作品。美國的戲劇大師奧尼爾把現代戲劇傳統歸結爲人與上帝、人與自然、人與社會以及人與他人等四種主題關係，而高行健卻創造了「人與自我」的第五種關係，並在戲劇與小說中精闢地表達了與沙特「他人即地獄」相對應的另一哲學命題：自我即地獄（參見高行健的《沒有主義》和萬之《〈高行健劇作選〉序》）。他是一個對尼采「自我上帝」和二十世紀藝術革命（以思辯代替審美）進行全面質疑，並全方位創造出人性圖像的國際級大作家。

　　高行健獲得諾貝爾文學獎之後不久，法國總統希拉克發表公告，宣布親自提名授予高行健「國家榮譽騎士勳章」，並親筆寫信給高行健，說明這項決定是爲了「感謝您這偉大的作家」，「感謝您一生追求自由不息，您傑出的成就與天才讓我們的國家感到光榮」。與此同時，愛格塔市、愛克斯市、聖愛爾布蘭市、阿維農市等四個城市宣布授予高行健「榮譽市民」稱號和城徽，

而戲劇家、藝術家工會則集會向高行健致敬。法國是個文化榮譽感極強的國家,他們的「先賢祠」、雪茲神父墓地、蒙特滿翠墓地,都以最高的敬意銘刻著法國偉大思想家與文學藝術家的名字。記得先賢祠上還寫著「祖國感謝你們」,法國的確對那些為法國和為人類創造過精神業績的天才充滿感激,他們知道,正是這些天才代表著法蘭西的驕傲和鑄造了法蘭西不朽的靈魂的天空。現在,正當整個世界向著物質傾斜的時候,法國更是充分發現高行健的意義;因此,它又以謙卑的態度,感激高行健以中國文學豐富了法國文學。今天,我們在這裡歡迎高行健,也反映了我們的祖國的感激之情。我相信,我們的文化意義上與情感意義上的祖國,我們的方塊字意義與黃土地意義的祖國,永遠會感激高行健這個出生於江西贛州的赤子,感謝他為祖國結結實實地創造了一座文學藝術豐碑,並且為祖國贏得一個時間、空間和任何力量都抹殺不了的巨大榮譽。2000年諾貝爾文學獎雖然發給高行健,但首先是發給方塊字與漢語的。高行健用自己的天才證明:我們的象形文字並未衰竭,我們的母親語言雖然古老但充滿年輕的活力,它可以寫出這個星球上最漂亮的小說、戲劇和理論文章,可以打破滄海之隔與國界之隔而走進世界上不同民族、不同生命個體的情感深處。

二十年前,我就認識高行健。認識之後,就一直欽佩。他給我留下三個特別的印象:第一,很有思想,而且思想非常透徹。他藉助「禪」直指人心,直指人性,直指「自我」,從小說、戲劇、藝術理論各個角度對自我進行質疑和冷觀,以及確認

人的弱點的合理性和確認「此時此刻」的有效性等思想,都給我很大的啓發;第二,他的學問很廣博,胸中有一個精神十字架,縱向的兩極是中國的「古」與「今」,橫向的是世界的「東」和「西」,而且東西南北的文化氣脈完全被他打通,他深刻的懷疑主義,他的兩部長篇和《八月雪》等戲劇,顯然給西方文學藝術界注入一股清風;第三,他總是處在一種典型的文學狀態之中。最近我在明報出版社出版的《論高行健狀態》一書,論證的就是文學狀態。什麼是文學狀態,有些作家並不明確,但高行健很明確,這就是獨往獨來、獨思獨想的狀態,就是非功利、非功名、非世故的狀態,就是逃離政治糾葛、逃離市場擺佈、面壁十年、數十年的個體精神沉浸狀態。二十世紀的卡夫卡、喬伊斯、卡繆、福克納、普魯斯特等就屬於這種狀態。處於這種狀態的高行健,對貧窮沒有感覺,對花花世界沒有感覺,對權勢地位沒有感覺,但對大自然、對音樂、對語言、對人間苦難的感覺卻極爲敏銳,折磨他的只有文學藝術問題而沒有其他世俗問題。

這種狀態使他到了海外之後精神家園不斷擴大,也使他不斷地向內心深處挺進。他的代表作《靈山》正是一部內心的《西遊記》,表面上寫的是江湖上的身遊,實際上是尋找精神彼岸的神遊。他的另一部代表作《一個人的聖經》,觸及的是現實的根本,是文化大革命這場最殘酷的政治鬥爭,但他卻沒有控訴、譴責與痛心疾首的亢奮。冷靜表述的,是東方人與西方人的生存焦慮,是內心最隱秘的屈辱、羞恥、驚慌、迷惘與絕望,是物理空間、心理空間、潛意識空間的全面變形變態,從而使小說在表現

現實的力度與揭示人性的深度上都達到世界文學的巔峰水平。而他的戲劇的內在圖像與形而上氣息（禪意），則是世界戲劇史上罕見的。即使是他的繪畫，也是他的心像。他用心睹物，並非用眼觀物。除了可視，我們還可以聽到畫中心脈的顫動。

我以研究中國文學為職業，努力跟蹤當代文學的足跡，但很少見到別的作家像他具有這樣強的小說藝術意識和戲劇藝術意識。一百年前梁啓超提倡新小說的時候，把新小說提升到造成新國民、新社會、新國家的救世工具和歷史槓桿的地位，卻只有小說觀念而沒有小說藝術意識。當代中國小說家太浮躁，也少有充分的藝術意識。高行健真正把小說和戲劇視為兩門藝術，因此他下功夫探索漢語的表述魅力，不遷就任何習慣性的寫法和閱讀心理，創造出以「人稱替代人物」的新小說文體和「演員——中間狀態——角色」的戲劇文體及「表演三重性」和「中性演員」的戲劇表演體系。他把自己的創作命名為「冷文學」，無論在小說中還是在戲劇中都有一雙中性的抑制自我迷戀或自我膨脹的眼睛。冷靜，的確是高行健創作的總特色。然而，冷靜，並不是冷漠，也不僅是一種寧靜的、自甘寂寞的態度，而且是一種大觀照的審美方式，一種把酒神精神壓縮在心底而讓日神精神凝聚於筆端的自我滿足的境界。冷靜所表明的是一種不受時代潮流所左右的人性尊嚴與文學尊嚴，是懸擱浪漫情緒、浮躁情緒、控訴情緒和抒情筆調的藝術大自在風度。這是雪的火炬與夜宇宙的光明，這種熱而不熱、愛而不愛、怒而不怒，把人間的大關懷化入藝術的冷文學，是高行健對整個人類文學藝術的卓越貢獻。

　　高行健今年60歲，他的人生歷史是由一個一個的方塊字和某些法蘭西文字構成的，而不是行為構成的。他是一個文學中人，而不是文壇中人。換句話說，他是一個心性極端瀟灑自由卻幾乎沒有行動能力的人。他的人生行為只有兩項，一是捲入文化大革命，二是逃亡。前一個行為是一次大磨難，這次磨難使他經歷了一次但丁式的地獄之行，也使他如在太上老君的煉丹爐中磨練了整整十年，後一個行為則使他從煉丹爐中跳出來。磨難使他獲得深度與刻骨銘心的洞察力，從大熱爐中走出來之後，又使他獲得大冷靜與思想的韌性。不管是磨難還是成就，都不會改變他的淳樸的平常之心，也不會改變他的以寫作為主題的生存方式。總之，高行健的歷史不是行為的歷史，而是文字創造的歷史。因此，要了解高行健，只能去讀他那些精彩的文字，這些文字正在新世紀中並在世界的範圍裡創造著他的千百萬讀者，讓我們也成為他的一個好讀者。

原載於《明報月刊》2001年3月號

最具活力的靈魂
──《靈山》（香港版）序

（一）

　　高行健獲得諾貝爾文學獎，這是漢語寫作的勝利，是中國現代文學的破天荒的大事件。所有真誠熱愛中國文學的人都會感到高興。作為高行健的摯友，我當然更是特別高興。

　　高行健的得獎，我並不感到意外，而且也知道，他所以得獎，絕非政治原因。了解行健的人，都知道這個慢吞吞、捲著煙絲過日子的人，內心豐富得讓人難以置信。二十年來，每次與他促膝談心，聽他說話，都如聞「天樂」，都使我感到面前坐著的是最有活力的靈魂。他的文學著作與戲劇論，從《現代小說技巧初探》（1981）、《對一種現代戲劇的追求》（1988）到《沒有主義》（1995），講的全是新話。而他的創作，從長篇小說《靈山》、《一個人的聖經》到《絕對信號》、《車站》、《冥城》、《山海經傳》、《八月雪》等十八部劇作，每一部都充滿新意。如果認真地讀完他的全部作品，就會感到這些作品的作者，是一個真正自由的人，一個渾身燃燒著熱血但筆端卻極為冷靜的人，一個高舉個性旗幟卻拒絕尼采式的個人主義的人，一個勇於質疑社會卻更勇於質疑自我的人，一個不斷創新卻又最守漢語法度的人。我早就發覺，在他身上，有一種區別其他作家的東西，有著

一種最積極、最正直的心靈狀態——以審美的心靈覆蓋一切的狀
態。

　　他選擇逃亡之路，也並不是政治原因，而是美學原因。在
中國當代作家中，他的「退回個人化立場」的意識覺醒得最早也
最強烈。他認爲，作家必須「退回到他自己的角色」中，而要完
成這種退回，就必須逃亡，從「主義」中逃亡，從「市場」中逃
亡，從「集團」中逃亡，從政治陰影中逃亡，從他人的窒息中逃
亡。逃亡到社會的邊緣，當「一個局外人，一個觀察家，用一雙
冷眼加以觀照」。「不順應潮流，不追求時髦。只自成主張，自
有形式，自以爲是，逕自找尋一種人類感知的表述方式」。這種
充分個人化的立場，使高行健拒絕另外兩種角色：「人民的代言
人」與「社會的良心」。

　　拒絕成爲社會的良心，不是沒有良心，而是強調個人的良
心，強調中性的眼睛注視自我和用作家自己的良知寫自己的作
品。因爲拒絕上述兩種角色，所以他發出的聲音，更是充分個人
化的聲音。馬悅然說高行健的創作每一部都是好作品，最重要的
秘訣就在於他站在充分個人化的立場上發出眞正屬於自己的聲
音，包括那些對自己的人民熱切關懷的聲音。

（二）

　　充分的個人化立場使高行健的創作超越種種蒼白的概念、
觀念與模式，而讓自己的寫作充滿實驗性與原創性。他是中國當
代實驗戲劇的首創者。有些評論者以爲，他摹倣西方現代戲劇，

其實不然。他的試驗戲劇恰恰發端於中國傳統戲曲和更爲原始的民間戲劇。他將唱念做打和民間說唱的敘述手段引入話劇之中，又吸收了西方當代戲劇的一些觀念與方法，創造出一種現代的東方戲劇。他的戲劇時間與空間的處理極爲自由，常常將回憶、想像、意念同人物在現實生活中的活動都變成鮮明的舞台形象，並且力圖把語言變成舞台上的直觀，使之具有一種強烈的劇場性。國內外的一些評論稱他爲「荒誕派」並不貼切，他其實是對戲劇源起的回歸，並非是反戲劇，這些試驗戲劇走的是一條與西方戲劇完全不同的新路。

　　這裡的關鍵，是寫作時要找到一種可以蘊含著巨大歷史內涵的現代詩意形式。高行健的辦法是進入現實又從現實走出來，然後對現實進行冷眼靜觀，靜觀時不是用現實人的眼光，而是用具有現代意識與哲學態度的現代人的眼光。有了這種眼光，就可引出一番對世界的新鮮感受和對普遍人性的深切認識。所以，我在去年給《一個人的聖經》所做的「跋」中，說這部小說洋溢著一個大時代的悲劇性詩意，並說高行健有種「化腐朽（齷齪現實）爲神奇（詩意）」的本領，這種本領使他在上世紀最後一個年頭完成了一部里程碑式的鉅著。

　　高行健雖有天才的活力，但他所仰仗的還是堅韌的毅力。他從八歲開始，就每天寫一則日記，從外部日記寫到內心日記，一直寫到文化大革命時爲止。文革開始後，爲了避免危險，他燒掉幾十公斤的手稿，除了劇本、小說、論文、長詩的手稿外也燒掉日記的手稿。還有一些手稿則藏在他自己挖掘的地洞裡，上邊

蓋上泥土，放上水缸。去年他寫作過於勞累，病危以至送入醫院
搶救，但一出院便又進入寫作。《靈山》中有幾段散文詩式的表
述，他寫了數十遍。他的成功，完全是五十年來一直沉浸於審美
狀態與寫作狀態的結果，這種長期的沉浸，使他確立了一種高品
質與高視野，這是任何庸俗評論者用政治語言解釋不了的品質與
視野。

原載《明報》世紀副刊，2000年10月16日

法蘭西的啓迪

　　高行健獲得諾貝爾文學獎之後，法國從上到下的熱烈反應很讓我感動。幾個月裡，他的長篇小說《靈山》和《一個人的聖經》每星期的銷售量高達一萬五千冊，政府各級首腦給他的信誠摯而富有詩意。總統希拉克親自提名授予他國家榮譽騎士勳章，並在通知的函件中表達了這樣的感情：「感謝您這偉大的作家，感謝您一生對自由追求不息，您傑出的成就與天才令我國感到榮耀。」與此同時，許多城市與大學紛紛授予他榮譽稱號，尤其難得的是法國第二大城市馬賽市也授予他榮譽市民的稱號。兼任參議院副議長的馬賽市市長多丹，在授勳儀式上熱情地對高行健說：「從此之後，馬賽就是你的城市。」

　　比馬賽市更早授予高行健城徽的阿維農市，花費一百萬法郎（折合約十三萬美元）為高行健舉辦大型繪畫回顧展，並提供該市最著名的展覽館——主教宮作為展出地點，而時間又選擇在國際戲劇節期間。阿維農市以每年夏天舉辦國際戲劇節而聞名全球，今年的戲劇節從七月上旬開始，參演與觀賞的人數預計六十萬。這次戲劇節除了上演《生死界》和《對話與反詰》兩部戲，還有高行健作品的一系列朗誦會，包括配樂朗讀，演出他接受諾貝爾文學獎的演說辭《文學的理由》。

　　法國最高級的劇院——法國喜劇院也決定2003年演出《周
末四重奏》。這個劇院只演經典劇目，不演尚在人世的劇作家的
戲，貝克特與惹奈的劇作也是在他們去世後才演出的。

　　在阿維農市主教宮的回顧大展中，高的新作《另一種美學》
與畫作一起合璧出版（有三種文字的版本，已出意、法兩種）。
這部新著對二十世紀以理念代替審美的藝術革命進行全面質疑，
可說是對西方當代藝術主潮的一次真正挑戰，直接針對也在法國
流行的時代病症。我曾猜想，高行健的東方境界水墨畫和他的挑
戰性理論同時發出，一定會引起法國當代主流藝術評論的反感。
可是，沒想到，法國《世界報》的首席藝術評論家菲利浦‧達蘭
（Philippe Dagen）寫出長篇評論，認為高行健的繪畫確實獨特，
其藝術構思與藝術精神確實完整。菲利浦‧達蘭是法國當代藝術
的權威批評家，《世界報》又是法國最大的報紙，他們對高行健
的藝術觀念與藝術實踐如此理解與支持，這固然是高行健的成
功，但也說明，法國藝術評論的水準的確很高。

　　我在這裡陳述數字與事實，不是為高行健，也不是為法
國，而是為我的祖國。我坦率地希望我的祖國能從法蘭西那裡得
到啓迪：一個偉大的國家應當有高度的文化榮譽感，應當敬重每
個生命個體精神價值創造的成就。文化是超越於政治的一種獨立
存在，尊重這種存在一直是法國的偉大傳統。大啓蒙家伏爾泰曾
為他的祖國擁有這種傳統而無比自豪。他在《論應該尊重文人》
（《哲學通訊》第二十三封信）中說，英國有一優良傳統，「便是
這個民族對所有天才的尊敬」，人們走到威斯敏斯特墓地，瞻仰

的不是國王墓，而是這個民族為牛頓等偉人豎起的紀念碑，「以感謝他們對民族榮譽做出的貢獻」。但他又驕傲地說：「無論在英國，還是在世上任何其他國家，人們都找不到像在我們法國那樣重視藝術的機構。」高行健就生活在高度重視藝術的大傳統陽光下，因此，儘管他用漢語寫作，但法國覺得這位居住在他們土地上的文學巨子用中國文學豐富了法國文學，他們應為此而驕傲，他們衷心地珍惜這份光榮。

法國文化榮譽感所派生出來的另一種高貴的文化品質，給我更大的啓迪，這種品質就是對同行傑出者的衷心欽佩。用北京老百姓的語言來表述，就是：「你行，我就服了。」該服氣就服氣，服了就沒有嫉妒，沒有仇恨，沒有機心，沒有吹毛求疵，沒有玉中求瑕。政治傾向不同，成就估量不同，但沒有誹謗中傷，沒有卑劣的動機，沒有骯髒卜流的語言，沒有企圖把諾貝爾文學獎「埋葬一萬次」的野心，沒有藉打擊卓越者以抬高自己的花招與謀略，所有評論文字都是乾淨的，所有評論者的人格都是光明的。

新文化運動的先鋒雜誌《新青年》1915年9月在上海創刊時的開卷文章是《近世文明與法蘭西民主》，嚮往的是遙遠的法蘭西文化。八十年後，高行健為中國新文化也為法國文化爭得巨大榮譽，他沒有辜負母親的語言，也沒有辜負法蘭西精神。

面向歷史的訴說

12月7日，高行健在瑞典皇家科學院發表題為《文學的理由》的獲獎演說。這篇漢語演說在發佈之前已譯成世界上各種主要文字，講話時又同步翻譯。因此，可以說，除了離文學與自由太遠的耳朵，全世界都在傾聽。

儘管我熟知高行健的文學思想與文學立場，但傾聽之後還是難以平靜。一個兄弟般的朋友，一個曾像小偷把稿子裝在罐中埋入地下的朋友，卻贏得一個最莊嚴的歷史瞬間，在一個舉世敬仰的講壇上向人類訴說心聲，這一故事本身，就蘊含著說不盡的意義。

雖然高行健完全知道，獲得最高的文學桂冠並不等於進入最高的文學境界，至高的境界永遠深藏於文學作品之中。但高行健知道，這是一個歷史性講壇，中國作家在一百年的漫長歲月中只得到一次在此說話的權利，必須鄭重地說。因此他的講話不選擇幽默的基調，而選擇論述的方式。雖是論述，卻處處跳動著他個人生命體驗與藝術體驗的內在脈搏，從而表現為「個人面向歷史訴說」的散文特點。所謂「文學的理由」，最根本的理由在於，「當歷史那巨大的規律不由分說施加於人之時，人也得留下自己的聲音」，「人類的歷史如果只由那不可知的規律左右，盲

目的潮流來來去去，而聽不到個人的聲音，不免令人悲哀」。人類之所以還需要文學，正是在歷史潮流的撞擊中「可以保留一點人的驕傲」。經受不幸與屈辱所打擊的民族與個人，尤其能了解這點驕傲的價值。

高行健通篇講話討論的正是在當今歷史場合下，實現人的尊嚴與文學的尊嚴是否可能，即保持一點人的驕傲是否可能。從二十世紀的歷史中，可以非常明白地看出，文學承受著雙重的壓迫：政治的壓迫與市場的壓迫。在雙重壓迫下的作家要獲得主體自由是否可能呢？高行健的回答是可能的。他告訴我們：能否取得自由，完全取決於自身。自由不是向政治權力祈求恩賜，也不是買來的，它取決於作家的生命狀態與心靈狀態。「說佛在你心中，不如說自由在你心中。」高行健的作品也正是這樣暗示：任何專制權力都是建立在人性的弱點之上，人心的黑暗導致政治的黑暗，政治的黑暗又製造人心的黑暗，兩者互為因果。文學藝術與專制權力相反，它恰恰以人性的光明燭照人心的黑暗，從而使人的尊嚴和自身的尊嚴成為可能。

有些朋友曾說，還是要下海賺錢才可能安心寫作，但是高行健不這麼想。正如他正是在文學做不得的專制年代才充分認識到文學的必要一樣，也正是在流亡海外、過著貧窮生活的時候才充分地守住文學的尊嚴。即使在「囊無一錢守」的日子，他也決不去迎合市場與讀者。「文學並非暢銷書與排行榜」，他從不生活在暢銷與明星效應的幻相之中，人的驕傲與寫作的驕傲正是在文學與市場拉開距離之後。

　　實現文學的尊嚴，除了作家自身的心靈狀態之外，還有一條同樣重要的東西，這就是寫作的眞實、眞誠原則。高行健在講演中說：「眞實是文學顚撲不破的最基本的品質。」又說：「對作家來說，眞實與否，不僅是個創作方法的問題，同寫作態度也密切相關。筆下是否眞實同時也意味著是否眞誠，在這裡，眞實不僅僅是文學判斷，也同時具有倫理的涵義。作家並不承擔道德教化的使命，所以他們將大千世界各色人等悉盡展示，同時也將自我袒露無餘，連人的內心的隱秘也如此呈現，對於作家來說，幾乎等同於倫理，而且是文學至高無上的倫理。」這是高行健在諾貝爾崇高論壇上揭示的文學眞理，也是人的尊嚴、人的驕傲成爲可能最爲關鍵的所在。在謊言佈滿地球的今天，這一表述顯得特別精彩。而從文學理論上說，高行健在這裡把一個人們思考得很久但沒有想清的問題，即眞與善的關係問題說得格外透徹。點破了這一眞理，我們才可能理解喬伊斯、勞倫斯、納博科夫的文學價值，也才可能理解《紅樓夢》、《金瓶梅》的文學價值。

　　高行健的演講發表後，香港一些報導未能把握演說的整體風貌與視野，只是按照新聞效應的需要作片面的政治閱讀，從而把演講內容狹隘化了。實際上，高行健關於文學理由的表述，完全是面向歷史說話，也完全是面向整個人類社會在二十世紀的精神教訓說話，它不僅對東方訴說，也對西方訴說，它批評的是整個專制，而不是某個黨派。儘管高行健再三強調文學只是個人的聲音，但在此次講話中，他卻履行了知識分子的歷史責任。他的講話增加了我的信心：實現人的尊嚴與文學的尊嚴是可能的，文

學的理由正是人的驕傲不會在利慾泛濫中沉淪的理由。文學只會以人性的光明燭照黑暗，而不會被黑暗所吞沒。

寫於2000年12月12日，發表於《亞洲週刊》

高行健的第二次逃亡

　　一個純樸的、與世無爭的筆墨赤子，卻必須帶著最沉重的桂冠周遊世界，這是異常辛苦的。難怪他一再說：這不是我的正常狀態。高行健即將來香港接受中文大學授予的「榮譽博士」稱號，這可能是他的「光榮旅程」的句號。至於12月份他到瑞典參加慶祝諾貝爾獎設立一百週年紀念活動並將發表長篇演說，那是新的崇高的工作。他感到獲獎的意義就在於能在一個億萬人願意傾聽的歷史講壇上，發出自由而真實的聲音，純屬個人的又可與人類心靈交匯的聲音。

　　儘管他到處奔走，但我們總是能在電話裡好好說一些話，最讓我感到奇怪的是，繁忙並沒有使他的思想疲憊。「要走出老問題」，「要尋找新的地點」，他總是這樣激勵自己，其實也是激勵我。每次談完話，我就覺得，這世界已沒有什麼力量可以阻擋他了，包括巨大的榮譽。至於那些刻意的貶抑、攻擊和中傷，更不能進入他的聽覺與視覺。他知道不遭嫉妒是不可能的，而且也確實沒有時間理睬那些無價值的喧嘩。我更知道，諾貝爾文學獎倘若授予一個外星人，人們不會有意見，而授予高行健，則會沖淡他們的「光輝」。瑞典文學院去年在地球北角發出的那一道光，照亮了高行健的名字，也照出了許多陰暗的世相與心思。

　　無論是讀行健的作品，還是和行健聊天，我都感受到一股語言的清風。我不是一個赤手空拳的人，著作的數量比行健還多，但我覺得自己不如行健。今年2月到新加坡時，有記者問：「你和高行健有什麼不同？」我說：「我會寫論文、散文，這些高行健都會，可是高行健會創作出那麼精彩的小說、戲劇、繪畫，還會導演，我卻不會。」這是真的。但我們有一個共同點，就是喜歡作靈魂的旅行。我們都把靈魂的大門打開了，打開給讀者看。我們不去迎合讀者，但給予讀者最高的尊重，這就是獻給讀者以真誠和真實，絕不欺騙讀者。不錯，至善至美就在至真之中。和行健談話，總覺得他在遙遠的塞納河畔和地中海邊的靈魂是敞開著的，既不媚俗，也不媚雅，既不媚東方，也不媚西方，全是魂魄的真實。讀他的《靈山》，可以聽到他的靈魂之旅的足音，所以我說它是「內心《西遊記》」；讀他的《一個人的聖經》，則可聽到他的靈魂斷裂的呻吟與叩問，所以我說它是「時代《黑暗傳》」。高行健比許多文采斐然的作家還強出一點的，正是在他的文采背後，還有一個靈魂的維度，一個經得起分析和闡釋的精神單位。

　　一個充滿靈魂活力的人，是不能生活在世俗世界的榮耀之中的。所以9月下旬他到台灣舉辦畫展前夕，特別告訴我，他將作第二次逃亡，此次逃亡是從公眾形象的光環中逃亡，從鮮花、獎品與桂冠的覆蓋中逃亡。這是我意料之中的，高行健的本性、根性是不會改的，沒有什麼力量可以改變它。只有在文學藝術中，他才感到自己是真實的存在，才得「大自在」。他深知作家

的失敗，就在於內心力量不足以抵禦外部力量的壓迫和誘惑。正像第一次逃亡一樣，逃亡不是革命，而是自救，不是退卻，而是守衛與前進。他在第二次逃亡中將守住生命中的那點幽光，那點使他的天才源源不絕地轉化爲小說、戲劇和繪畫的幽光，那點幫助他感受外部世界和推動他向內心世界不斷挺進的幽光，那點支持他面對荒誕世界仍像唐吉訶德頑強進取的幽光。這點幽光，是他上下求索之後而找到的「靈山」，他必須守護它，並讓它在巔峰上放出更奪目的山光與山色。

原載《明報月刊》2001年11月號

經典的命運

　　下筆寫作《後記》的時候，浮上腦際的名字首先不是高行健，而是卡夫卡、喬伊斯、巴斯特納克。卡夫卡死於1924年，他臨終前委託朋友燒掉他的稿子，但這位朋友背叛他的囑託，因此我們才能讀到卡夫卡的經典作品。他生前只是一個小職員，沒有人認識他的天才，默默寫，也準備默默死，伴隨他的，只有被稱為「寂寞」的無形怪物。喬伊斯比卡夫卡命運好一些，但也幾度潦倒得幾乎寫不下去。1922年《尤里西斯》首度在巴黎莎士比亞書屋出版後就遭麻煩，兩度進過法庭。美國郵政當局曾查禁刊有該書片斷的雜誌，英國則查扣、焚燬了倫敦出版印行的《尤里西斯》。直到1933年，美國地方法院法官約翰·吳爾塞才判定此書的發行符合美國法律。三年後，英國才首次公開出版。至於巴斯特納克，他的經典作品《齊瓦哥醫生》，在故國根本無法出版。1957年首度以義大利文問世，1958年才有英文譯本。1959年獲得諾貝爾文學獎後，為了能在故土存活下去，宣布放棄獎金，次年則憂鬱而死。

　　比起上述經典作家和他們的經典作品，高行健的命運好得多，但是，他的代表作《靈山》與《一個人的聖經》，也只有台灣的聯經出版公司能夠容納，而《靈山》出版後每年只能賣出幾

十本。他的全部著作，十幾年來一直被故國禁止出版，獲得諾貝爾文學獎後仍然禁止出版。更使我驚訝的是，《香港文學》雜誌曾約我寫一篇關於高行健的文章，我應約寫就後，責任編輯通知我，說有關的頭頭「不敢表態」，無法刊登。處於「一國兩制」時期的香港刊物，竟然和大陸的權勢者一起拒絕高行健，害怕這個異端會給自己招惹麻煩，這是怎麼回事?!一個文學刊物的刊格可以這樣卑微嗎？香港一個世紀言論自由的權利可以這樣輕易地扔掉嗎？這件事情使我對香港有了新的認識：那些出賣自由權利、把「兩制」變成「一制」的並不一定是來自政治強權，而首先是來自香港那一些見利忘義的「文藝工作者」和膽小的文藝商人。

幸而香港還有道義在，還有自由在，還有明白的頭腦與文學良心在。高行健獲獎消息公佈後，全香港的媒體幾乎一致歡呼，就是明證。本書《論高行健狀態》能在香港及時出版，全仰仗於明報出版社的潘耀明先生、林曼叔先生和彭潔明小姐。他們真的熱愛文學，真的為漢語寫作的勝利高興，在母親語言藝術贏得歷史性榮譽時，他們天然地高興，絕不會想到出版評論高行健的書會遭到「上頭」的譴責。香港還不至於這麼黑暗，大陸那些不明白的腦袋終究也會明白，而最重要的，是此時此刻應當為中國文學灑一滴汗水，在一個美好的歷史瞬間留一點光明的痕跡。

高行健此次獲獎，意義非常。往日無處可說時我就憋不住，老想說，現在許多報刊學校讓我說，自然就要痛快地說一回。1983年，我和妻子帶著五歲的小女兒去看《車站》，行健和

林兆華等在門口。看完戲後，我對妻子說那個「沈默的人」就是高行健，他已離開那個總是等待著的集體意志，走自己的路了。「沈默的人」最後在戲場裡從低處走向高處，一直走出場外，這也預示著行健後來的命運。1989年我出國後，第一星期就在巴黎和行健見面，他告訴我，此後最要緊的是抹掉心靈的陰影，走出噩夢。十一年來，我一直記住這句話。1997年他到紐約辦畫展，特地到科羅拉多看我。三天三夜，他一步也沒有踏出房門，只是推心置腹地談個沒完。每次和他交談，我的視野就進一步打開，陰影就愈少。朋友之交，靈魂互相撞擊，彼此都好，但我總覺得他給予我的，比我給予他的更多。我的一些評論推介文字不過是吶喊助陣，真正走在歷史前沿的，還是他的才華與文字。不過，他知道我看了《車站》、讀了《冥城》、《山海經傳》後是怎樣高興，也知道我讀了《一個人的聖經》的清樣後在電話裡興奮得如何叫嚷。作家本該亢奮，但他偏偏格外冷靜；思想者本應冷靜，但我偏偏老是抑制不住內心的翻騰。這一個多月來，我大約不會比他平靜。

出了這本書，算是了卻一樁心願，以後高行健的研究者將會很多，也一定比我閱讀、探討得細緻，此書只能算是引玉之磚。

此文係2000年香港明報出版社出版的《論高行健狀態》一書的「後記」

2000年11月11日於香港城市大學校園

第五輯 相關文章、資料

（寫於1998-2004年）

為方塊字鞠躬盡瘁的文學大師
——在香港城市大學歡迎馬悅然教授
演講會上的致辭

現在坐在我們面前的尊貴客人馬悅然教授，是大家所熟悉的，用不著多介紹。大家都知道，他是譽滿全球的瑞典學院院士，諾貝爾文學獎的資深評審委員，從東方到西方的學界公認的成就卓著的漢學家。2000年中國破天荒獲得諾貝爾文學獎，其得主高行健的百分之九十五著作，其中包括代表作長篇小說《靈山》、《一個人的聖經》、全部短篇小說和十八部戲劇中的十四部，都是由他翻譯成瑞典文的。從去年十月到現在，全世界的華人經歷了一次文學節日的巨大喜悅。在喜悅中，我們都以崇高的敬意注視著馬悅然的名字，哪怕是誣衊性的攻擊文字，也無法遮住我們的衷心尊敬的目光。

1992年，我被邀請到瑞典斯德哥爾摩大學東亞系擔任教職，在歡迎會上，斯大校長英格‧永森教授（Inge Jonson）宣布設立「馬悅然中國文學研究客座教授」的學術稱號，表彰馬悅然對中國文學研究的特殊貢獻，並宣布我是第一位擔任「馬悅然中國文學研究客座教授」的學者。我為自己的名字能與馬悅然的名字連在一起而感到光榮，但這不是因為馬悅然是個泰斗式的漢學家，更不是因為他擁有國際性文學評審的權力，而是因為他是一

個很淳樸的人,是中國人民的最真摯朋友,是從古到今的中國文學最熱情、最積極、最無私的知音與傳播者,是一個從青年時代開始就把青春、汗水、心血、才華以至全部生命和情意貢獻給方塊字的詩人與學者,是一個用宗教般的情懷對待漢語與漢語語言藝術的文學批評家。從遠古神話中的倉頡創造方塊字以來,我們看到過一些漢學研究的傑出學者,但還沒有看到一個像馬悅然教授這樣的從中國古代文學到中國當代文學都懷有如此深情並出版了五十多部翻譯書籍的外國漢學家。他所體現出來的對於中國語言的深情,在我心目中,一直是一種文化奇蹟。

　　1946年,正當他22歲的時候,為了聽取高本漢先生的「中國先秦典籍」的講座,從烏普薩拉大學轉到斯德哥爾摩大學讀書,但是當時的斯德哥爾摩大學雖有高本漢卻沒有漢學系,因此,馬悅然在校園內一時找不到棲身之所。可是,為了走進中國語言文學,他不怕餐風宿露,兩個月裡就睡在市內的公園和公共汽車的長椅上,從這裡開始他獻身方塊字的艱難事業。兩年後,他又帶著「漢語音韻學」的課題,到我國四川省北部整整兩年,廣泛地搜集了重慶、成都、峨嵋山、樂山等地的方言資料,並完成了漢語研究的學位論文。就在四川,他與後來成為他妻子的陳寧祖女士相逢,此後,他對妻子的愛與對中國文學的愛一直燃燒了整整五十年。1996年陳寧祖去世之後,他每天都到妻子墓地上去緬懷沉思。馬悅然教授對中國文學的酷愛,也正是這樣一種沒有古今界線、沒有生死界線、沒有國家界線、佔據整個心靈的永恆情感。在五十多年中,他研究了從《穀梁傳》、《公羊傳》到

《左傳》，從莊子、陶淵明、辛棄疾到聞一多、艾青等的中國文學，發表了二百多種關於中國文學的研究論著和文章。還翻譯了從荀子民歌到郭沫若、毛澤東、卞之琳、李銳、北島、楊煉、洛夫、瘂弦、商禽等的大量詩歌小說戲劇著作，譯作達七百種之多。其中包括《水滸傳》和《西遊記》這樣的巨大翻譯工程，也包括沈從文、高行健等現代作家代表作的翻譯工程和四卷本的《中國文學手冊》的翻譯和組織工程。爲了譯好《西遊記》，他對這部長篇鉅著進行了多年研究，發表了論文《〈西遊記〉中疑問句結構的責任界線》。僅《西遊記》的頭二十五章，他就發現一共有1016個疑問句，11個反疑問句。此外，這部小說中的詩詞就有750首，把詩詞中特殊句式和千萬個陌生的、古怪的名詞概念準確而不失文采地翻譯出來，其高難度是《水滸傳》和其他現當代作品所沒有的。從1992年到1993年，我有幸目睹馬悅然教授一章一章地翻譯《西遊記》，多次親眼看到他爲解決一個難點和完成一個章節而高興得像個天眞的小孩。近兩年，他在翻譯《一個人的聖經》、《萬里無雲》（李銳）、《台灣詩選》（與奚密、向陽合編譯）的同時，又指導自己的學生翻譯我國最偉大的作品《紅樓夢》。

馬悅然教授就是這樣一個爲方塊字而鞠躬盡瘁的文學大師，一個爲方塊字的興旺而樂、爲方塊字的困境而憂、把最深的情意獻給漢語即獻給我們的母親語言的偉大朋友。他和他的老師高本漢教授，是出現在斯堪地拉維亞半島的兩代漢學研究的豐碑。這一雙在北歐出現的春蠶，共同爲東方黃土地上的方塊字吐

了整整一個世紀的蠶絲，再現了讓世界的眼睛仰慕的中國語言文學織錦，爲中國古典文學與當代文學在地球上的傳播作了不可磨滅的貢獻。我相信，良知尚在的中國人民與中國文化史冊，一定會銘記馬悅然教授和他的老師高本漢先生的名字和功勳。讓我們以最熱烈的掌聲，對馬悅然教授表示崇高的敬意。

　　本文是作者在馬悅然教授的專題講座「諾貝爾獎與中文文學」上的歡迎辭

百年諾貝爾文學獎和中國作家的缺席

（一）

《聯合文學》編輯部從台北打長途電話約請我談論諾貝爾文學獎的時候，我猶豫了一下，並要求讓我考慮兩天再作決定。兩天之後，電話鈴準時響起，我答應了。

我所以猶豫，是因爲自己正處於非常寧靜和孤獨的讀書和寫作中。孤獨可以傾聽過去悠遠的聲音和今天深邃的聲音，在此心靈狀態中，我眞不願意談論一個熱門題目，另一原因是我深知這一題目中有許多陷阱。記得法朗士說過，文學評論乃是靈魂的冒險，瑞典文學院從事的是國際性的、大規模的文學評議事業，自然是冒險。而我要對此論評進行評論，就更難避免風險。邱吉爾在1953年獲得諾貝爾獎後對瑞典文學院說：「我引以爲榮，同時也承認有點懼怕。但願你們沒有出差錯，我感到你們和我雙方都冒著一定的風險。」（邱吉爾的獲獎演說，由邱吉爾夫人宣讀）果然，對於邱吉爾的獲獎，抨擊不斷，常有嘲諷之聲。中國作家葉靈鳳先生於1960年就在一篇文章中說：「1953年的文學獎金竟授給英國的邱吉爾，卻令人有點啼笑皆非了。」（《關於諾貝爾獎金》、《讀書隨筆》二集，北京三聯書店）我並不同意葉靈鳳先生的意見，但如果此時我說瑞典文學院選擇邱吉爾不僅沒有錯，

而且表明評選的文學見解別開生面，一定會遭到一些同行的非
議。談論這個題目更為尷尬的地方是，連已獲獎的作家本身，也
有兩位拒絕領獎。一位是英國大劇作家蕭伯納，一位是法國存在
主義哲學與文學的開山大師沙特。1925年蕭伯納在得知自己獲獎
之後，寫了一張明信片給評選委員會，說他還不至於窮得等候這
筆錢用，請他們改發給其他等著用的作家罷。但是，蕭伯納的發
獎儀式照常舉行，只是他沒有出席。而1964年沙特的情況更糟，
只好由瑞典院常任秘書安德森‧奧斯特林發表公告宣布「本屆頒
獎儀式無法舉行」。沙特本人在這一年10月24日通過《世界報》
發表聲明，說明他拒絕的最重要的原因是「不能接受無論是東方
還是西方的高級文化機構授予的文化榮譽」。一旦接受就會被
「機構化」，即被機構的性質所同化。更有意思是他不完全認同瑞
典文學院的獲獎評語，這一評語說：「由於他那具有豐富的思
想、自由的氣息以及對真理充滿探索精神的著作，已對我們的時
代產生了深遠的影響。」這段評語寫得很不錯，但沙特卻在聲明
中說：「瑞典文學院在給我授獎的理由中提到了自由，這是一個
引起眾多解釋的詞語。在西方，人們理解的僅僅是一般的自由。
而我所理解的卻是一種更為具體的自由，它在於有權力擁有不止
一雙鞋，有權力吃飽飯。在我看來，接受該獎，這比謝絕它更危
險。」（「聲明」後收入沙特自傳性著作《詞語》，參見《詞語》
中譯本第316～318頁，北京三聯書店）

　　冒險還來自另一方面，即一提起諾貝爾文學獎，就不能不
涉及到對中國文學的評價。差兩年便是整整一百年的這一世界文

學大獎,中國作家詩人為什麼完全缺席?這不是一個容易說清的
問題。1967年,瓜地馬拉的作家阿斯圖里亞斯在獲獎演說中稱讚
瑞典文學院選擇的獲獎作家已組成一個影響人類精神的家族,
「這個家族就是高擎著光明火炬的諾貝爾家族」,「隨著時間年輪
在一圈圈擴大,諾貝爾家族也將一代一代繁衍,最終把整個世界
變成一個大家族。」這是一個準確的、美好的比喻。可是,站立
在擁有數千年文化歷史土地上的中國作家,背後又是站立著十二
億同胞兄弟的中國作家,卻沒有一個進入這個火炬大家庭。諾貝
爾文學獎自從1901年設立以來,直至1998年,在98年中,共頒發
91次,成為這一家族成員的共九十五名(1914、1918、1935、
1940、1943年因兩次世界大戰無法評獎;1904、1907、1966、
1974年同時頒獎給兩位作家)。這一火炬家族的作品本身就構成
二十世紀世界文學史的一種框架或者說一大線索,可是,中國作
家卻徘徊在大家庭的門外和這一文學史的框架之外,未能參與世
紀性的火炬遊行與文學狂歡節,這是為什麼?這是瑞典文學院的
問題還是二十世紀中國文學自身的問題?或者是語言翻譯問題?
還是批評尺度問題?這一切都涉及到對二十世紀中國文學的評價
以及對許多著名作家詩人評價,這些問題都不是簡單回答得了
的,試圖回答便要自尋煩惱,可是如果刻意迴避又不符合自己的
本性,這種矛盾不能不使自己躊躇起來。

(二)

躊躇之後還決定寫,完全是因為我個人和瑞典的緣份與情

誼，並由此也對瑞典文學院和「火炬家族」有所了解。這些了解
是美好的，透明的，它有益於中國文學的自我認識。不把自己所
了解和理解的說出來，似乎又顯得懶惰和缺少責任感，甚至可能
有點矯情。寫吧，寫了又可以了結一筆債，讓此後的人生更加輕
鬆。

　　我在1992年夏天，接受斯德哥爾摩大學東亞系主任羅多弼
教授和他的老師馬悅然教授的邀請，前去擔任客席教授一年。此
次邀請認眞而充滿盛情，一到瑞典不久，東亞系就舉行歡迎
Party，馬悅然夫婦和斯德哥爾摩大學校長英格・永森教授（Inge
Jonsson）以及許多漢學家都前來參加。在會上，校長宣布給我
一個意想不到的職銜，叫作「馬悅然中國文學研究客座教授」。
我知道，這是比一般客席教授更高的職稱，也是對馬悅然教授研
究中國文學的崇高評價。這一職稱，使我的名字和馬悅然的名字
連在一起，也加深了我們對中國當代文學的共同關懷。我在斯德
哥爾摩大學東亞系每星期作一次文學講座，馬悅然和他的夫人陳
寧祖非常謙虛，每個星期都來聽講。有他們兩位「菩薩」在場，
我可不敢偷懶，於是，每個星期都認眞備課，這倒逼我寫下不少
文字。後來出版的論文集《放逐諸神》中的幾篇都是這一年的講
稿改成的。陳寧祖大姐是系裡的中文講師，當時已得了癌症，開
過幾次刀，但精神很好，還在系裡專門開設一門課程，講解我的
散文《漂流手記》，並向香港天地圖書公司訂購了二十多本作爲
教材。她多次把學生的作業給我看，唸著作文裡天眞的句子，然
後朗朗大笑，笑聲眞是感染人。

　　我和馬悅然夫婦第一次見面是在1987年，北京。中國作家協會設宴歡迎他們，我算是一半主人一半客人。我們一見如故，顧不得寒暄就談論中國文學。我暗暗吃驚的是馬悅然對中國文學竟熟悉得如數家珍，從古到今都熟悉。更使我驚訝的是，他對我提出的那些枯燥的文學理論也那麼熟悉。認真讀過我的書的人，很容易讓我感到親近。

　　這次見面後的第二年，即1988年秋天，我接到馬悅然教授和瑞典文學院的正式邀請函，邀請我參加12月10日舉行的五項諾貝爾獎的頒獎儀式。馬悅然告訴我，這是瑞典文學院邀請的第一位中國作家，最好是穿中國服裝，不要穿西裝。我聽了很高興，因為我缺少的正是西裝，古古板板的漢裝則有好幾套。此次我所以沒有謙讓，是因為我覺得自己並非作家，而瑞典文學院請我也一定是把我當作一個中國文學的評論者和研究者，一個有資格參加推薦的學人。邀請其他作家容易有過敏的反應，而邀請我反而自然一些。不過，當時我曾想過，中國這麼一個大國家，倘若有人獲獎，還算光榮，而去看人家領獎，這有什麼好玩的？不過，這個念頭，很快就消失，因為我愛瑞典這個國家，想到瑞典，就想起湯馬斯‧曼的話：「南歐氣息意味著豐富的感官、積極進取的思想以及奔放的藝術熱情；而北歐則代表敏感的心靈、根深柢固的資產階級感情和親切溫馨的人性。」我應當去感受一下北歐的心靈與人性，而且也好奇：一個偏安地球北角的人口只有八百萬的國家，怎麼能夠如此洞察世界文化風雲，怎麼能如此緊密地跟蹤人類精英天才創造的步伐？怎麼能年年都作出那種令人驚歎

又令人爭論不休的判斷。應當去看看，去開開眼界。好奇心總是我的行爲的驅動力。

諾貝爾（1833-1896）在逝世的前一年，即1895年11月27日立下了遺囑，將他的全部財產，即當時的三千一百萬克朗（相等於現在的兩億三千萬美元）設立基金，用每年的利息授予一年來在物理、化學、醫學、文學、和平等五個方面對人類社會作出卓越貢獻的人。根據他的遺囑，瑞典政府立即建立諾貝爾基金會，並決定在每年12月10日諾貝爾逝世紀念的這一天舉行頒獎儀式。被邀請的客人一般都提前幾天到達，我也提前了一個星期。在這幾天中，我參觀了斯德哥爾摩城，還特別踏雪去拜謁了諾貝爾墓地。幾位瑞典朋友都說，諾貝爾的墓地不好找，他的墓碑和普通人的墓碑一樣。幸而《人民日報》記者顧耀銘先生記得墓地所在，就帶我去尋找。諾貝爾雖然名播四海，墓地卻很小。他終生未婚，只和他的另外四位家人合葬在一片普通的公墓裡，墓碑上沒有一個字記載他的功勳。站在雪地裡，面對簡單得讓人難以置信的碑石，我心中升起了敬意。這位被稱爲炸藥大王（發明85種火藥）的科學家不簡單，他生前做著和平夢，死後還繼續著和平夢。他不僅具有科學天才，而且喜歡文學，常常誦讀著雪萊的詩，特別讚賞「人類皆兄弟」的句子。他大約不知道我國古聖人孔夫子也有「四海之內皆兄弟」的名言，也有兼容天下的大情懷與大境界，可見，全世界的人性是相通的，諾貝爾設立國際獎金，並非烏托邦。

發獎前還有一件最重要的事，是聽取獲獎者的演說。到了

斯德哥爾摩,才知道諾貝爾物理獎與化學獎由皇家科學院評定,醫學和生物學獎由瑞典皇家卡洛琳學院評定。負責評定文學獎的瑞典文學院並沒有「皇家」二字掛在名稱上,但和王宮一起座落在斯德哥爾摩的老城島上。文學院成立於1786年,是當時崇尚法國文化的國王古斯塔夫三世摹仿法蘭西學院的模式建立的。只設18名終身制的院士,在院內的會議廳內,每個院士都有一把固定的交椅。1896年,文學院接受了評選諾貝爾文學獎的任務。三家研究院分別舉行獲獎演說,我自然是去聽取埃及獲獎作家馬哈福茲的演講,可惜這位「阿拉伯當代小說的旗手」因年邁未能親自到會,講稿由他人代讀,而幾天後的領獎則由他的兩個女兒代表。

12月10日下午,斯德哥爾摩音樂廳裡在莊嚴肅穆的氛圍中奏起莫札特的《D大調進行曲》,頒獎儀式隆重開幕。主人客人全部穿上禮服,台下的前幾排是內閣首相和全部大臣及獲獎者的親屬,而台上的格局則特別有意思。主席台的中間是三個學院的全部評選委員,他們前面的左側是獲獎者,右側是國王、王后和王室主要成員。看到台上的結構,我就感覺到結構的象徵意蘊:在精神價值創造的領域裡,國王並不把自己放在中心地位上,被放在文化金字塔塔尖位置上的是評選委員們所代表的知識分子。國王的風度很好,臉上總是帶著微笑,他把獎品(一份寫著獲獎評語的證書,一枚帶有諾貝爾頭像和銘文的金質獎章和獎金)──授予獲獎者。馬哈福茲的兩個女兒領獎時激動而謙卑地站著,國王把獎品提到她們面前時誰都不敢先伸出手,姐妹倆大約事前

沒有商量好，讓國王捧著獎品左右擺動了好幾回。頒獎完畢之後，便是國王的盛大宴會和會後的狂歡節。在賓客開始歡舞時，我走到大廳的陽台上，看到斯德哥爾摩滿城燈火輝煌，如同白晝，我意識到：一年一度的國際文化節就在這片人間的淨土上進行，人類精英的天才創造在這裡贏得了天地間最高的敬意。有這份隆重的敬意在，眞的，善的，美的，應當不會沉淪。

參加了這次頒獎儀式之後，一種使命感開始在我心中覺醒：我應當履行一個中國文學研究者的責任，好好推薦祖國的幾位詩人與作家。不管是誰，不管他們是身處大陸還是身處台灣或香港，只要他們確實高擎著人類光明的火炬，而且具有不同凡響的創造業績，我都應當做他們的馬前卒，爲他們搖旗吶喊。可是，沒有想到，從瑞典回國僅僅半年，天安門悲劇發生，我不得不漂流海外，也沒想到，漂流之後，我又再度來到瑞典，而且是整整一年。

在這一年裡，我除了把主要時間用在備課與研究上，還參加籌備「國家、社會、個人」國際學術討論會，並提交了《文學對國家的放逐》的論文。因爲時間從容，我參觀了幾次瑞典文學院，觀賞了室內的大書庫。書籍層層疊疊，共有二十多萬種。我特別留心翻譯成英文或瑞典文的中國文學作品，但是找來找去，只有寥寥幾本。院樓內靜得出奇，每次到那裡只見到兩個人，一個是評選機構的秘書，一個是圖書管理員（據說還有一個只上半天班的工作人員）。經秘書的熱情介紹，我對瑞典文學院的結構和評選規則、程序有了個準確的了解。文學院共十八名院士，從

院士中又選出五名組成諾貝爾文學獎委員會，審議世界各處提出
的候選人的名單。這些名單是世界各地具有推薦資格的推薦人提
出的，有的則是上一屆留下來的名字。按照諾貝爾文學獎章程的
規定，下列四種人具有推薦資格：（1）歷屆諾貝爾文學獲獎
者；（2）各國科學院院士或相當於院士資格的人；（3）各國高
等學府中的語言和文學的正教授；（4）各國作家協會的主席和
副主席（不包括理事、會員）；推薦必須提交正式推薦書並附推
薦者的原著或譯本，由個人簽署，不接受團體的推薦，推薦書必
須在每年的2月1日午夜前送達瑞典文學院，逾時則算作下一年度
的推薦。（我是社會科學院研究員、文學所所長，也具有推薦資
格，1986年我收到瑞典文學院六位院士共同簽署的邀請我推薦的
函件。）候選人名單每年少則幾十名，多則兩百多名。委員會先
對名單進行篩選，縮減到十五名，然後再繼續討論繼續篩選，到
了5月底，便減縮到只剩下五名。從6月開始，院士們便進入暑期
閱讀，審看最後5名候選人的作品，到了9月，假期結束，院士們
便以書面形式報告自己選擇的人選及其理由。這之後，每星期四
晚上進行討論、辯論、投票，直到人選中有一名候選人獲得九票
以上。如果一直無人達到九票以上，可考慮頒給兩人或延期至下
一年。我在斯德哥爾摩的時候，星期四晚上馬悅然的夫人陳寧祖
大姐最有閒空，她總是邀我的妻子陳菲亞去逛商場，因為這個時
候，馬悅然和他的同事們正在辯論得熱火朝天。

　　到了10月初，院士們進行無記名投票，最後執行主席揮動
木槌在會議桌上重重地敲了一下，即決定誰是該年的獲獎者，一

年一輪的工作才告結束，院士們也才鬆了一口氣。整個過程嚴格
保密，不僅誰得諾貝爾獎不知道，即使進入前五名的名單和其他
提名名單也保密得嚴嚴實實的。我在瑞典的這一年，後來贏得諾
貝爾獎的日本作家大江健三郎，也到斯德哥爾摩大學東亞學院訪
問講演，而馬悅然夫婦卻從未洩漏過他可能獲獎的任何信息。嘴
嚴，這是瑞典評審院士們的共同特點。儘管新聞媒介千方百計想
套出消息，但總是難以攻破。1976年之前負責評審的研究院與瑞
典報刊有個默契，評審結果可在公布前四十八小時通知他們，以
讓他們作準備，但不得洩漏。但是，1976年卻有一家電台透露了
文學獎得主乃是索爾·貝婁的消息，瑞典各家報刊自然像著了魔
似地加以傳播。此事激怒了文學院，現在新聞界再也別想得到四
十八小時的優先權了。不過新聞記者的本領往往是人們難以預料
的。例如，有的記者竟然從瑞典文學院的書架上發現哪位作家的
書籍全被借空而猜出獲獎對象，但也只是猜測而已。瑞典文學院
和皇家科學院保密的嚴肅性，畢竟經受了整整一個世紀的考驗。

　　因為瑞典文學院的十八名院士擔負如此重要的工作，而且
作業時又極為保密，我便產生一種好奇心，想看看他們。恰好我
第二次到達瑞典的1992年，文學院吸收了女詩人卡特琳娜·弗羅
斯特森（Katarina Frostersson）為院士。此時卡特琳娜年僅42
歲，屬於「新鮮血液」。瑞典的朋友告訴我，她是個現代派詩
人。接納這麼年輕的女性作家為院士，這在瑞典是件大事。因
此，文學院公開舉行投票選舉儀式，並邀請國王、王后光臨。此
外，他們還邀請大約兩百名的各界人士列席觀賞。我很榮幸，也

被邀請出席參加儀式。會議廳燈火通明，廳堂正中間擺著長方形的古雅的會議桌，桌子兩旁擺著椅子，座位空著。國王、王后和客人們分別坐在桌子的兩側，中間空著一條小道，等著院士們從另一間房子走過來就座。時間到了，我發現正好輪到擔任執行主席的馬悅然走在前邊，接著就是卡特琳娜，後面是每一年都在決定誰是諾貝爾獎的院士們，一個跟著一個地從我們眼前走過，然後進入會議桌。按照規定的議程，主席馬悅然宣布會議開始並宣讀了自己的學術論文（題目大概是《中國當代文學評述》的意思），然後是院士候選人卡特琳娜宣讀自己的論文。因為我聽不懂瑞典語，便趁著她宣讀論文的「大好時光」，仔細地、一個一個地看了看院士們。可以看出來，多數是些老年人，如果不算這位女新秀，平均年齡恐怕在七十歲左右。有兩三位特別老的，但沒有一個顯得疲憊。坐在我身邊的羅多弼教授小聲告訴我，這些院士有一半是教授學者，一半是作家詩人，但都懂得三、四個國家的文字。因為會場格外寧靜肅穆，我不敢出聲，否則，我要告訴羅教授：今晚我終於從從容容地欣賞了這些世界上最勤勞的文學鑒賞家，也從從容容地讀了這些讀書家的眼睛與臉額，毫無疑問，他們是無私而可信任的。道義傾向可能有，然而，即使有，也是向善的。例如授予俄國作家的五名有布寧（1933）、巴斯特納克（1958）、蕭洛霍夫（1965）、索忍尼辛（1970）、布羅斯基（1987），不必多加分析，就可明瞭，這五人雖有一個被蘇聯政府所認可的蕭洛霍夫，但其他四個人都是蘇聯政府的「異端」，三位流亡海外，一位拒絕流亡但也自我放逐於革命王國之外。瑞典

文學院的院士們這種傾向後來被歷史證明，他們的選擇沒有錯。
同樣，這些作家的卓越心靈所對立的革命大帝國確實有問題，它
最終無法在人類社會光榮立足而瓦解了。在史達林的黑暗極權之
下，有的謳歌這一極權，有的批評這一極權，有的逃避這一極
權，而瑞典的院士們既選擇了批評者索忍尼辛等，又選擇了確有
成就的蕭洛霍夫，這種同情極權之異端的道義傾向似乎無隙可
擊，不管怎麼說，文學批評家，尤其是像瑞典文學院這一大文學
批評群體，其心靈之中蘊含起碼的人類良知是完全必要的。

　　院士們如何把握這種道義傾向，並非易事。我到瑞典時，
才知道院士們為如何把握這一傾向的分寸而發生爭論以至三名院
士辭職。辭職的原因是1989年印裔英國作家薩爾曼‧魯西迪的
《魔鬼詩篇》激怒了伊朗的宗教領袖柯梅尼。柯梅尼以魯西迪褻
瀆《可蘭經》之罪對他下了追殺令，從而震動了全世界。為此，
一向維護作家尊嚴與創作自由的瑞典作家紛紛表示抗議，有些人
還建議瑞典文學院也發表抗議聲明。可以肯定，瑞典文學院的道
義傾向是和魯西迪站在一邊的，但是，這種傾向要不要表現為直
接對抗即以文學院的名義發表抗議聲明卻值得考慮，這就是個分
寸問題。應當說，掌握這一分寸是頗費苦心的。為了這個問題，
文學院內進行辯論，我們當然不知道討論辯論情況，但最後的結
局是文學院以不干預政治為理由而拒絕發表抗議聲明，而另一個
結局是三名院士在此時宣布退出文學院。這三名院士是坐第十二
把交椅的維爾納‧阿斯彭斯特羅姆（Werner Aspenstrom）、坐第
十四把交椅的拉什‧干倫斯騰（Lars Gyllensten）和坐第十五把

交椅的謝斯汀‧艾克曼（Kerstin Ekman）。這三位院士雖然已經退出，但按終身制的規定只能等到他們去世之後才能補上新人，因此，1989年之後，文學院便空下三個席位。從這件事情中，我們可以看到，一個舉世矚目的文學評獎機構，它的工作是何等複雜艱難。文學畢竟不是存在於象牙塔之中，它處在複雜的社會政治環境中，當世界發生了影響人類命運的大事件時，要求瑞典文學院的院士們應當「心如古井」，只埋頭閱讀小說詩歌本文，似乎不大可能。因此，當瑞典文學院的評獎結果表現出某種正直的、必要的道義傾向時，便籠統地把它說成是「政治用意」，這顯然是不公平的。而像原蘇聯政府和蘇聯作家協會那樣，在巴斯特納克得獎後，群起而攻之，說瑞典文學院是帝國主義的政治工具，更是無稽之談。

（三）

在欣賞院士們的瞬間，我還想到，這些院士們畢竟是人，並沒有三頭六臂。他們真的能洞察時代風雲，跟蹤世界文學步伐，掌握著人類社會文學創作最新最美的脈搏嗎？諾貝爾文學獎是按照諾貝爾的遺願設立的，其發獎宗旨也是充分尊重諾貝爾的遺願的。按照諾貝爾的遺願，文學獎應贈給「文學家，他曾在文學園地裡，產生富有理想主義的最傑出的作品。」在遺囑的末尾，諾貝爾還表示：「我確切地希望，在決定各獎的得獎人時，不顧及得獎人的國籍；只有貢獻最大的人可獲得獎金，無論他（或她）是不是出生在斯堪地那維亞的國家裡。」

　　諾貝爾的遺願是非常美好的，然而，如何掌握理想主義則不容易。何謂理想主義？理想主義即理想原則的內涵中包含著多少道德原則，多少美學藝術原則？在掌握理想原則時是強調它的古典的、永恆性內容，還是強調它的現代性內容？這不是像學生在考卷上作出幾句理論答案就可以解決的，它需要文學院在評選中確定一些與人類理想、人類總體期待、總體希望相合拍的基本視角和標準。然而，即使選擇了最符合理想主義的批評視角，也難以避免批評的主觀性。視角、標準、審美判斷畢竟是人創造出來的，文學作品極為豐富複雜，人的視野、眼光、能力極為有限，並非三頭六臂的瑞典文學院士們儘管辛苦勞作，功勞很大，但也不能不表現出很大的侷限。趁此談論機會，我們不妨共同作次世紀性的文學之旅，然後看看諾貝爾文學獎的得失。

　　先看看諾貝爾文學獎獲得者的名單：

1901年　萊涅・蘇利—普魯東（法國）

1902年　狄奧多・蒙森（德國）

1903年　比昂斯騰・比昂松（挪威）

1904年　弗萊德里克・米斯特拉爾（法國）

　　　　何塞・德・埃切加萊・伊・埃伊薩吉雷（西班牙）

1905年　亨利克・顯克維支（波蘭）

1906年　吉奧修・卡爾杜齊（義大利）

1907年　約瑟夫・魯德亞德・吉卜林（英國）

1908年　魯道夫・克利斯托夫・奧肯（德國）

1909年　塞爾瑪‧拉格洛芙（瑞典）

1910年　保爾‧海才（德國）

1911年　莫里斯‧梅特林克（比利時）

1912年　戈哈特‧霍普特曼（德國）

1913年　拉賓德拉納斯‧泰戈爾（印度）

1914年　（未頒獎）

1915年　羅曼‧羅蘭（法國）

1916年　卡爾‧古斯塔夫‧魏爾納‧馮‧韓德斯坦（瑞典）

1917年　卡爾‧阿道爾夫‧吉勒魯普（丹麥）

　　　　亨瑞克‧彭托皮丹（丹麥）

1918年　（未頒獎）

1919年　卡爾‧斯比特勒（瑞士）

1920年　克努特‧哈姆生（挪威）

1921年　阿那托爾‧法朗士（法國）

1922年　哈辛托‧貝納文特‧伊（西班牙）

1923年　威廉‧勃特勒‧葉慈（愛爾蘭）

1924年　烏拉迪斯拉瓦‧斯坦尼斯拉斯‧萊蒙特（波蘭）

1925年　喬治‧蕭伯納（英國）

1926年　格拉齊婭‧黛麗達（義大利）

1927年　亨利‧柏格森（法國）

1928年　西格里德‧溫賽特（挪威）

1929年　湯瑪斯‧曼（德國）

1930年　亨利‧辛克萊‧路易士（美國）

1931年　埃里克・阿克賽爾・卡爾費爾特（瑞典）

1932年　約翰・高爾斯華綏（英國）

1933年　伊凡・阿列克謝耶維奇・布寧（俄國）

1934年　路易吉・皮蘭德婁（義大利）

1935年　（未頒獎）

1936年　尤金・奧尼爾（美國）

1937年　羅傑・馬丁・杜・嘎爾（法國）

1938年　賽珍珠（美國）

1939年　弗蘭斯・埃米爾・西蘭巴（芬蘭）

1940年　～1943年（未頒獎）

1944年　約翰尼斯・維爾內姆・顏森（丹麥）

1945年　加波列拉・米斯特拉爾（智利）

1946年　赫曼・赫塞（瑞士）

1947年　安德烈・紀德（法國）

1948年　托馬斯・史蒂恩斯・艾略特（英國）

1949年　威廉・福克納（美國）

1950年　伯特蘭・亞瑟・威廉・羅素（英國）

1951年　帕爾・法比安・拉格爾克維斯特（瑞典）

1952年　弗朗索瓦・莫里亞克（法國）

1953年　溫斯頓・羅納德・史本斯・邱吉爾（英國）

1954年　海明威（美國）

1955年　哈爾多爾・拉克斯內斯（冰島）

1956年　胡安・拉蒙・希梅內斯（西班牙）

1957年　阿爾伯特・卡繆（法國）

1958年　鮑里斯・列昂尼德維奇・巴斯特納克（蘇聯）

1959年　薩爾瓦多・卡薩姆多（義大利）

1960年　聖—瓊・佩斯（法國）

1961年　伊弗・安德里奇（南斯拉夫）

1962年　約翰・史坦貝克（美國）

1963年　喬治・塞費里斯（希臘）

1964年　讓・保羅・沙特（法國）

1965年　米哈依爾・亞歷山德洛維奇・蕭洛霍夫（蘇聯）

1966年　撒繆爾・約瑟夫・阿格農（以色列）

　　　　　奈麗・萊歐涅・薩克斯（瑞典）

1967年　米格爾・安格爾・阿斯圖里亞斯（瓜地馬拉）

1968年　川端康成（日本）

1969年　薩繆爾・貝克特（愛爾蘭）

1970年　亞歷山大・伊薩耶維奇・索忍尼辛（蘇聯）

1971年　巴勃羅・聶魯達（智利）

1972年　海因利希・鮑爾（德國）

1973年　帕特里克・維克多・馬丁達爾・懷特
　　　　　（澳大利亞）

1974年　伊凡・奧洛夫・渥諾・強生（瑞典）
　　　　　哈瑞・埃德蒙・馬丁松（瑞典）

1975年　尤金尼奧・蒙塔萊（義大利）

1976年　索爾・貝婁（美國）

1977年　維森特・阿萊克桑德雷・梅格（西班牙）

1978年　以撒・辛格（美國）

1979年　奧迪塞烏斯・埃利蒂斯（希臘）

1980年　切斯拉夫・米沃什（波蘭）

1981年　埃利亞斯・卡內提（英國）

1982年　加布里埃爾・加西亞・馬奎斯（哥倫比亞）

1983年　格拉爾德・威廉・高登（英國）

1984年　雅羅斯拉夫・塞費爾特（捷克斯洛伐克）

1985年　克勞德・西蒙（法國）

1986年　沃爾・索因卡（尼日利亞）

1987年　約瑟夫・亞歷山德洛維奇・布羅斯基
　　　　（俄國—美國）

1988年　納吉布・馬富茲（埃及）

1989年　卡米洛・何塞・塞拉（西班牙）

1990年　奧克塔維奧・帕斯（墨西哥）

1991年　納丁・歌蒂瑪（南非）

1992年　德列克・瓦爾科特（特里尼達）

1993年　佟妮・莫里森（美國）

1994年　大江健三郎（日本）

1995年　席默斯・希尼（愛爾蘭）

1996年　維斯拉瓦・辛波絲卡（波蘭）

1997年　達利歐・弗（義大利）

1998年　霍塞・薩拉馬戈（葡萄牙）

按照這份名單，我們看看各國得獎狀況：

國籍	人數	
法　國	12	
美　國	9	（不包括擁有美國國籍的布羅斯基）
英　國	8	
德　國	7	
瑞　典	7	
義大利	6	
西班牙	5	
俄　國	5	（包括布羅斯基）
丹　麥	3	
挪　威	3	
波　蘭	3	
愛爾蘭	3	
瑞　士	2	
智　利	2	
希　臘	2	
日　本	2	
澳大利亞	1	
比利時	1	
印　度	1	
哥倫比亞	1	

芬　蘭　1

瓜地馬拉1

冰　島　1

以色列　1

南斯拉夫1

捷　克　1

尼日利亞1

埃　及　1

墨西哥　1

南　非　1

特里尼達1

葡萄牙　1

　　從以上數字我們可以知道，直至1998年爲止，共有95人得
過諾貝爾文學獎，而法國、美國、英國、德國、瑞典、義大利、
西班牙、俄國等八個國家有59人，如果再加上丹麥、挪威、波
蘭、愛爾蘭，則有71人。很明顯，諾貝爾文學家族重心在歐洲和
美國，傾斜是明顯的。不過，我們也不能不承認，諾貝爾文學獎
確實具有國際性，它的眼光在努力跨洋過海，伸向世界各地，甚
至伸向尼日利亞、特里尼達等小國家。尤其是1982年授予馬奎斯
和1986年授予Ｗ・索因卡（尼日利亞）之後，二十年來，諾貝爾
文學家族增添了哥倫比亞、捷克、尼日利亞、埃及、墨西哥、南
非、特里尼達、葡萄牙等八國國籍，這又表明，瑞典文學院正在
朝著更加國際化的路向走，努力減少傾斜度。1992年我在瑞典

時，得獎者是特里尼達的德列克‧瓦爾科特，這是一大冷門。得
知消息後我找了一下地圖，找了好久才找到加勒比海的聖露西亞
島。那幾天，瑞典報紙告知人們，這位詩人兼劇作家在消息公佈
時，正在美國波士頓，他已經起床，準備吃了早飯後坐飛機到佛
吉尼亞去給佛大戲劇系的學生講課。他一人獨處，妻子在西印度
群島老家，身邊清冷，當電話鈴響，瑞典文學院秘書通知的時
候，他大吃一驚，和許多人一樣感到意外。我被瑞典文學院邀請
去聽他的獲獎演說，一進門，就拿到一份英文講稿，題目是：
《安德列斯‧關於史詩記憶的碎說》，講稿表明了這樣一種美學觀
念：一隻完整無缺的花瓶縱使再美，也缺乏足夠的魅力，但如果
將若干從歷史掩埋中挖掘的花瓶碎片加以細心併合，則那彌合的
花瓶便具有欣賞不盡的藝術魅力。一尊精心雕製的塑像固然美，
但清晨凝聚於那雕像上的清醇的露珠，當更具有搖人心旌的瑰
彩。瓦爾科特的演講既有論文的思想魅力，又有散文的內在情韻
與風采，確實很有才華。他的審美理想，也反映了瑞典文學院的
部分審美趣味與審美標準：不求完整無缺，但求能匯集人類歷史
的各種文化精華，凝合出一種清新而富有活力的個性。瓦爾科特
這一講演的主旨和他的與此主旨相一致的作品內涵，正好和瑞典
文學院八十年代之後尋找的方向十分合拍，完全符合他們的文化
理想。所以他們在頒獎辭中這樣說明授獎與瓦爾科特的理由：
「他的詩作具有巨大的光能和歷史的視野，這種歷史視野來自他
對多種文化的介入。」末尾這句話：對多種文化的介入，正是瑞
典文學院世紀末最後二十年的努力。所謂「國際化」，也就是各

種文化的介入與融合。瓦爾科特得獎後,我的朋友陳邁平在一篇
評論中對瑞典文學院這一路向說得十分中肯。他說:「近年來,
瑞典文學院對所謂第三世界國家文學或者所謂邊緣文學的注重是
有目共睹的,歐美作家已經愈來愈難問津諾貝爾文學獎了。文學
院自然也非常關注『文化認同』問題,而且作品本身代表一種有
效地解決問題的方法,那就是各種文化的介入與融合。一般瑞典
人的性格都是寬容謙和的,他們不主張鬥爭的哲學,而是喜歡和
平中立和互相忍讓。院士們也都如此,他們不想站在西方文化中
心主義的立場來評價其他文化的作品,也並不主張各種文化之間
互相對立、排斥和較量,而是主張互相聯繫、融合甚至介入。給
瓦爾科特頒獎又一次證明,瑞典文學院是順應當今世界這一種
『國際化』潮流的。因此,文學院一方面靠攏邊緣文學,另一方
面也要求這些第三世界或邊緣文學不侷限於民族的藩籬,要被翻
譯成西方語言,以此形成不同文化之間的互通。」(參見陳邁
平:《為什麼是德列克·瓦爾科特》,《明報月刊》1992年11月
號。)

　　從近百年來的這份諾貝爾文學「火炬家族」的名單來看,
我還覺得,二戰之後的評選比二戰之前評得更好。所以好,是他
們確實選擇了一些世界公認的傑出作家,而這些作家作品的大思
路,確實體現了人類之愛這一基本理想。1949年,福克納在獲獎
的演說中說,一個作家,「充塞他的創作室空間的,應當僅只是
人類心靈深處從遠古以來就存有的真實情感,這古老而至今遍在
的心靈的真理就是:愛、榮譽、同情、尊嚴、憐憫之心和犧牲精

神。如若沒有了這些永恆的眞實與眞理，任何故事都將無非朝
露，瞬息即逝。」他還說：「人是不朽的，這並不是說在生物界
唯有他才能留下不絕如縷的聲音，而是因爲人有靈魂——那使人
類能夠憐憫、能夠犧牲、能夠耐勞的靈魂。詩人和作家的責任就
在於寫出這些，這些人類獨有的眞理性、眞感情、眞精神。詩人
和作家所能恩賜於人類的，就是藉著提升人的心靈來鼓舞和提醒
人們記住勇氣、榮譽、希望、尊嚴、同情、憐憫之心和犧牲精
神，這些人類昔日曾經擁有的榮耀，以幫助人類永垂不朽。」瑞
典文學院選擇了福克納，而福克納的這席話又充分地體現瑞典文
學院所把握的諾貝爾的「理想主義」和評價準則。近百年來，諾
貝爾文學火炬家族確實共同展示了一種「心靈的眞理」、宇宙的
理性，這就是愛、榮譽、同情、尊嚴、憐憫之心和犧牲精神。反
此眞理的另一極，即仇恨、暴力、墮落、冷漠、自私等等，瑞典
文學院則給予斷然拒絕，不管他們擁有多大的才能，正因爲這
樣，瑞典文學院和他們所選擇的火炬家族，的確是高擎著光明的
心靈，他們的工作給二十世紀人類的影響的確是積極的，而且是
巨大的。至於獎金所帶來的爭端，那只是副產品，它可能會對某
些心靈產生毒害，但這應當由那些沒有「眞理性、眞感情、眞精
神」的神經脆弱的作家自己負責。

　　近百年來，諾貝爾文學獎所授予的每一個作家，幾乎都有
爭議。很難找到全世界輿論一致認同的作家，甚至很難找到瑞典
輿論一致認同的作家。據說，在頭二十五年裡，只有1925年的獲
獎者蕭伯納被瑞典的輿論共同接受。蕭伯納之外，即使瑞典本國

的作家，也不可能被瑞典完全認同，例如1974年，兩名瑞典作家伊凡・奧洛夫・渥諾・強生和哈瑞・埃德蒙・馬丁松共同得獎，就遭到瑞典輿論的攻擊，認定他們沒有資格獲獎。馬丁松是瑞典的文學大師，他獲獎後卻遭到自己的同胞如此苛求，心情非常不好，得獎四年後便去世了。在我所知的範圍內，常被非議的是邱吉爾和賽珍珠。有人說，邱吉爾的得獎是政治需要，但是，就在邱吉爾得獎三十年後的1983年，另一位英國的獲獎作家威廉・高登（其代表作《蒼蠅王》是英美大中學校文學課程的必讀書目）卻在獲獎演說中特別鄭重地禮讚邱吉爾。他說：「……我們不能忘了邱吉爾，儘管評論家們百般挑剔，他還是獲得了諾貝爾獎；他的獲獎不是由於詩歌和散文，而是一部質樸簡潔的敘事作品，它是真正表達人類戰勝和藐視一切困難的充滿真情的言論。那些經歷過戰爭的人們都知道，是邱吉爾詩一樣的行動，改變了一個時期的歷史。」他最後甚至這樣衷心感歎：「我覺得我該走下這個講壇了。邱吉爾、朱麗安娜，更不用說本・瓊森和莎士比亞了，這是一群多麼傑出的人物啊！」我不隱諱自己對高登的禮讚產生共鳴，這不僅在於我曾被邱吉爾的二戰演講錄所蘊含的深廣詩意所打動，而且覺得人類創造的文學，不應當屈從於科教書上的狹窄定義，像邱吉爾這樣富有大詩意的言論，代表人類一代戰士征服魔鬼的精彩言論，絕對是美麗的散文，而且是閃耀著理想主義光燄的散文。我對賽珍珠也有好感，她的本名是珀爾・賽登斯特里克・布克（1892-1973），賽珍珠是她起的中文名字。她從小就跟隨父母來到中國，直到35歲時才離開中國（17歲時曾回美

國讀心理學，畢業後又回中國），她不僅從小就讀過中國經書，而且很愛中國並努力了解中國，因此，在她的心靈中，一直把中國當作她的第二祖國。1938年她在獲獎演說中說：「儘管我是以完全非官方的身分，我也要爲中國人在這裡說話，因爲不這樣我就不忠實於自己，因爲這麼多年來，中國人的生活也就是我的生活，而且是我生活的一部分。在心靈上，我自己的祖國和我的第二祖國——中國，有許多相似之處，其中最重要的，是我們都有一份對自由的熱愛。」賽珍珠獲獎時僅46歲，屬於最年輕的獲獎作家（後來獲獎的布羅斯基常被認爲是最年輕的作家，其實獲獎時已47歲）。賽珍珠寫作非常勤奮，一生共著85部作品，主要是小說，還有傳記、散文、政論、兒童文學等。瑞典文學院在給予她的「獲獎辭」中特別指出她的作品恰恰符合諾貝爾的理想原則。祝辭這樣寫道：「賽珍珠傑出的作品使人類的同情心跨越了種族的鴻溝，並在藝術上表現出人類偉大而高尚的理想，因此，瑞典文學院把今年的諾貝爾獎頒給她，並認爲這是符合阿爾弗雷德·諾貝爾對未來的期望的。」

我雖未閱讀賽珍珠的全部作品，但僅僅從她的代表作《大地》（1932）和《母親》，就不能不被她所展示的中國人民的痛苦命運所感染，尤其是中國婦女的命運，其雙重奴隸的悲劇可說是被寫得令人驚心動魄。在她筆下中國婦女生活在雙重黑暗的夾縫中：一種是過去的黑暗——過去那種不把婦女當作人的傳統觀念多麼黑暗；一重是未來的黑暗，等在婦女面前的年老色衰，被丈夫所厭棄。在二十世紀的中國文學中，除了魯迅之外，其他作家

對中國婦女慘苦命運的描寫，似乎沒有超過賽珍珠的。因此，以賽珍珠爲例來非議諾貝爾文學獎也未必妥當。當然賽珍珠是很難與福克納、海明威等眞正一流的作家媲美的。

（四）

到此爲止，我講的都是好話，然而，我也看到諾貝爾文學獎的侷限，這些侷限也常常使我惋惜。現在，我想從「不該缺席」的角度，談談瑞典文學院的缺陷，即他們遺漏了一些最重要的偉大作家，把這些作家排除在諾貝爾火炬家族之外，實在令人困惑。這些作家的名字可以列出幾十個，但就我個人的感受，僅舉幾個例子：

（1）遺漏了托爾斯泰：托爾斯泰於1911年11月9日逝世，有十一次被評選的機會。托爾斯泰是跨越兩個世紀的舉世公認的最偉大的作家，他的名字與成就作爲人類文學的最高峰，不僅屹立於世紀之交而且將永遠屹立於人類精神價値創造的史冊。他的輝煌和無以倫比的成就是無可爭議的。托爾斯泰不僅是個天才，而且他的整個人格和整個作品所體現（也是他公開主張的）的人類之愛——完全拒絕暴力的無條件的人類之愛，正是諾貝爾遺囑中所期待的「理想」。很難再找到一個作家能像托爾斯泰如此充分地體現人類關於愛、關於和平、關於同情心、關於大悲憫、關於非暴力的人類最高理性原則的嚮往與憧憬。嚴格地說，不是托爾斯泰需要諾貝爾獎，而是諾貝爾獎需要托爾斯泰，需要托爾斯泰這種偉大的心靈旗手，需要托爾斯泰大愛的光明加入自己的火

炬，但是，瑞典文學院竟把他遺漏了。諾貝爾故國瑞典的作家從設立文學獎一開始就已感到這是一個巨大的缺陷。當1901年首次文學獎授予法國作家萊涅・蘇利—普魯東之後，瑞典的四十二名作家曾聯名寫了公開信，向他們認爲理所當然應該得獎的托爾斯泰道歉。但托爾斯泰回信說，他幸而未得獎金，不然金錢「只會帶來邪惡」。托爾斯泰這句話是一種境界，而瑞典文學院卻爲此生氣，在托爾斯泰去世前的十一年裡一直拒絕接受瑞典作家的呼籲，並屢次爲自己的錯誤辯護，而辯護的理由又相當可笑。

　　（2）遺漏了易卜生與史特林堡：易卜生於1906年去世，史特林堡於1912年5月14日去世。除了生於十九世紀也死於十九世紀的安徒生之外，易卜生和史特林堡便是北歐文學史上最偉大的作家了。易卜生是挪威最偉大的戲劇家，他一生創作了26部劇本，其作品不僅影響西方，而且影響了中國整整一代知識分子和一代人。易卜生的名字成爲中國五四運動婦女解放與人的解放的旗幟，他的缺席不能不使我感到困惑。史特林堡則是瑞典文學史上最偉大的戲劇家與作家，他的作品包括戲劇、小說、詩歌、散文與政論，僅劇本就有五、六十種。前些年瑞典出版的《史特林堡全集》達55卷之多。大陸翻譯過他的長篇小說《紅房子》、自傳體小說《女僕的兒子》和《史特林堡戲劇選》等。早在1921年4月，雁冰（茅盾）就在《小說月刊》第四期上發表了他翻譯的史特林堡的小說《人間世歷史之一片》（根據英國vs. Howard英譯本而重譯）。兩年之後，茅盾又進一步介紹史特林堡並給予很多的評價，他說：「史特林堡不但在瑞典是唯一的文豪，即以全世

界而言，在或一觀察點——在他的病態心理的描寫——看來，也是唯一的大文豪，近代文豪對於病態心理的描寫能深入而淺出者，唯俄國的杜思陀也夫基斯（Dastoyevsky）差堪與史特林堡並肩。現代著名的心理分析家弗洛伊德（Frend）很讚美史特林堡對於變態心理之分析的研究，竟自謂他的心理分析學的理論從史特林堡的著作裡得了不少的幫助，可見史特林堡的眞格了。」後來李長之先生所作的《北歐文學》，也認爲史特林堡是瑞典最偉大的作家，「他的地位並非限於瑞典，也並非於斯堪地納維亞，卻是全世界的。」這句話是完全正確的。易卜生尊重婦女，爲婦女的解放吶喊，而史特林堡則敵視婦女，認定婦女永遠在男子施以欺騙、撒謊和劫奪，非把女子緊緊拴在地上不可。這兩位北歐大作家觀念不同，相互敵對，但都創造了屬於全世界的一代文學豐碑。我在瑞典時不僅就近觀賞了史特林堡的生平展覽館，還與妻子、女兒到挪威去參觀易卜生的故居。我始終不明白他們的名字爲什麼也被排斥在諾貝爾文學火炬家族之外。近一百年來，北歐作家獲獎者共十四人，（瑞典作家七人、挪威作家三人、丹麥作家二人、冰島作家一人、芬蘭作家一人）獲獎作家中的比昂松（瑞典）、拉格洛芙（瑞典）、哈姆生（挪威）、海登斯塔姆自然都是傑出者，但畢竟不如易卜生、史特林堡偉大。遺漏這兩位文學巨人，而且是瑞典文學院身邊的巨人，不能不讓人感到遺憾。

（3）遺漏了喬伊斯：這又是一個巨大的遺漏。關於喬伊斯和他的代表作《尤里西斯》的評介文章已是汗牛充棟，我只想引

用英國《泰晤士報文學副刊》編輯，劍橋大學皇家學院評議會會員約翰·格羅斯在他所著的《喬伊斯》一書中對喬伊斯的一段評價：「喬伊斯在以世界歷史循環往復的觀點開始撰寫《芬尼根們守靈》的時候，他可能已經感覺到運用諸如『現代』或『傳統』的範疇來研究他的作品不再有什麼意義了，但是，在他的早期敬慕者的眼裡，他首先是一位現代主義者，而且是那樣令人陶醉的一位現代主義者。J·S·艾略特1922年談到他時，稱他是一位宣告了十九世紀末日的作家。對艾德蒙德·威爾遜來說，在其所著的《阿克瑟爾的城堡》（1931）裡，喬伊斯則是『標誌著人類意識新階段的偉大詩人』。不管近期的評論家們就文學現代主義發展的準確道路可能在進行著多麼激烈的爭論，《尤里西斯》的出版仍然是所有的人都能夠同意的有數幾個里程碑當中的一個」（參見《喬伊斯》中譯本第11頁，北京三聯1986年版，袁鶴年譯）。我所以要引這一段話，是因為它包含喬伊斯三個最重要的價值：（1）喬伊斯是世界文學上里程碑式的人物；（2）它宣告十九世紀文學傳統的終結和二十世紀具有現代意識的史詩般作品的誕生與成熟；（3）標誌著人類意識進入新的階段。《尤里西斯》確實難讀，然而，一旦讀過去，則會發現一個無比精彩的世界。福克納曾說：「我那個時代有兩位大作家，就是湯馬斯·曼和喬伊斯。看喬伊斯的《尤里西斯》應當像識字不多的浸信會傳教士看《舊約》一樣：要心懷一片至誠。」（引自《諾貝爾文學獎獲獎作家談創作》第183頁，北京大學出版社1987年版）

這裡，我特別要提醒關心文學的朋友們注意一下今年7月20

日的《紐約時報》所公佈的本世紀最好的一百部英語小說。也就是說，如果諾貝爾臨終時把小說獎委託給《紐約時報》，他們對英語小說部分將作如此選擇。當然他們挑選只是作品，而且只限於小說，不是選擇作家，但從他們選擇的作品我們也可知道在他們眼裡，誰是二十世紀最傑出的小說家。在這一百部小說中，名列第一的是喬伊斯。把這一百種篇目引入本文會使文章過於冗長，但我們可看看前二十五名：

(1)《尤里西斯》，喬伊斯

(2)《偉大的蓋茨比》（另譯《大亨小傳》），費茲傑羅

(3)《青年藝術家的肖像》，喬伊斯

(4)《洛麗塔》，納博科夫

(5)《美麗新世界》，赫胥黎

(6)《喧囂與騷動》，福克納

(7)《二十二條軍規》，海勒爾

(8)《午間的黑暗》，科艾斯特勒

(9)《兒子與情人》，勞倫斯

(10)《憤怒的葡萄》，史坦貝克

(11)《火山下》，勞瑞

(12)《眾生之路》，布勒特

(13)《一九八四》，歐威爾

(14)《我，克拉第爾斯》，格瑞弗斯

(15)《燈塔行》，吳爾芙

(16)《美國悲劇》，德萊賽

（17）《心如孤獨的獵人》，麥克科爾

（18）《第五號屠宰場》，馮耐格特

（19）《隱形人》，艾利森

（20）《土著兒子》，日瑞特

（21）《雨王漢德爾遜》，貝婁

（22）《在莎瑪拉的約會》，歐哈拉

（23）《美國》（三部曲），帕里斯

（24）《俄亥俄，魏恩斯堡》，安德遜

（25）《印度之旅》，福斯特

在這一百部黃金書單中，喬伊斯不僅名列榜首，而且三部代表作全被列入（第1名的《尤里西斯》，第3名的《青年藝術家的肖像》，第77名的《芬尼根們的守靈》）。我們不一定要完全接受《紐約時報》這種評價，即把喬伊斯視為本世紀小說的冠軍，但是，應當承認，瑞典文學院忽視了喬伊斯是個很大的缺陷。

在《紐約時報》的金牌書單中，被選上三部和三部以上的有四位作家。除了喬伊斯之外，還有康拉德、福克納、勞倫斯。康拉德是數量之冠，選了四部。入選篇目如下：

康拉德：《特務》、《諾斯特羅莫》、《黑暗之心》、《吉姆爺》。

福克納：《喧囂與騷動》、《我彌留之際》、《八月之光》。

勞倫斯：《兒子與情人》、《虹》、《熱戀中的女人》。

選上兩部的作家則有納博科夫、海明威、赫胥黎、奧斯爾、亨利‧詹姆斯、費茲傑羅、福斯特、貝婁、奈博爾等。

可以想像，在《紐約時報》的文學批評眼裡，二十世紀最卓越的用英語寫作的小說家，除了瑞典文學院看中的福克納、海明威、貝婁等之外，還有喬伊斯、康拉德、勞倫斯、納博科夫、赫胥黎、奧斯爾、奈博爾、費茲傑羅、福斯特等。在他們眼裡，這些名字可能比獲得諾貝爾獎的賽珍珠還重要。

《紐約時報》的書單，僅僅是一種參照系統。拿它作參照系並非說它的名單比諾貝爾家族的名單更重要更精彩。我不這麼看。其實，如果瑞典文學院一百年選擇的是這份名單，恐怕仍然會有許多爭議與批評。但是，這一參照系的確有參考價值，它使我們看到瑞典文學院忽視了一些不該忽視的作家作品。這種忽視，顯然是一種缺陷。

比較這兩份名單，我們會感到文學批評帶有很大的主觀性，其所掌握的批評原則、審美尺度有很大的差別。瑞典文學院把握的是諾貝爾所期待的理想原則，這自然是人類精神的美學理想與藝術創造的美學理想。而《紐約時報》掌握的則是藝術開創性原則，它所選擇的以喬伊斯為首位的作家，固然有一小部分和瑞典文學院的選擇重疊，如路易士、海明威、福克納、貝婁、史坦貝克等，但大部分是諾貝爾家族的缺席者，而大部分作家又是帶有先鋒色彩，他們在文學創作上都突破了傳統的寫法，開了一代的風氣，其創作個性特別鮮明，其文本策略均是把自己的觀念與寫法推向極致。他們特別看重喬伊斯，特別看重勞倫斯與康拉德，特別看重歐威爾甚至看重約瑟夫‧海勒、馮內果（Kontt Vonnegnt）都與他們把握的開創性原則有關。像勞倫斯的幾部作

品，就把性心理描寫推向極致，性被視爲生命的救星，被視爲社會擺脫頹敗的出路，被視爲人類重新燃燒起熱情的火燄，性就是美，性就是美的極致。這種先鋒觀念要讓當時的瑞典文學院的院士們視爲理想主義的表現，確實困難，所以我們也很難把遺漏勞倫斯視爲諾貝爾文學獎評審的缺點。喬伊斯的《尤里西斯》，其中對毛萊的肉慾主義作了非常細緻的描繪，這些描繪在當時也引起抗議。但是，喬伊斯的極致卻是藝術形式實驗的極致。他的《青年藝術家的肖像》開創了「意識流」的寫法，他的《尤里西斯》則進一步採用內心獨白、倒敘、時空混淆的手法來強化意識流，而在獨創的、全新的形式之下又包含著最深邃的現代意識，如果瑞典文學院的眼光更開放一些，也許是可以接受的。

在議論諾貝爾文學獎的長短時，前頭的文字曾讚賞瑞典文學院近二十年來更注意邊緣地區的文學，把眼光更多地放到歐美之外的作家作品，但是，在這一長處中我也感到諾貝爾文學獎出了太多的「冷門」。能有「冷門」，說明瑞典文學院院士們的眼光不拘一格，不爲批評潮流所左右，這是不錯的；但是，如果「冷門」意識太強，就會忽視一些屬於熱門的但確有重大成就的作家。我常感到疑惑不解的是捷克的流亡作家米蘭‧昆德拉爲什麼至今還站立在諾貝爾文學家族的門外？迄今爲止，我還找不到一個當代作家，包括中國當代作家，能像昆德拉如此深邃又如此幽默地表現社會主義國家制度下人們的生存困境和「媚俗」等文化心理。他的《生命中不能承受之輕》、《笑忘書》、《生活在他鄉》，無一不是傑作。他的作品在中國大陸產生巨大的影響，中

國作家和中國知識分子喜歡這一「熱門」，是比較高的文學趣
味，而他在西方的廣泛影響，也同樣是很高的趣味，說句實話，
最近十年瑞典文學院所評出的好幾個「冷門」，都不如米蘭・昆
德拉。我希望瑞典文學院的院士們能更注意掌握一下「熱」與
「冷」的分寸，別漏掉對人類精神產生巨大影響的主流作家。

（五）

　　除了爲米蘭・昆德拉未能獲獎進行呼籲之外，我所談論的
諾貝爾文學獎評選工作的侷限，只是事後諸葛亮的意見。實際
上，目前正在執行評審工作的諾貝爾文學院也已正視自己的侷
限。最近，我讀了瑞典文學院院士、諾貝爾文學獎評獎委員會主
席（他又是斯德哥爾摩大學文學教授、著名詩人）謝爾・埃斯普
馬克爲慶祝文學院建院兩百周年而寫的《諾貝爾文學獎內幕》一
書的中譯本（譯者李之義），才知道瑞典文學院對自己侷限的認
識十分清醒。這本書把近百年的評獎活動看作是一個互爲關聯的
整體，又指出二戰之後及近些年的評價原則與最初十年乃至三十
年代有著巨大差別。這本書並非簡單的內幕展示，它的境界是很
高的。正如作者在開篇時就說明的：「我這本書的目的不是爲了
介紹諾貝爾基金會成立以來不同的創作生涯及其命運，更不是將
於各種不同的獎金的『醜聞編年史』。我把探討諾貝爾文學獎背
後的評價原則看成更重要的任務。」文學獎背後的評論原則，確
實是個關鍵。儘管諾貝爾的遺囑已提出理想原則，但是，如何把
理想原則化爲審美評價，這就是一大困難，即使確定了評價原

則，在掌握與實現這一原則又是一大困難甚至是更大的困難。一位瑞典作家說過，這種評獎工作幾乎是不可能的。而瑞典文學院在1896年12月接到負責評選諾貝爾文學獎的通知時，有兩位院士就發表聲明，堅決反對接受諾貝爾的捐贈，其中一位擔心此項任務可能沖淡人們對其本身職能的興趣，把文學院變成「一種具有世界政治色彩的文學法庭」。另外一位除了懷有同樣的擔心以外，還補充說，國際輿論「對文學院神經施加的壓力將會完全不同於對其在瑞典作家中分配六千克郎的批評」。兩位懷疑者言下之意也是認為「不可能」。而瑞典文學院最終還是接受評獎的使命，也就是硬把不可能的事轉變成可能。這種轉變不能不遇到種種困難，尤其是確定和掌握評價原則的困難。謝爾·埃斯普馬克說：「諾貝爾文學獎提供了一個文學感受的罕見例子，在85年中，人們在深入而不間斷地介紹和討論根本的評價和遴選標準的情況下進行評選工作。過去沒有任何研究課題面臨這樣多的材料，一群博覽群書、經常是最富有文采和情感的人物，不斷地討論當代文學中的大多數作品，以便在使自身的感受及這種感受的侷限性與捐贈者的意志（但這種意志非常模糊），全世界的建議、期望協調一致的情況下，指出最傑出的作品，並給它們的作者金錢與榮譽……這種獎金之所以特殊，不僅因為院士們自己對評價的基礎有著意見分歧，還因為阿爾弗雷特·諾貝爾的遺囑要求獎勵那些『富於理想傾向』的作品這一硬性規定，實際上，文學獎的歷史有很大部分是在煞費苦心地解釋那個含混不清的遺囑。由於評價原則的偏差和掌握評價原則的困難，使諾貝爾文學

獎產生了一些明顯的缺陷。」令人感動的是，作爲諾貝爾評獎委員會主席，謝爾・埃斯普馬克完全沒有掩蓋這些缺陷，他在坦率承認這些缺陷中表現出文學的良心。

　　謝爾・埃斯普馬克在談論缺陷時，分爲前、後兩個時期很具體地敍述。早期——最初的十年，可稱爲維爾森時代（維爾森身居瑞典文學院常務秘書達三十年之久）。這個時代的主角維爾森，把理想解釋爲「高尙與純潔」的道德理想，奉行保守主義。埃斯普馬克指出：「在其任職期間，他是瑞典和北歐文學中新潮流的頑固反對者——先是反對現代文學開拓性作家——G・勃蘭克斯、H・易卜生、A・史特林堡等——繼而反對以浪漫主義爲先導的九十年代文學，賽爾瑪・拉格洛夫和V・海頓斯塔姆爲其偉大的先行者。他以少見的方式，同時反對互相打內戰的八十年代和九十年代的兩派作家。」維爾森的保守理想主義進而又從瑞典和北歐的舞台推向國際，從而否定了托爾斯泰、哈代等一代文豪。1901年發生四十二位知名作家、藝術家和言論家聯合簽名讚揚托爾斯泰之後，1902年托爾斯泰再次成爲三十四名候選人之一，問題又尖銳地擺在瑞典文學院面前，但是，評獎委員會還是給予否決。委員會在報告中說，托爾斯泰在世界文學中佔有很高的地位，這位《戰爭與和平》的作者是散文創作的藝術大師。儘管他表現了「宿命論的特徵」、「誇大機遇而貶低個人主動精神的意義」。《安娜・卡列尼娜》被描繪成有「更高的藝術價值」，是一部充滿「深刻倫理觀」的作品。由於「這些不朽的創作」，人們本來相對比較容易授予這位偉大的俄國作家文學比賽的桂

冠。帶有「道德憤慨」的《復活》也屬於這些傑作之列,然而有
著「可怕的自然主義」描寫的《黑暗的勢力》和有著「消極禁慾
主義」的《克萊采奏鳴曲》使他一落千丈。但主要是因為他的
「文化的敵人和偏見」以及他本人所作的「與高雅文化生活無關
的放浪本能生活」的辯解,給他臉上抹了黑,特別是對國家與聖
經的批評……他不承認國家有懲罰權力,甚至不承認國家本身,
宣揚一種理論無政府主義;他以一種半理性主義、半神秘的精神
肆無忌憚地篡改《新約》,儘管他對《聖經》極為無知;他還認
真地宣揚不論是個人還是國家都沒有自衛和防護的權力。1905
年,托爾斯泰再次被提名,而評獎委員會的報告又再次聲明:
「即使對托爾斯泰很多作品很崇拜的人,也可能會提出這樣的問
題,在這樣的一位作家身上怎麼能體現出純潔的理想:他在從其
他方面看是一部偉大作品的《戰爭與和平》中,認為盲目的機遇
在重大歷史事件中起決定性作用;在《克萊采奏鳴曲》中,他反
對真正夫婦的性關係;他在不少作品中不僅否定宗教,而且否定
所有權,而他自己卻一貫享有這種權利,以及反對人民和個人有
權自衛和防衛。」從諾貝爾評獎委員會對托爾斯泰的評論中,我
們可以看到,維爾森時代的瑞典文學院所掌握的評價原則是多麼
幼稚與武斷,他們的「高尚和純潔」的道德理想會導致怎樣的失
誤。後來托馬斯·哈代被排斥,也是這種重大失誤的繼續。對於
這十年的評獎,埃斯普馬克如此總結說:「維爾森從保守的唯心
主義出發,對遺囑人願望的解釋阻礙了第一個十年中最明顯的獎
金頒發——應該授予托爾斯泰。當時的尺度,由於結構本身的原

因，有利於比昂松而犧牲了易卜生。褻瀆神明者和自由主義者史特林堡——權勢和文學院不可調和的敵人——絕對沒有獲獎的可能。斯賓基、左拉和哈代也因種種原因沒有達到『富有理想』的傾向而失敗，亨利·詹姆斯因爲沒有達到歌德要求的非完美性而名落孫山。維爾森的有色眼鏡唯一看準了一位至今仍保持著（確切地說是後來得到的）國際榮譽地位的偉人是吉卜林，人們還稱讚了他的實際存在以外的長處。後世得出的牽強附會的評價也許有一定道理，然而最刻薄的批評來自有著相同的歷史視野的人們，他們表達了史特林堡和列維爾亭的批評，即文學院缺乏對這項任務的敏感性。」（參見《諾貝爾文學獎內幕》第251～252頁，灕江出版社）

埃斯普馬克還檢討了兩次大戰期間的評選工作。他說：「嚴重的問題是，相當多中等水平的獲獎者掩蓋了同樣多的疏漏者。安東尼奧·馬查多或烏納穆諾比貝納文特更有資格獲獎；維吉尼亞·吳爾芙比賽珍珠更有資格獲獎等等。總之，針對這點的批評大體上是合理的；如我們看到的那樣，兩次世界大戰中間時期的文學院，完全沒有指導自己行動和評價西方世界文學中，最富有生命之時期所需要的正確尺度……一大批偉大的作家，在兩次世界大戰的中間時期從諾貝爾獎金評選人的眼皮底下漏過，人們沒有認識到他們的能力——或者至少可以說他們的優秀品德大大超過由既定的原則的衡量所造成的不足之處：哈代、瓦萊里、克洛岱爾、聖·喬治、馮·霍夫曼斯塔爾、赫塞（過了一個時期以後才獲獎）、烏納穆諾、高爾基和弗洛伊德（在授獎理由中排

除了他對《魔山》之影響）。」

埃斯普馬克在歷史回顧中特別提到喬伊斯：「就喬伊斯而言——最嚴重而又經常被指出的被疏漏的人物之一——我們看到，由於不斷年輕化而在文學院內部發生了觀察問題角度的變化。他也從未被提名；至少他的偉大從來沒有引起英語地區有資格提出建議的人的注意。在歌頌高爾斯華綏和賽珍珠的1930年代的文學院裡，喬伊斯獲獎是不可想像的。反之，他很有可能在厄斯特林時代獲得諾貝爾獎，如果他能活到那個時候的話。1948年厄斯特林在對艾略特致頌詞時說：與《荒原》同年出現的另一部在現代文學中能引起更大轟動的開創性作品，就是愛爾蘭人喬伊斯有口皆碑的《尤里西斯》。」

喬伊斯之外，人們常感到遺憾的另一些卓越的名字，埃斯普馬克也注意到，他認為，遺漏了普魯斯特、卡夫卡、里爾克、穆西爾、卡瓦菲斯、Ｄ‧Ｈ‧勞倫斯、曼德施塔姆、加西亞‧洛爾卡和佩索阿等，無疑也有損文學院的榮譽。但是，這些名單的遺漏，其中多半是「客觀」原因，即作品的出版與作家的逝世只隔很短的時間或者代表作是在逝世後才出版（如卡夫卡），有的實力主要體現在未出版的詩文中。儘管有遺憾之處，但二戰之後的評獎工作的確不錯，對於這點，埃斯普馬克也如實地說明瑞典文學院的功勳。戰後的獲獎者，包括紀德、艾略特、福克納、莫里亞克、海明威、卡繆、巴斯特納克和沙特等，他們所構成的在世的最優秀作家的比率，高過任何時期。

從埃斯普馬克對瑞典文學院的歷史回顧與誠懇的自我評價

中，我們可以看到，瑞典文學院對自己的功過相當清楚。將近一
百年的評獎過程，充滿著爭論、交鋒、批評，在這一過程中，他
們的工作有時問心無愧，有時感到遺憾，但他們畢竟爲全人類的
文學事業而耗費了心血與才華，並使諾貝爾文學獎成爲舉世矚目
的擁有最高聲望的文學評論事業。有它的存在，人類精神世界顯
得更加豐富與活潑。不管有多少侷限，但它一百年的工作，應當
說是成功的。

（六）

　　如果明年中國作家未能獲獎，那麼，諾貝爾獎的第一個世
紀，中國作家便完全缺席。亞洲國家獲獎者雖然少，但印度畢竟
有一席位（泰戈爾）；日本畢竟有兩個席位（川端康成、大江健
三郎），而中國卻一席也沒有。近百年來，特別是五四運動以
來，中國的新文學運動一浪接一浪，文學改良，文學革命，文學
走向世界，熱情很高，到了世紀末，回顧過去，卻覺得自己被某
些眼光所冷淡，包括被諾貝爾文學獎所冷淡，於是，心理難免不
平衡。

　　偉大的作家自然不在乎身外之物，不在乎他人的肯定和評
語，包括諾貝爾文學獎的肯定與評語，但是，作爲一種現象，即
中國的作家作品爲什麼不能在更廣闊的國際文學批評範疇內得到
肯定，卻是文學研究者應當想想的，自然也是關心中國文學的人
不免要問問爲什麼的。

　　中國人向來自我感覺很好，作家自以爲是的也居多。具有

自大心理的人甚至製造謠言，說瑞典文學就問過魯迅願意不願意
接受諾貝爾獎而魯迅不願意接受（參見1991年11月號《明報月刊》
馬悅然的談話）。事實上，作為中國現代文學最卓越的偉大作家
魯迅，儘管他有足夠的文學成就與許多諾貝爾文學獎獲得者媲
美，但他自己卻認為「不配」，對本世紀中國現代文學的最初
二、三十年，他有一個非常清醒的認識。這一認識在他給臺靜農
先生的一封信中表現得格外清楚。1927年，瑞典考古探險家到中
國考察研究時，曾與劉半農商量，擬提名魯迅為諾貝爾獎候選
人，由劉半農託臺靜農寫信探詢魯迅意見。這年9月25日，魯迅
便鄭重地給臺靜農回了一封信。這封信涉及到諾貝爾文學獎的文
字如下：

　　靜農兄：

　　九月十七日來信收到了。請你轉致　半農先生，我感謝
　　他的好意，為我，為中國。但我很抱歉，我不願意如
　　此。

　　諾貝爾賞金，梁啟超自然不配，我也不配，要拿這錢，
　　還欠努力。世界上比我好的作家何限，他們得不到。你
　　看我譯的那本《小約翰》，我那裡做得出來，然而這作者
　　就沒有得到。

　　或者我所便宜的，是我是中國人，靠著這「中國」兩個
　　字罷，那麼，與陳煥章在美國做《孔門理財學》而得博
　　士無異了，自己也覺得好笑。

　　我覺得中國實在還沒有可得諾貝爾獎賞金的人，瑞典最

好是不要理我們，誰也不給。倘因爲黃色臉皮人，格外
優待從寬，反足以長中國人的虛榮心，以爲眞可與別國
大作家比肩了，結果將很壞。

我眼前所見的依然黑暗，有些疲倦，有些頹唐，此後能
否創作，尚在不可知之數。倘這事成功而從此不再動
筆，對不起人；倘再寫，也許變了翰林文學，一無可觀
了。還是照舊的沒有名譽而窮之爲好罷。（《魯迅全集》
第十一卷第580頁，人民文學出版社，1981年版）

魯迅這封信，寫得極好。他是中國作家對待諾貝爾獎的一
種最理性、最正確的態度。他既沒有著意輕蔑諾貝爾獎的矯情，
也沒有刻意抬高諾貝爾獎的心思。當時他已完成了里程碑式的
《吶喊》、《徬徨》、《野草》等作品，但他卻清醒地覺得自己還
「不配」、「還欠努力」。此信寫於五四運動後十年，中國文壇上
已出現了郭沫若、郁達夫、周作人、葉聖陶、冰心、茅盾等，但
他覺得一個也不配，希望瑞典最好是不理我們。這封信之後的二
十年，又出現了三、四十年代的一群作家：巴金、老舍、曹禺、
沈從文、李劼人、張恨水、丁玲、張愛玲、路翎等，這群作家寫
作相當努力，正是繼魯迅之後而代表中國新文學的希望，但是，
其中一部分作家受時代政治風氣的影響太深，使自己的作品過於
意識形態化從而削弱了文學價值，如茅盾，他當然無法進入諾貝
爾文學獎的視野。而巴金、老舍、曹禺等，則在創作生命最成熟
的年月，進入了本世紀的下半葉，結果他們整整三十年把才華浪
費在無價值的寫作上，有的甚至用階級鬥爭的簡陋觀念修改和踐

踏自己的作品（例如曹禺），令人驚心動魄。待到八十年代，巴金二度進入眞正的寫作狀態，已是八十高齡了，儘管《隨想錄》樸實動人，讓人感到寶刀不老，但在日新月異的國際文壇上，畢竟難以使域外批評家們讀後衷心激賞了。

三、四十年代有三位十分努力而且政治色彩較淡的作家——李劼人、沈從文、張愛玲，本來應是進入諾貝爾文學家族最合適的人選，可惜因爲陰錯陽差，也未能順應人願。

在中國現代小說史上，如果說《阿Ｑ正傳》、《邊城》、《金鎖記》、《生死場》是最精彩的中篇的話，那麼，李劼人的《死水微瀾》應當是最精緻、最完美的長篇了。也許以後的時間會證明，《死水微瀾》的文學總價值完全超過《子夜》、《駱駝祥子》、《家》等。這部小說的女主公鄧幺姑就是中國的包法利夫人，她的性格蘊含著中國新舊時代變遷過程中的全部生動內涵。其語言的精緻、成熟和非歐化傾向也是個奇觀。1988年，在大陸「重寫文學史」的議論中，我曾說過，倘若讓我設計中國現代小說史的框架，那麼，我將把李劼人的《死水微瀾》和《大波》作爲最重要的一章。很奇怪，李劼人的成就一直未能得到充分的評價，大陸的小說史教科書，相互因襲，複製性很強，思維重點老停留在「魯郭茅、巴老曹」的名字之上，而對李劼人則輕描淡寫，完全沒有充分認識到他的價值。而更不幸的是李劼人在1949年之後也老是按照新的尺度來修改自己的作品以迎合「時代的需要」，因此，更沒有人認眞地推薦李劼人了。

沈從文是一個特例。他的特別有兩個方面：一是在三、四

十年代作家們都熱心於政治並使自己作品的意識形態色彩愈來愈濃的時候，他卻逃避政治，逃避政權的干預，仰仗自然神靈的力量，專注於人性的研究與描寫，正如朱光潛先生所說的，沈從文的文學廟堂裡供奉的僅僅是人性，這種選擇使他的作品顯得冷靜並具有永恆的價值，他的創作路向類似日本的川端康成；第二是1949年之後，當其他作家緊跟政治而創作謳歌文學時，他卻嚴格地選擇了「沉默」，而且一直沉默到死。也就是說，1949年之前他獻給世界的是文學的人性美，之後他獻予的則是作家的沉默美。沉默，使他從未糟蹋過自己的良心和作品。直到八十年代，這位把自己深深埋在「中國古代服裝史」故疊之中的作家，才重新被人們發現，而有心的馬悅然教授也及時把他的小說集翻譯成瑞典文。瑞典文學院的院士們也很快地把他放在自己的第一視野之內。到了1988年，他的條件已完全成熟，據說，瑞典文學院已初步決定把該年的文學獎授予他了。可惜，他卻在這一年的五月十日去世。按照文學獎章程的規定，死者是不可以作為獲獎者的。就這樣，中國失去了一個機會。聽到沈從文去世的消息後，馬悅然很著急，立即打電話去問中國駐瑞典的使館，詢問死訊是否真確，但使館回答說：我們不認識沈從文這個人。對於使館的這一回答，馬悅然一直困惑不解，耿耿於懷，對我說了好幾回。

本世紀上半葉一群優秀作家，在下半葉未能發展反而倒退，使他們的成就與世界上第一流作家相比，都顯得不夠博大，這是令人十分遺憾的。

下半葉大陸產生一群新的作家，但由於文學生態環境不

好，作家被組織化與制度化，創作陷入「敵與我」、「好與壞」、
「社會主義道路與資本主義道路」、「革命與反革命」、「先進與
落後」等兩極對立的統一模式中，因此在頭三十年，雖然出現一
些努力寫作的作家，但其努力均成效不大。這群作家自然無法進
入世界性的文學批評視野。直到八十年代，大陸文學才出現新的
生機，一群新起的作家，特別是中、青年作家，創作力非常旺
盛，很快就顯示出創作實績，也很快地被國際文學批評的眼睛所
注視，然而，他們創作的時間畢竟不長，成就畢竟有限。諾貝爾
文學獎不管授予哪一個人，都有些勉強，都會使人想到是否「因
為黃色臉皮，格外優待從寬」的問題。但是，我又覺得，這群作
家的傑出者在十幾年的奮發努力中，已走向世界文學的行列，他
們很有前途，二十一世紀是屬於他們的。

（七）

　　儘管中國現代文學發展艱難，但是它在瑞典和西方還是找
到不少知音。這些知音們的熱情是很讓人感動的。1988年我作為
中國作家代表團的一員第一次到巴黎，1989年和這之後我又到巴
黎五次。在與漢學家們的接觸中，我知道他們不少人喜歡巴金，
而且竭力推薦巴金，這固然與巴金曾到法國留學過有關，但更重
要的是巴金確有成就，在倖存的產生於上半葉的一代作家中，巴
金是一個當之無愧的代表。如果諾貝爾文學獎授予他，倒是較為
自然，至少中國作家群會比較服氣。儘管他在下半葉的頭三十
年，因人文環境的惡劣未能創作出較有價值的作品，但在七十年

代末和八十年代中，也是他進入八十高齡之時，還寫下了散文巨
著《隨想錄》，這部大書負載的是中國老一代知識分子的覺醒之
語，這裡有幻滅，有眼淚，有懺悔，有對假與惡的告別，有對摧
殘知識分子的心靈專政和牛棚時代的譴責。只要熟悉中國國情和
中國文壇，就會知道，能像巴金這樣做的人很少。在中國，多的
是聰明人，是明哲保身的人，是把作家頭銜和學者頭銜看得高於
一切的人。許多至今還在大陸被崇奉的作家學者，只要我們留心
一下，就會知道，他們固然有成就，但他們又是一些對黑暗不置
一詞的人。他們除了構築讓人膜拜的文化冷塔之外，絕沒有巴金
似的羞澀之心和大同情心。這些冷面學人作家是大陸的書商和報
人捧出來的既安全又體面的偶像。與這些偶像和文壇上的其他聰
明人相比，巴金的確是可愛的。當然，我也不想為巴金的弱點辯
護。在海外，我多次聽到這樣的責問：巴金提倡講真話，為什麼
在1989年天安門流血事件之後，他不能像楊憲益那樣講幾句真
話？我無言以對。不錯，巴金要是在這有危險的瞬間講幾句真
話，他晚年的生命將更加大放光彩，歷史的記憶肯定要留下他的
從良心深處迸射出來的語言，我為此惋惜，但我也能理解，他年
紀畢竟太大了，他周圍不會有人幫助他這樣做。我們不應該苛求
巴金，現在香港和海外有些人化名攻擊巴金為「貳臣」，這些不
敢拿出自己名字的黑暗生物是沒有人格的。歌德說過，不懂得尊
重卓越的人物，乃是人格的渺小，以攻擊名家為人生策略的卑鄙
小人到處都有。

　　與巴金同一時代的作家沈從文，倒是在瑞典找到知音，而

第一個知音就是馬悅然。馬悅然告訴我，早在他的青年時代就喜歡沈從文，但不敢譯，美麗的文字是不能輕易譯的。直到1985年，他被選爲瑞典文學院院士之後才著手翻譯沈從文的作品。1987年，他所譯的《邊城》瑞典文版正式出版，緊接著，沈從文作品集又出版，沈從文代表作的翻譯和出版，成了瑞典文學界的盛事，沈從文也被提名爲諾貝爾文學獎的候選人並進入最前列。

據懂得瑞典文的朋友告訴我，馬悅然翻譯的沈從文作品漂亮極了。從1948年翻譯陶淵明的《桃花源記》開始，到了1987年，馬悅然已經歷了四十年的中國文學翻譯生涯。四十年間，他翻譯了老舍、聞一多、艾青等許多中國作家詩人的數百種作品，並翻譯了《水滸傳》(《西遊記》是九十年代才完成的另一工程)和四卷本的二十世紀中國詩歌與散文選集，到了翻譯沈從文的作品時，譯筆已完全成熟，因此，瑞典文本的沈從文作品集一旦問世，馬上贏得瑞典人的審美之心。

馬悅然是瑞典文學院中唯一懂得漢語的院士，因此，他在擔任院士後便更加努力翻譯中國現代、當代的作品，更加關注中國當代文學。沈從文去世之後，他又選擇了北島、高行健、李銳作爲他的主要譯介對象。他和北島認識得比較早，並翻譯了北島的全部詩作。這也許是緣份，馬悅然真是非常喜歡北島、顧城、楊煉的詩。我在瑞典的時候，常常聽到馬悅然談起他們的名字。那時顧城在德國，馬悅然多次和我說，真想請顧城再到瑞典，就是一下子找不到錢。他稱顧城是會走路的詩，衷心愛他，可是顧城後來卻發生那樣的悲劇與慘劇，辜負了馬悅然一片情意。他認

爲北島創造了一種全新的語言，是前人沒有的，而楊煉則是尋找的詩人，可以回到先秦的時代。馬悅然覺得他們都年輕而富有活力，也許可以展示中國新詩的未來。也因此，馬悅然非常關注他們前行的足音，把他們當作朋友。1992年深秋的一天，馬悅然夫婦聽說我和妻子採蘑菇採得入迷了，非常著急，就警告我說：以後不許你再去採了，中毒了怎麼辦？他還告訴我，楊煉來瑞典時也採得入迷，爲了安全，不得不把他的住房搬遷到一個沒有蘑菇的地方。

高行健是他喜愛的另一位作家與戲劇家，他首先看中高行健的戲劇。1988年12月我初次到瑞典時，他就對我說，高行健的每一部劇作都是好作品。當時他很高興地捧起一大疊手稿，告訴我說，這是高行健剛剛完成的長達四十萬字的長篇小說，可是都是手寫的，他讀得很費力，不知道怎麼辦？我因爲也喜歡高行健的劇作和他的其他文字，所以就說，讓我把稿子揹回中國，打印好了再寄還給你。於是，我把《靈山》初稿帶回了北京，打印校對好了之後，我請瑞典駐華使館的文化參贊交給馬悅然。馬悅然接到打印稿後非常高興，並立即譯成瑞典文。1992年我到瑞典時，見到厚厚的《靈山》瑞典文本，不能不敬佩馬悅然。這部小說，上溯中國文化的起源，從對遠古神話傳說的詮釋，考察到漢、苗、彝、羌等少數民族現今民間的文化遺存，乃至當今中國的現實社會，通過一個在困境中的作家沿長江流域進行奧德賽式的流浪和神遊，把現時代人的處境同人類普遍的生存狀態聯繫在一起，加以觀察。因爲我是文學專業者，愛讀散文，又喜歡小說

中所包含的豐富文化意蘊，所以閱讀《靈山》時便津津有味。而
對許多讀者來說，《靈山》可不是那麼好進入，閱讀起來非常費
勁。而馬悅然，一個非中國人，卻能如此欣賞《靈山》，不僅讀
進去，而且譯出來，而且譯得非常漂亮，想到這裡，我便相信，
翻譯者如果沒有一種感情，一種精神，是難以完成如此艱巨的工
程的。《靈山》的法譯本在1996年於巴黎出版，出版時法國各報
均給予很高的評價。高行健還有其他許多作品也已譯成多國語言
出版，他的劇作在瑞典、德國、法國、奧地利、英國、美國、南
斯拉夫、台灣和香港等地頻頻上演，西方報刊對他的報導與評論
近二百篇，歐洲許多大學中文系也在講授他的作品，他在當代海
內外的中國作家中可說成就十分突出。

除了北島與高行健之外，馬悅然還努力譯介、推崇立足於
太行山下的小說家李銳。

李銳的短篇小說集《厚土》，馬悅然在十年前就注意到，並
很快就翻譯出版。近幾年，他又翻譯了李銳的長篇小說《舊
址》，大約不久後也可以問世。李銳的兩部最新長篇——《無風
之樹》與《萬里無雲》馬悅然也很喜歡，他告訴我，這兩部小說
就像詩一樣。在和我的幾次通訊中，他都對《舊址》稱讚不已。
馬悅然本人具有很濃的詩人氣質，一旦遇到自己心愛的作品，則
表露無餘。

從前年開始，他就一直念著，希望今年秋天能到太行山下
去看看李銳，只是因為太忙，至今還未能成行。馬悅然是有藝術
眼光的，李銳的《厚土》、《舊址》確實是不同凡響的傑作。我

在今年年初所寫的一篇短文中這麼說：「我真的非常喜歡李銳的小說。他的《厚土》早就讓我沉醉。呂梁山下那些貧窮的莊稼漢，那些純樸的狡黠，善良中的愚昧，那些讓人發笑又讓人心酸的性糾葛的故事，每一篇都那麼精粹又那麼深厚地展示一個真實的中國。李銳的短篇是真正的短篇，短而厚實，精粹而精彩。而《舊址》則是真正的長篇，這麼『長』不是篇幅的冗長（僅三百頁），而是它容下了從二十年代到八十年代整整一個革命歷史時代，並氣魄宏大地書寫了跨越三代人的中國革命大悲劇。」（參見香港《明報》1998年1月3日）。我的這篇短文，是讀了我的朋友葛浩文（Howard Goldblatt）教授的《舊址》英譯本之後寫的。葛浩文是李銳的另一知音，他把《舊址》譯為Silver City（銀城）。出版不久，美國最權威的書評雜誌Publishes Weekly就加以推薦。美國作家lisa See評論說：「這是我讀到的有關中國的書籍中最令人驚歎的一本，它是中國的《齊瓦哥醫生》。」近日葛浩文告訴我，《銀城》的銷路不太好，這雖然遺憾，但也不奇怪。

　　如果說馬悅然是把中國文學作品翻譯成瑞典文的最積極、最有成就的翻譯家，那麼，葛浩文可以說是把中國現、當代文學作品翻譯成英文最積極、最有成就的翻譯家了。夏志清教授去年在《大時代——端木蕻良四十年代作品選》（夏志清與孔海立主編，台北立緒文化事業有限公司出版）的序言中，說葛浩文是「公認的中國現代、當代文學之首席翻譯家」，這一評價是公正的。葛浩文的英文、中文都出類拔萃，偏又異常勤奮，因此翻譯

成績便十分驚人。迄今爲止，被他譯爲英文出版的中國小說和其他文學作品有蕭紅的《呼蘭河傳》、《商市街》、《蕭紅小說選》；陳若曦的《尹縣長》；黃春明的《溺死一隻老貓》；楊絳的《幹校六記》；李昂的《殺夫》；端木蕻良的《紅夜》；張潔的《沉重的翅膀》；白先勇的《孽子》；艾蓓的《綠度母》；賈平凹的《浮躁》；劉恆的《黑的雪》；老鬼的《血色黃昏》；蘇童的《米》；古華的《貞女》；王朔的《玩的就是心跳》；李銳的《舊址》；虹影的《饑餓的女兒》；王禎和的《玫瑰玫瑰我愛你》；朱天文的《荒人手記》（尚未出版）以及中國當代短篇小說選（書名爲《毛主席看了會不高興》）等，此外，也是葛浩文特別推薦的莫言，他的代表作，幾乎每部都譯，已出版和譯畢的有《紅高粱家族》、《天堂蒜苔之歌》、《酒國》，正在譯的有《豐乳肥臀》。我到科羅拉多大學「客座」多年，感到老葛口裡最積極的詞彙便是「莫言」二字，其對莫言的愛超過了蕭紅。幸而我也喜歡莫言，所以有許多共同語言。去年我有一篇短文，題目叫做〈莫言：中國大地上的野性呼喚〉。文中有一段這麼說：

> 莫言沒有匠氣，甚至沒有文人氣（更沒有學者氣）。他是生命，他是搏動在中國大地上赤裸裸的生命，他的作品全是生命的血氣與蒸氣。八十年代中期，莫言和他的《紅高粱》的出現，乃是一次生命的爆炸。本世紀下半葉的中國作家，沒有一個像莫言這樣強烈地意識到：中國，這人類的一「種」，種性退化了，生命萎頓了，血液凝滯了。這一古老的種族被層層疊疊、積重難返的教條

所窒息，正在喪失最後的勇敢與生機，因此，只有性的
覺醒，只有生命原始慾望的爆炸，只有充滿自然力的東
方酒神精神的重新燃燒，中國才能從垂死中恢復它的生
命。十年前莫言的透明的紅蘿蔔和赤熱的紅高粱，十年
後的豐乳肥臀，都是生命的圖騰和野性的呼喚。十多年
來，莫言的作品，一部接一部，在敘述方式上並不重複
自己，在中國八十、九十年代的文學中，他始終是一個
最有原創力的生命的旗手，他高擎著生命自由的旗幟和
火炬，震撼了中國的千百萬讀者。

　　在北美，除了葛浩文之外，還可以看到其他大陸文學的知
音和積極傳播者，如王德威、詹森（Ronald R.Janssen）、杜邁
可、戴靜等。王德威主編的《狂奔‧中國新銳作家》，收入莫
言、余華等作家的小說（也有香港作家），已於1994年在哥倫比
亞大學出版社出版。杜邁可編的《現代中國小說世界》和戴靜編
的《春筍》（均是小說選集）也已分別在Shape和Randam House出
版社出版。尤其引人注目的是詹森翻譯的殘雪的兩本小說集《天
堂裡的對話》（收入短篇小說十幾篇）和《蒼老的浮雲》（收入中
篇小說兩篇）。詹森與大陸學者張健合作，使翻譯更為成功。
《紐約時報書評》通過譯本發現中國也有類似卡夫卡的描寫頹敗
的傑出女作家。這位女性作家筆下的「諷刺性寓言」和絕望感，
讓書評家感到驚訝。殘雪的確是個具有獨特思路、獨特視覺、獨
特文體的作家，我在自己的文字與講演中，多次推崇她，不知道
她近幾年有沒有新的作品問世。在殘雪之前，王安憶的《小鮑莊》

的英譯本已由Viking公司出版。王安憶近年突飛猛進，她與殘雪應是大陸當代兩位最有才華的女作家，我衷心祝福她們前程無量。

由於葛浩文教授如此努力譯介、推薦，莫言應當會逐步進入瑞典文學院的視野。除了文學研究教授有推薦權之外，諾貝爾文學獎獲獎者也有推薦權。而日本的大江健三郎在獲獎不久就發表了一個講話，表明他欣賞中國當代的兩位小說家，一位是莫言，一位是鄭義。這自然使莫言更引人注目。但莫言的小說至今沒有瑞典文譯本，他要在瑞典贏得知音還需要時間，而鄭義的小說則連英譯本也沒有。鄭義的兩部中篇——《老井》與《遠村》的確是難得的精彩之作，《老井》比較著名，而我則特別喜歡《遠村》。這兩部中篇出現之後，鄭義到廣西對吃人現象做了實地調查，寫了長篇報告，但這部作品恐怕是社會學價值超過文學價值。我剛到瑞典時，羅多弼教授和陳邁平先生就告訴我，因為他們把鄭義長篇中的一章譯成瑞典文在報上發表，立即引起強烈爭議。幾位社會學者譴責報紙不該發表這種文章。文明發展到今天，怎麼可能發生吃人現象。瑞典報紙說中國吃人，這是不是種族偏見？問題提得很尖銳。羅多弼教授希望我寫一篇文章談談自己的看法。我就寫了一篇〈也談中國的吃人現象〉，由羅教授譯成瑞典文發表在斯德哥爾摩的報紙上。我在文中說明：廣西的吃人現象發生在文化大革命的特定時間，那時社會處於無序狀態。而中國自古以來確有吃人現象，「五四」時期魯迅在《狂人日記》中以「吃人」二字批判中國的虛偽文化後，吳虞便寫了《吃人與

禮教》一文，列舉了史書上所記載的確鑿無疑的吃人事實。魯迅
和吳虞自然不是不愛國，也不是種族自虐。我在替鄭義辯護的時
候，一面敬佩他的社會使命感，一面也擔心這種使命感燃燒到非
常強烈之後是否還能保持作家冷靜的觀察與思考。在本世紀日本
文學中，川端康成與大江健三郎分別屬於相對的兩極，前者是唯
美主義者，遠離社會風煙；後者則熱烈擁抱社會，批評社會。瑞
典文學院能以寬闊的文化情懷兼容兩者，是值得稱讚的，只是這
兩者之外更大的作家三島由紀夫卻未能進入諾貝爾文學家族，卻
是可惜。作為一個熱烈擁抱社會而取得成功的大江健三郎，他喜
歡莫言與鄭義是可理解的。

　　放下法國、德國、英國、義大利和其他國家的漢學界不
說，僅談馬悅然、葛浩文和北美譯界，僅談大江，就可知道，大
陸文學在世界上並不缺少知音。

（八）

　　與大陸的作家相比，台灣作家應當會感到寂寞一些。其
實，台灣文學是很有成就的。台灣作家在本世紀下半葉所處的文
化生態環境好一些。儘管在五、六十年代台灣的政權也專制，也
迫害、關押作家（如關押陳映真、柏楊等），但沒有像大陸作家
那樣遭受政治運動的掃蕩性打擊和「群眾專政」這種無所不在的
羅網，意識形態的強制也不像大陸那樣無孔不入，因此，相對而
言，台灣的作家詩人比起大陸的作家詩人，創作之自由度顯然高
一些，因此，在下半葉前三十年，台灣的文學創作，尤其是詩歌

創作，一直處於相當興盛的狀況。上半葉中國的新詩運動在台灣
得到繼續，其形式、語言、技巧日益成熟，以至出現了一個包
括瘂弦、余光中、洛夫、鄭愁予、楊牧、周夢蝶、羅門、商禽等
在內的傑出的詩群。我曾表明過，從整體上說（不是指單個作
家），本世紀下半葉中國文學最突出的兩大成就，一是五、六十
年代（延伸到七、八十年代）的台灣詩歌；一是八十年代（延伸
到九十年代）的大陸小說。台灣的小說，就個體而言，白先勇的
《台北人》、王禎和的《玫瑰玫瑰我愛你》、陳映眞的《將軍族》、
李昂的《殺夫》、張大春的《四喜憂國》等都是傑作，但就整體
來說，大陸小說家因為經歷了時代的大動盪、大折騰，展示的大
愛大恨也更動人心魄，所以引起更大反響和更多關注也是不奇怪
的。而台灣詩歌總的來說卻更有光彩，也就是比起大陸詩群來說
更有成就，這是因為他們具有兩個明顯的長處：一是詩中文化底
蘊比大陸強；二是漢語表達能力尤其是古漢語的修養與表現能力
比大陸強。這是我讀兩岸詩歌的總感覺，倘若要論證，則需要作
學術論文。

　　我到瑞典的那一年，曾留心過台灣文學在瑞典的評介狀
況。一留心，便發現幾乎是空白。除了有一小本商禽的詩集《冰
凍的火炬》之外，看不到別的詩集與小說集。很明顯，台灣文學
是被瑞典漢學界和瑞典文學院忽略了。

　　但是，作為瑞典漢學界的泰斗式人物馬悅然，他對台灣並
沒有偏見，頂多只能說顧此失彼，即顧了大陸這一頭，台灣的
另一頭就忙不過來了。值得高興的是，我到瑞典時情況已在變

化，馬悅然和他的學生們已開始在閱讀台灣的詩歌。我和馬悅
然交談了好幾次，興致很濃，談得很熱烈。我從馬悅然的書架
上借閱了余光中、瘂弦、洛夫等詩人的詩集與詩論集，《瘂弦
自選集》、《瘂弦詩集》以及瘂弦的詩歌研究集《中國新詩研
究》，我都是從馬悅然那裡借閱的，余光中、洛夫的詩也是因爲
借閱的方便，才第一次認眞讀。「寫得眞好！」讀後我向馬悅然
衷心感歎，馬悅然回答說：「他們都是非常傑出的詩人。」「你
爲什麼不翻譯？」「以後會譯一些，不過有的詩很難譯，比如余
光中先生的詩，就很難譯。像你的散文一樣，眞難譯。」我告訴
馬悅然，我和余光中先生其實是同鄉，他的老家永春縣和我的老
家南安縣只隔幾十里路。馬悅然也覺得，台灣詩人的古典文學素
養比大陸的詩人高。大陸的一些年輕詩人，古詩詞讀得不勤，甚
至連三十年代李金髮、徐志摩、聞一多的新詩也讀得很少，創作
全靠靈氣與才氣。我回美國後，特別是近兩三年，馬悅然對台灣
詩歌更爲關注，幾次在電話上讚不絕口。他還告訴我，他已和奚
密、向陽組成一個編譯小組，開始翻譯台灣詩選。並會分別用中
文、英文、瑞典文在大陸、美國、瑞典出版，這眞是令人高興的
好消息。

香港文學同樣也被忽略，在瑞典一年，我從未見到任何一
部香港詩歌或小說的瑞典文譯本。像金庸這樣的小說大家，他的
《雪山飛狐》和《鹿鼎記》英譯本，也是近一兩年我才看到的。
今年我參加召集的《金庸小說與二十世紀中國文學》國際學術討
論會，與會者（都是中國現、當代文學史的學者教授）多數都認

爲，金庸的貢獻恰恰是把本屬通俗文學範圍的武俠小說提高到傑出嚴肅文學的水平。在會上，我提出一個論點，即本世紀的中國文學在世紀的前二十年發生分裂，之後便形成兩大流向（兩大實在），一是在「五四」命名並佔文學舞台中心位置的「新文學」流向，這一流向的代表是魯迅、周作人、胡適、郭沫若、聞一多等；二是處於文壇邊緣地位的「本土文學傳統」流向，這一流向的代表是李伯元、鴛鴦蝴蝶派諸君、張恨水、張愛玲、金庸等。

金庸是本土文學傳統的集大成者，他眞正繼承並光大了文學劇變時代的本土文學傳統；在一個僵硬的意識形態教條無孔不入的時代，保持了文學的自由精神；在民族語文被歐化傾向嚴重侵蝕的情形下創造了不失時代韻味又深具中國風格和氣派的白話文；從而把源遠流長的武俠小說系統帶進了一個全新的境界。金庸小說本不容易被學院派文學教授所接受，但它卻以自己不平凡的藝術魅力受到最廣大讀者的支持，迫使教授們不能不注意和研究，但因爲它太暢銷，讀者覆蓋面太大，而瑞典文學院向來不喜歡暢銷書，所以反而不容易進入他們的視野。香港文學的另一極的代表，恐怕要算是西西了，在異常熱鬧的大繁華世界裡，她卻異常冷峻地觀看世態人生，實屬難得。不過，我也沒有見過她的作品的瑞典文譯本和英譯本。

（九）

討論起中國作家爲什麼在諾貝爾文學家族中缺席的問題，總是爭論不休。我曾聽到幾位朋友說，主要是語言障礙問題，也

就是沒有做好翻譯的問題。

我並不認爲這是最主要問題，但也確實是重要問題之一。瑞典文學院的十八名院士只有馬悅然教授一個人可以直接閱讀中國文學作品，其他人都要借助翻譯，這自然有個和言語轉換中的障礙、誤差甚至變質的問題。張承志有篇文章說：美文不可譯。這在某種範圍內是個眞理，但不是絕對眞理。我們讀朱生豪、傅雷的中譯本，仍然會覺得莎士比亞、羅曼‧羅蘭的作品美不勝收。可惜，不管是大陸還是台灣、香港，把外國小說、詩歌、散文、戲劇譯成中文而且譯得相當漂亮的很多，而把漢語寫作的本國文學作品譯成外國文字的則很少，這一逆差非常明顯。在我國的翻譯史上，出現過英譯中的諸如朱生豪、傅雷等傑出的翻譯大家，但缺少把中文翻譯成英文的傑出人才。現在能把當代中文作品譯成外國文字並保持原著文學水準的幾乎都是外籍翻譯家（如馬悅然、葛浩文等），大陸辦的外文出版社，翻譯、出版了一些中國小說，但在海外幾乎沒有影響。

有的學者把語言障礙問題看得特別重要，因此建議瑞典文學院改革評選辦法。這個辦法的要點就是，每經一段時間後，瑞典文學院把當年的諾貝爾文學獎金，預定贈給一位用某一種「不通常」文字（即非英語及非西方主要國家語文字的國家的文學專家的意見和全世界專家的意見，以尋找出適當人選，然後譯成「通常」文字，最後由十八名院士投票決定。

1984年，黃祖瑜先生（歐洲華人學會會員）正式致公開信向瑞典文學院提出這一建議（黃先生的公開信發表在《歐華學報》

第二期），意見書在瑞典報上刊登後引起了熱烈的反響，而且得
到瑞典文學院常務秘書宇冷斯藤認眞的回信。這一覆函寫得很誠
懇、很有意思。它坦白地訴說了瑞典文學院的困難、苦衷和他們
堅定的工作態度，它甚至這樣誠懇地承認諾貝爾獎天然的侷限：

> 諾貝爾獎金，每年每項只有一個；在某種項目，最多只有
> 三位，共分獎金，可是世界上的文學作家和科學家——所
> 有科學範圍，包括物理、化學、醫學、經濟學以及促進
> 和平——爲數很多，絕不只這幾位諾貝爾獎金得獎人，其
> 中有些可能有同等資格，得到獎金，甚至於有些人的資
> 格，比獎金得獎人的資格還要高。諾貝爾獎金，無論是
> 文學獎金或其他項目的獎金，並不贈發給世界上那種項
> 目裡最優秀的作家或學者，因爲所謂「最優秀的」，根本
> 就不存在。在極複雜的科目像文學、醫學或物理或獎金
> 的其他科目，其中除原有材料外，有新創造的材料，我
> 們如何能以客觀態度，來比較同一項目中的作家或學
> 者？

而對於黃祖瑜先生的建議，宇冷斯藤教授也作誠懇的回
答，這一回答主要是兩點意見：

（1）承認黃祖瑜提出的問題（偏袒使用「通常」文字的作
家作品，忽略使用「非通常」文字寫作的作家作品）的存在。他
說：「瑞典國家文學研究院深深地感覺到這些問題的存在；這種
感覺，非自今天開始，從贈發獎金開始時，即已有了。諾貝爾氏
本人，對這些問題，也已顧慮到，因爲在他的遺囑中，明明地寫

著：『我確切地希望，在決定各獎的得獎人時，不顧及得獎人的國籍；只有貢獻最大的人，可獲得獎金，無論他（或她）是不是出生在斯堪地那維亞的國家裡。』諾貝爾獎金的國際性，已在這裡預先肯定。遺囑的最後一短語，特別有用意，因爲由此可見諾貝爾氏本人，也自然地感覺到斯堪地那維亞三國的作家和科學家，在開始時，因爲語言文字關係，就已佔優勢；若與歐洲以外的作家和科學家相較，當更佔優勢了。以後果不出諾貝爾氏所料，這種趨勢的確存在，尤其在贈發諾貝爾獎金（各種獎金）的初期。

　　到了後來，尤其是在二次世界大戰以後，大家積極地感覺到我們住的世界，並不只包括歐洲和西方的國家。在我們的世界中，國際間的聯繫，無論是在文化或政治方面，愈加活躍；過去西方國家的文化帝國主義和文化元老派唯我獨尊的觀念，不能繼續存在了。這種思想，當然影響到諾貝爾獎金的贈發，特別是文學獎金。大家熱烈地要求，在物色文學獎金的可能得獎人時，也應注意到大量西方文字以外的語言文字和文化領域。我們常常得到各地的來信，提醒我們注意到這件事；這些批評，不僅來自中國，還有來自印度（其中的語言文字以百計）、非洲以及大洋洲內國家，一齊抗議瑞典國家文學研究院把他們國家的文學忽略了。不唯這些歐洲以外的文字區域認爲不公平，就在歐洲之內，還有很多義憤的作家和科學家，爲他們（或她們）本國抱不平。」因爲正視這一問題，所以他說：「有目的地注意那些所謂『不通常』文字的文學作品」，正是「研究院工作的路向」。

（2）認爲解決問題要翻譯家，要靠研究院本身的努力，要靠院士、譯者、文學研究者的「密切合作」，而不能單靠「文學專家」。他說：

> 瑞典國家文學研究院，不能把贈發諾貝爾文學獎金的工作，交托給文學專家們辦；最終決定人選，還是要研究院的人自己負責，所以我們要依賴翻譯家。要讀歐洲以外文字著作的翻譯——其實歐洲以內少數人用的文字，也有些須要翻譯——我們也和一般書友和讀者一樣，高度地聽任偶然賜給我們的產品，這裡所謂「偶然性」，大多是愈來愈商業化的文學出版事業。所出版的翻譯，不一定都是自己不受約束和最優秀文藝家的作品。國際出版事業是一個超級市場，爲一種專利貨品所操縱；這類貨品，隨著當日的文藝風尚產出，或由高度成功的文學市場推銷員所經營，有很多這類的出品，來自美國。這個市場裡的作家，不一定都是壞的，可是常常有這種現象發生，就是不在這個市場裡的作家，反而比較在這個市場裡的作家，更惹人注意。市場裡眞正優良的作家，所出版的常常是他（或她）的作品中少量且無系統的選集，讀者不能由此可窺文學家作品的全貌。
>
> 瑞典國家文學研究院，有時自己找人翻譯某種文學作品，但自然不能大量地這樣辦。說也奇怪，翻譯詩歌反而比翻譯散文簡單，因爲詩人的作品，可由其少量的作品代表，而散文家的作品，必須讀了他（或她）大量的

作品，才可加以評判。爲促進文學的傳佈，並且打開文字和文化的障礙——這些障礙把西方國家和中國及亞洲分開，也把西方國家和非洲、大洋洲等國家分開，同時把「不通常」文字區域的文藝，封閉在他們語言文字的壁壘內——最好的辦法是發揚翻譯的技術，把認爲優秀的文學，譯成所謂「通常」文字，出版問世。

瑞典國家文學研究院當然不能只坐在那裡，瞪著眼，等候優美和豐富的翻譯作品，源源而來。我們必須在當時情況之下，盡力工作。有些方法，我已在上面提到了。困難之處，並不完全在作品的文字方面，而在乎如何滲透入作家本國的傳統思想，設身處地地懂得作家在寫作時所處的文學及文化背景；我們必須要這樣做，才能使翻譯的作品，不完全失掉原文的風格和意義。這樣我們就必須先讀很多其他有關的材料，才能稍稍地了解一位住在另一文化世界作家的思想和寫作。在這一切工作中，一位局外的文學專家，自然應和最後決定得獎人的文學研究院院士們，密切合作，作出對這位作家的最後評價。

瑞典文學院這一態度是可以理解的，他們不願意把大權交給「局外的文學專家」們，他們不能在文學專家們選擇之後最後起一個「橡皮圖章」的作用。這除了他們本是一群把獨立自主性原則視爲生命之外，還因爲他們對文學專家們的主觀偏激態度懷有戒心。宇冷斯藤坦率地說：

　　最後一件事，是如何鑑定文學專家，他們能選擇適當的文學作家，對作家評價時，能夠保持可靠和公正無私等等的態度，這件事並不是那麼容易。很多的專家，愛國的熱忱太大；也有很多專家，自己的愛憎太強，不能以客觀態度，評判作家；也有些專家，在評判其國內作家時，特別注意作家的年齡，使年紀長的有優先權；還有些專家，遮蔽地或明顯地特別注意到作家的政治立場；還有其他等等。在這一方面，也常常遇到文化上的差異，例如特別注重作家的年齡或其在外交上的地位，在日本或中國或其他國家，比較在西方國家內，重要得多。

　　宇冷斯藤先生對文學研究者、推薦者的這些批評，值得中國的文學教授們借鑑。他的這封回函的主要意思很清楚，語言障礙、文字障礙的困難不能交給非西語國家和非北歐國家的文學專家們去解決，還是要由他們自己通過翻譯文字進行鑑別與選擇。瑞典文學院的院士們選擇了五位俄國作家獲獎，這並非他們懂得俄文、沒有語言障礙，而是他們在譯文中仍然感受到這五位作家詩人的天才。

　　翻譯的確重要，如果不是《邊城》、《從文自傳》、《沈從文作品集》及時譯成瑞典文，沈從文就不可能站到諾貝爾文學家族的門口，但是，這畢竟是沈從文自身的卓越，是他一生的創作成就和傑出的作品所決定的。其實，在沈從文之前，已有不少中國當代的小說、詩歌已譯成瑞典文和英文，但是，他們都未能像

沈從文那樣：作品的瑞典文本一旦問世，便立即在地球的北角大
放光芒，讓文學院的院士們個個瞇著眼睛讀得連連點頭。

何況，現在分布在世界各國的翻譯家們都在追蹤中國當代
作家的創作步伐，一旦有優秀作品出現，他們就抓住不放，瑞典
的文學院士們必定很快就可以看到葛浩文所翻譯的李銳、莫言的
作品，這之後，就看李銳、莫言們是江郎才盡還是馬力無窮了。
關鍵還是自身的精彩與強大，但願他們個個都能面壁十年，面壁
一生，寫出不僅讓當代評論家欣賞而且讓今後千百代知音感動的
作品。

（十）

中國文學的百年缺席，似乎是令人不快的事，但也可以藉
此反省一下自身。我們不怪別人，卻必須求諸自己。這個「自
己」，一是本世紀中國文學的大思路；二是本世紀中國文學的生
態大環境。應當坦率地說，兩者都有大問題。前者產生於「主義」
的影響與干擾；後者產生於「集團」的壓迫與牽制。中國現代文
學在二十年代才剛剛從傳統的觀念中解脫出來，在三十年代卻又
走入政治意識形態的牢籠；文學變成意識形態的轉達形式，階級
鬥爭的觀念變成文學的靈魂，「主義」對世界的解釋變成作家的
創作前提和創作框架，這樣，從三十年代一直到七十年代，文學
寫作便形成一種與大愛、大悲憫、同情心相反的「一方吃掉一方」
的兩極對立的大思路。這種大思路是一種黑洞，它幾乎吸盡文學
的本性和吸盡作家的靈性。「五四」之後出現的一些很有希望的

作家，如郭沫若、丁玲、茅盾和大群的左翼作家，以及下半葉的
大陸作家，都先後陷入黑洞之中，從而耗盡了自己的才華。這種
大思路的出現，又與文學的生態大環境有關，我在這裡不能不說
這個世紀中國文學的生態大環境很不好。這個世紀產生一種以往
歷史所沒有的現象，就是政黨現象。政黨是大政治集團，這種大
集團為了自己的目標，就要求文學為自己的目標服務，甚至要求
文學成為自己的工具，這樣，他們就把作家組織化、制度化，把
作家變成手操另一種武器的軍隊，這種軍隊自然沒有寫作個性的
存身之所。而在大政治集團之下，許多作家又組織各種政治性的
文藝團體，為不同的主義而打派仗，爭陣地，搶旗幟，以喧囂代
替創作，也就是所謂「功夫在詩外」。文學本來是孤獨的事業，
是充分個性化的事業，它面對的不應當是黨派的現實目標，而是
人類永恆的困境和未來無數年代的知音，但是，孤獨的詩人無地
徬徨，逃避集團、逃避政治的作家無藏身之所。身在集團中的
人，借集團的名義說話，沒有自己的聲音；身在集團外的人，一
旦發出自己的聲音便被圍攻與撲滅，這怎麼會有輝煌的精神創
造？現在看得很清楚，無論是「主義」還是「集團」，對於文學
來說，都是一種災難，一種魔圈，一種招牌，一種廣告，一種黑
洞，誰鑽進魔圈，誰就會把自己的才華葬送。此時，我想起海明
威在獲得諾貝爾文學獎時的話：「寫作，在其處於巔峰狀態時，
是一種孤獨的生涯。各種各樣的作家組織固然可以減輕作家的孤
獨，但我懷疑它們未必促進作家的創作。一個在眾人簇擁之中成
長起來的作家，固然可以擺脫他的孤獨之感，但他的作品往往就

會流於平庸。而一個在孤寂中獨立工作的作家，假如他確實超群出眾，就必須天天面對永恆，或面對缺少永恆的狀況。」海明威的演講詞不到一千字，他把自己一生寫作的最重要的體會作了如此表述，可見，作家的孤獨狀態，即不受「主義」、「集團」以及市場等外在干擾而獨立不依的寫作狀態是多麼重要，這是作家成功最重要、最基本的前提。在二十一世紀到來的前夕，中國作家如果不是陶醉於「成就」，而是面對「代價」，從痛苦的代價中學到一點東西，那麼，明天一定是屬於中國作家的，可以肯定，擁有表達自由的作家不僅會跨進諾貝爾文學家族的大門，而且會跨入更偉大的精神價值創造之門。

（十一）

在批評中國作家的大思路和批評中國社會的大環境時，我想還應該批評一下我和我的同行從事的工作——文學批評與文學史寫作。

本世紀下半葉中國大陸的文學批評和文學史寫作一直是非常糟的。其原因是這種批評與寫作已完全變質，即文學批評及文學史寫作完全變成按照黨派意志而設置的政治法庭，文學史變成左翼政治史的文學版。這種版本的文學史公然把現代文學史最優秀的作家如沈從文、張愛玲等開除出歷史之外，實在是荒謬到極點。八、九十年代所作的文學史，包括中國現代小說史、中國現代詩歌史等，比起前三十年固然好一些，但也有兩個致命的弱點：一是複製性太強；二是以謳歌代替審美判斷。大陸出版的現

代文學史與當代文學史（包括通史與分類史）教科書恐怕不下兩百種，但都是大同小異，現代文學史（包括小說史、詩歌史）基本上是王瑤先生的《中國新文學史稿》的翻版、延伸、擴充和分類寫作，框架沒有大的變化。儘管小說史愈寫愈厚，但內行的人一看就知道這是「紙老虎」，因為它的建構、它的框架、它的線索，它的評價都和以往已出現的文學史差不多，也就是骨架是複製的，只是皮肉有點增減，文字有點差異而已。更糟的是在漂亮的敘述文字掩蓋下，文學史作者把所有的出版物，不管它的優劣，幾乎都放在自己的框架內；然後按照習慣性的看法和評價標準重新做個「英雄排座次」。坐在「章」的位置上自然是「魯、郭、茅、巴、老、曹」，坐在「節」的位置上則是沈從文、李劼人、張愛玲、張恨水等，坐在「段」的位置上則是新感覺派、現代派作家。這種文學史的缺點是讓人讀後如入迷宮，宮中的六大菩薩、十八羅漢、三十六小鬼雖被濃裝艷抹但卻模糊不清。六大菩薩到底哪些作品是精華，哪些是糟粕，哪些是成功之作，哪些是失敗之作，放在人類文學創造的背景下，他們在貢獻之中有什麼根本侷限？時代造成他們何種侷限，個人應負何種責任等等問題，我讀後常常一片朦朧，掩卷之後只記得一片頌揚之聲。這類文學史教科書對於正在進入文學之門的大學本科生可能有些幫助，但不可能提供眞切的審美判斷，一些關注中國文學的海外的文學評論家、翻譯家很難從中得到啓發，只能覺得這種被筆墨打扮的中國作家個個可愛但個個不可信。

　　八十年代大陸出現的非學院派的文學批評情況要好得多。

這些新出現的批評家，不像文學史作者靠「複製」過日子，而是
靠自己敏銳的藝術鑑賞力，因此他們發現一些初露鋒芒的作家並
爲他們的生長吶喊。可是這些中、青年批評家多數並非文學教
授，並無向瑞典文學院推薦的資格；而具有推薦資格的文學史教
授，則缺乏藝術鑑賞力，對當代文學發展的脈搏懵懵懂懂，結果
能向世界推薦的批評家變得非常稀少。中國沒有諾貝爾獎的獲得
者，無法有力地推薦本國的作家，在近一百年的歷史上，只有異
國的賽珍珠推薦過林語堂和大江健三郎推薦過莫言、鄭義（後者
是口頭上說）兩例。中國作家協會只有一個（台灣有沒有我不清
楚），又沒有什麼威信。埃斯普馬克先生《諾貝爾文學獎內幕》
一書談到亞洲國家的推薦情況，他說：二十世紀上半葉只有1940
年賽珍珠推薦過林語堂，「不過完全無法使人相信」。他們只能
從探險家斯文‧赫定那裡得到某些幫助，還有就是從高本漢那裡
得到一些情況，在六十年代前期，賽珍珠還推薦過日本的谷崎潤
一郎，日本文學院推薦過西脇順三郎，日本筆會推薦川端康成，
美國方面則推薦過三島由紀夫。1985年5月3日《亞洲週刊》曾發
表文章批評瑞典文學院對亞洲的忽視，文中提到幾個作家的名
字：日本的井上靖，中國的巴金，印尼的P‧A‧多埃，印度的
長篇小說藝術代表人物R‧K‧納拉揚。瑞典文學院的常務秘書
在回答記者時說：亞洲作家的提名仍然不是很多，特別困難的
是，即使在文學專家中也缺乏統一意見。還有一個問題是，對於
有著非常不同的文化背景和完全不同的文學目的的作家缺乏統一
評價標準，而且在西方對上述的提名者也缺少譯本。在記者的窮

追不捨之下，這位常務秘書還透露，亞洲不少國家有權提出建議的機構放過了提出候選人的機會。中國筆會主席巴金就說，他得到過提候選人的邀請，但是沒有回答。在其他國家，筆會也白白放過機會，比如瑞典文學院與泰國筆會每年都有聯繫，但是對此沒有反應。泰國筆會主席尼拉萬‧炳通就不是很確切地知道，他的國家是否有作家被推薦爲候選人，而且說：「在泰國，就翻譯文學作品而言，我們沒有做多少事情。我們可以從我們自己的語言對他們作出判斷，事實是我們還沒有看到某一部作品眞有資格，因此我們沒有認眞對待這件事。」埃斯普馬克批評：「這段話清楚地表現了多次障礙有意義的候選人被提名的失敗主義。」我不知道台灣、香港有沒有這種「失敗主義」，而大陸，我敢說是沒有的，有的只是缺少推薦的熱情和雖有熱情而不知從何入手。推薦是需要認眞態度、需要時間和需要情懷的，茫茫的中國大江南北，有幾位認眞、酷愛中國文學、毫無私心和妒嫉心的推薦者呢？龐大的中國作家協會機構又眞的嚴肅地下過功夫推薦過自己的作家嗎？我懷疑。

不過，也不必悲觀，只要作品傑出，即使國內缺少知音，國外也會有知音。而且瑞典文學院特別找了一位中國文學知音作爲自己的院士。埃斯普馬克說：「當1985年漢學教授和翻譯家G‧馬爾姆奎斯特（即馬悅然）被選入文學院的時候，人們確信，他是一位西方世界了解中國現代文學的傑出專家，同時他個人與其他東方文學的專家保持著密切關係。」馬悅然確實正如埃斯普馬克所評價的那樣，他是傑出的，而且是積極的，他的眼睛

時時在尋找中國文學的星光。1993年我「客座」斯德哥爾摩大學
時，曾與羅多弼教授及陳邁平先生組織「國家、社會、個人」國
際學術討論會，邀請了五十多位世界各地的漢學家。會議期間，
馬悅然特別邀請了余英時、李歐梵、劉紹銘、李澤厚、王元化到
瑞典文學院院士們經常聚會的小樓上座談，他誠懇地徵詢大家對
中國文學現狀的意見，在那個夜晚明亮的燈光下和溫馨的氛圍
中，我感到：諾貝爾文學家族是個有趣的存在，我們只好面對。
中國作家缺席只屬於二十世紀，絕不屬於二十一世紀。「代價」
是「成就」的母親，二十世紀的中國作家已付出巨大的代價，包
括心靈飽受折磨的代價。他們已把一部分代價化作成就，還將孕
育更大的成就，可以肯定，二十一世紀的諾貝爾文學火炬家族將
會迎接不只一個的中國天才。

發表於台北《聯合文學》1999年第一期

寫於1998年12月美國科羅拉多

答《文學世紀》編輯顏純鈎、舒非問

（發問：顏純鈎、舒非；回答：劉再復）

問：劉先生，高行健得獎以後，海外華人普遍都反應熱烈，但中國政府看法卻完全相反，究竟高行健拿這個獎是不是實至名歸？

答：我認爲這是名實相符的。當然諾貝爾文學獎評委有他們的價值標準，但高行健也的確是最優秀的中國作家之一，他是個「最具文學狀態、最具文學立場」的人，而且是在小說、戲劇、理論、繪畫等全方位取得傑出成就的作家。另外一個前提是：高行健的大部分作品都有瑞典文和英文、法文的譯本。這與本屆諾貝爾文學獎的評委會執行主席馬悅然的努力關係很大。他譯了高行健的長篇小說《靈山》和《一個的聖經》，選擇了高行健十八部劇本中的十四部。

問：聽說馬悅然曾經申請到大陸見李銳，但政府不批准他入境。假如他當時獲准入境的話，結果會不會不同？

答：即使他到大陸見了李銳，這個獎還是會給高行健的。

問：爲什麼？

答：高行健的條件更成熟。李銳也非常傑出，但他的作品
　　還沒有譯完，對他們來說，最重要的是有瑞典文譯
　　文，然後才是英文。有人說王蒙有機會，我認爲到目
　　前爲止沒有可能，他的作品也沒有瑞典文譯本。該怎
　　麼辦呢？評選並不神秘，那十幾個可敬的老先生，大
　　部分都是禿頂的，說不上是誰操縱的，他們看不懂中
　　文，沒辦法。

問：這是純技術方面的。

答：從作品來說，高行健也是最好的中國作家之一，我認
　　爲還有好幾位中國作家也有機會得這個獎。去年曾慧
　　燕訪問我時，我就提到一個高行健，一個北島，一個
　　李銳。她叫我估計一下二十年內中國作家有沒有機
　　會，我就說那是肯定的。八十年代之前，我們有兩個
　　問題，一個是文學的生態環境很壞，第二是大思路有
　　問題。我們的當代文學重新被外界認識，只有從八十
　　年代到到九十年代的二十年。

問：你剛才提到推薦高行健、北島、李銳，你是以私人身
　　分向馬悅然推薦，還是你參加了一個什麼推薦委員
　　會？

答：諾貝爾文學獎規定四種人可以推薦。一種是曾經得過
　　諾貝爾獎的，好像大江健三郎，他現在就可以推薦，
　　他很喜歡莫言、鄭義。第二種是文學教授，不分國界
　　的，副教授還不行。第三是國家級作家協會主席，另

外就是相當於全國作家協會的那種大型文學團體的主
席，比如筆會。當時我當文學研究所所長，也是研究
員，相當於教授，所以他們曾經有六個評選委員寫信
給我，讓我推薦，我只表達個人的意見。

問：當時就推薦高行健？

答：不是。一開始我推薦巴金，出國後才推薦高行健。

問：有人以巴金應該得獎為理由，覺得不應該是高行健。
　　但有一位香港作家劉志俠，寫一篇文章，說巴老兩次
　　到巴黎，都是高行健當法文翻譯，巴老也多次在大小
　　場合讚賞高行健的作品，說他是我們「優秀的年輕作
　　家」，所以他認為高行健得獎巴老一定很高興。

答：對對。前幾年如果他們能先頒獎給巴金，現在再給高
　　行健就更好了。高行健多次對我說，給巴金，大家都
　　比較能接受，他對巴老很有感情。巴金也非常欣賞高
　　行健，1978年到巴黎時，他就向法國朋友介紹說，我
　　的這位翻釋是「真正的作家」。

問：為什麼他們不頒給巴金呢？

答：最重要的是巴老解放後將近三十年基本上沒有作品。
　　最後的《隨想錄》對我們來說是很重要的，很不容易
　　寫出來的，但瑞典文學院處在另一種環境下，就不容
　　易認識，所以我也認為這是評選委員會的一個缺點。
　　巴老的這部巨著代表著中國當代文學的最高道義水
　　平。

問：高行健最打動他們的又是什麼呢？

答：我1988年到瑞典去的時候，馬悅然就跟我說一句話：
「我是很偶然發現高行健的。」他在飛機上讀了高行健
一篇文章，覺得很好，然後就找他，然後就與他聯
絡，把他的作品找來，他說：高行健的每一部作品都
是好作品。馬悅然的文學鑑賞力非常強，一下子就辨
別出來，後來就把他的戲劇翻譯了幾部。當時他正發
愁，因為高行健寄了一部長篇《靈山》給他，對他來
說，筆跡很潦草，讀起來太費力。我說那沒關係，我
就揹回北京去，請人打字，作校對，再通過瑞典駐中
國大使館轉交給他。

問：我們現在說他「別有用心」。

答：那實在太冤枉他了。他對文學非常熱愛，所有的焦
慮、不滿都是為中國文學，他對我國駐瑞典領事館不
滿意也是因為這點。1988年諾貝爾評選委員會選擇了
沈從文，馬悅然聽說沈從文去世了，就去問使館的
人，使館的工作人員回答他：我們不知道沈從文這個
人。所以他對使館那些人很反感，他老是嘮叨這件
事。

問：我們回到剛才的問題，高行健打動他們的是什麼？

答：他用非常冷靜的筆法，寫出非常豐富的精神內涵和非
常深刻的人性困境。去年我在《聯合文學》一月號所
發表的《百年諾貝爾文學獎和中國作家的缺席》裡就

說：高行健的《靈山》「把現代人的處境同人類普遍的
生存狀態聯繫在一起」；高行健的體驗在中國，但揭
示的則是人類的生存困境。他的戲劇有幽默感、哲理
感，有實驗性，還有對人的存在意義的大叩問。這都
會打動西方人。高行健具有最有活力的靈魂，他的思
考、寫作，表現出不尋常的活力，拒絕任何教條，任
何迎合，寫出完全是屬於自己的東西。

問：他是主張排除一切干擾，教條、理念都排除掉。

答：他說的「逃亡」也是這樣。他是充分個人化的作家，
是我們中國作家中真正退回「個人化立場」的一個。
個人角色就不是「人民的代言人」的角色，他超越了
這些，所以說「逃亡」。自救唯一的辦法就是「逃
亡」，這個逃亡不是政治意義上的逃亡，而是美學意義
的逃亡：從各種的概念中逃亡，從市場中逃亡，從政
治陰影中逃亡，從過去舊的寫作模式中逃亡，也從自
我的地獄中逃亡。他的劇本《逃亡》告訴人們，最難
逃避的是自我的地獄，這一點很深刻。

問：他和你有不少相近的地方，比如人道精神、寬容，還
有精神自救、叩問靈魂等等，但他又和你有不同，你
對祖國和鄉土的感情比他要濃厚。

答：他的逃亡包括從主義中逃亡，從集團中逃亡，這一點
我們倒是有共同認識。我們都認為中國現代文學最大
的危害便是主義的危害。我的鄉土情懷的確比他濃

厚，但我後來也笑他，說你的中國情懷也沒有放下。
《一個人的聖經》明明是中國情懷，不過他還是更早就
有一種要打破國界的普世意識，早就對民族主義提出
質疑，他這方面的意識比我強烈，但我後來慢慢也和
他接近，我寫「思想者種族」，便沒有什麼偏見，也沒
有什麼國界，用王國維的概念來表達，我最後也打破
了這個「隔」。他一直揭示存在的荒謬，在他的戲劇中
表現得很前衛。《靈山》的寫作手法也很前衛，他的
藝術意識也比我強。

問：他的話劇《彼岸》就看得懂。表面看起來好像批判文
革，但其實已經超越對文革的批判，表現人的生存困
境。

答：《彼岸》是高行健超越「中國問題」進入人類普遍問
題的開始。我曾在中文大學講過文學的四種維度，說
中國現代文學只有「國家‧社會‧歷史」的維度，變
成單維文學，從審美內涵講只有這種維度，但缺少另
外三種維度，一個是叩問存在意義的維度，這個維度
與西方文學相比顯得很弱，卡夫卡、沙特、卡繆、貝
克特，都屬這一維度，我們只有魯迅的《野草》，另外
張愛玲的《傾城之戀》有一點。第二個就是缺乏超驗
的維度，就是和神對話的維度，和「無限」對話的維
度，我的意思並不是要寫神鬼，而是說要有神秘感和
死亡體驗，底下一定要有一種東西，就是「從哪裡來

到哪裡去」。本雅明評歌德的小說，說表面上寫家庭和婚姻，其實是寫深藏於命運之中的那種神秘感和死亡象徵，所以要有一種超驗的維度。第三個是自然維度，一種是外向自然，也就是大自然；一種是內向自然，就是生命自然。像《老人與海》，像傑克·倫敦的《野性的呼喚》，像更早一點梅爾維爾的《白鯨》，還有福克納的《熊》，都有大自然維度。內向自然是人性，我們也還寫得不夠，高行健幾項都挺厲害的，《彼岸》開始超越「國家·社會·歷史」的單維侷限。《冥城》則有超驗的維度，《靈山》有自然的維度，而他的戲劇又有強烈的叩問存在意義的維度。

問：像張愛玲、白先勇這兩位，也都是很有才華的作家，但張愛玲出國後也基本沒有重要作品。

答：白先勇很有才華，可惜瑞典注視得不夠。張愛玲無疑是天才，但她的一生也是天才的悲劇。她跟丁玲兩個都是悲劇，她們是當時很有才華的兩個女作家，但後來都跌進了政治的陷阱，只是從不同的方向而已。張愛玲的悲劇比丁玲更深刻，張愛玲在《金鎖記》、《傾城之戀》最初展示出來的天才特點，是把時代潮流、把歷史從自己的生命中拋出去，而丁玲卻一直是跟著潮流走的。張愛玲後來寫《赤地之戀》，她自己又跌進了另一個政治潮流，她後來完全迷失了。中期寫《小艾》，前半部寫得非常好，後半部(還有《十八春》的後

半部)就徬徨了，不知道怎麼辦好了。她太自戀了，太
冷了；高行健也冷，不過他內裡是熱的，不是對社會
冷漠，而是形式上的冷觀。高行健恰恰把政治潮流統
統從生命中拋出去，他是自我放逐，不是被歷史放
逐，是把歷史從生命中扔出去，這是很不一樣的。

問：《一個人的聖經》中，到了最後，就像巴哈那種非常
　　的平和、安祥，一個人經過大災難，到了另一種境
　　界。他沒有一般的人那種苦澀、悲痛，好像昇華了。

答：他兩部長篇都是這樣，他寫第一部長篇《靈山》時，
　　因爲被誤診患上癌症，以爲會死，所以他就去做最後
　　一次旅行，沒有想到經過長途跋涉，慢慢就昇華了，
　　穿越了死亡就昇華了。海德歌爾就認爲，人一切都是
　　假的，只有一樣是眞的，就是死亡。人在死亡面前會
　　感到一種恐懼，這時候存在的意義就充分展開。其
　　實，人在愛的面前，存在的意義也會充分展開。高行
　　健第二部長篇也是這樣，也是穿越了死亡。《一個人
　　的聖經》接觸到的根本，不僅是接觸現實，而且是接
　　觸到根本。《一個人的聖經》是一個人的心靈苦難
　　史，一個知識分子的苦難史，但是他又不能陷進去，
　　而是走出來對自己進行觀照。我說他是一種「逼眞的
　　現實主義」，寫得非常逼眞，但他又不是自然主義，他
　　揭示人性的屈辱與悲慘，但又昇華爲對人性尊嚴的呼
　　喚。他有自己的觀照，意境和詩意就在觀照中出來

了。

問：高行健的中文也很漂亮，你也說是詩人！

答：他寫過長詩，文革時燒掉了。他對語言很講究，也寫
　　過很多論證語言的文章，他對語言一點都不讓步，他
　　決心要把漢語的魅力充分發揮出來，這一點和汪曾祺
　　一樣，就是要堅決去掉歐化的影響。《靈山》、《一個
　　人的聖經》中有許多漂亮的散文詩，但主要是有內在
　　神韻。

問：他主張吸收民間的世俗的語言，也不喜歡用成語，這
　　樣可以避免「文藝腔調」。

答：對，不喜歡用成語，不喜歡對仗，也不喜歡抒情。

問：阿城當年的「三王」，也用很漂亮的道地中文。

答：是啊！阿城也致力於保持漢語的魅力，語言意識很
　　強，可惜「三王」之後幾乎沒有下文。為什麼說高行
　　健是有活力的靈魂，他是不斷往前走，不懈努力，不
　　斷超越自己，穿越自己，愈走愈遠，思維非常超前，
　　甚至可說是處於時代的巔峰思維狀態。北島在詩歌方
　　面後來也沒走多遠；李銳有《無風之樹》、《萬里無雲》
　　兩部，都寫得很好。莫言也寫得好，創作力旺盛，但
　　莫言正好跟高行健相反，他是熱的文學，高、莫是兩
　　極。兩極也沒關係，文學就是多元的。日本也有兩
　　極，一個川端康成，一個大江健三郎，川端唯美，大
　　江則激烈批評社會，天皇給他獎他不要。

問：這一次我們政府的態度也很奇怪。諾貝爾獎不評給中
　　國人，就說人家歧視，現在評給中國人了，又說人家
　　「別有用心」，那你叫人家怎麼辦？

答：他們太不了解評審的機制，馬悅然一個人只有一票
　　啊！一定要有半數以上的票數才能當選，十八個人要
　　有九票以上，不是他一個人就能決定，很難的。每個
　　評委都非常獨立，很有個性。諾貝爾文學獎和科學獎
　　的評審，已經成為我們整個人類共有文明的一部分，
　　好像奧林匹克運動會一樣。經過了一百年的歷史考
　　驗，大家都覺得他們的評審非常公正。當然，我們可
　　以說價值觀念不同，或者哪一年哪一個作家弱一點，
　　但總的來說，沒有評出荒唐的東西出來。他們這次選
　　擇了高行健，非常對。這一選擇本身，也是一篇傑
　　作，是瑞典文學院二十一世紀的第一篇傑作。因為他
　　們選擇的是一個最有文學狀態、最具有文學信念的真
　　誠的作家，是對作家自由表達權利的最強有力的支
　　持，是對精神追求與人類良心的肯定。高行健得獎
　　後，我所以高興，不是為自己，而是覺得好像有一道
　　曙光，穿透了黑暗，這道光，會照亮二十一世紀的文
　　學道路，也會照出當代一些不太漂亮的心胸。瑞典文
　　學院的決定，包含著很多美好的信息，它在整個世界
　　發生精神沉淪的時代中，維護了一種精神價值水準。
　　如果用冷戰時代的眼睛，就看不出這種意義。

問：高行健並沒有參加任何政治組織，他在國內受的批判
　　現在看來也不算什麼，但為什麼我們政府還用這種度
　　來對待他呢？更包容一點，對政府應該沒什麼壞處
　　吧？

答：所以馬悅然說他們愚蠢。其實不僅是愚蠢，而且是愚
　　昧、愚頑。高行健其實離政治很遠，並且一再聲明絕
　　不坐上任何集團的戰車。1989年他表了個態，也不應
　　抓住不放。1998年葡萄牙作家薩拉馬戈得獎，他是左
　　派，是共產主義者，對政府來說是異端，老是批評政
　　府。但他一得獎，政府馬上宣布，高興得不得了，祝
　　賀他，而且說我們過去對你有過失，然後一起來慶祝
　　葡萄牙語的勝利。葡萄牙語在西歐是小語言，能夠得
　　到世界性的承認，很高興啊！認為是葡萄牙語共同的
　　勝利。所以高行健得獎，首先應該看到，他是我們母
　　親語言的勝利，應該撇開政治層面，以中國文化的感
　　情來看待這件事。美國總統傑佛遜說過一句話：「我
　　從來不會因為政治上、宗教上、文化上、哲學上的分
　　歧，拋棄任何一位朋友。」不能太小氣，最多只是
　　1989年高行健在政治上有分歧，做一個作家可能會講
　　一些比較激烈的話，但他在文化上的創造，是高於政
　　治層面的東西，他是用我們的母語來寫作的，應該看
　　作是我們漢語寫作的勝利，看成母親語言的勝利，應
　　該為他感到驕傲，這一勝利將提高中國在國際上的文

化地位。

問：諾貝爾文學獎會不會有一種傳統，就是它比較肯定建
　　制外的作家？好像前蘇聯的索忍尼辛、捷克的哈維
　　爾、日本的大江健三郎。

答：其實他們是超拔的，它主要是看作品水平，它有一種
　　標準，看文學上的質量，他們關注的是高質量，不是
　　左翼、右翼，不是建制內建制外。按照諾貝爾的遺
　　囑，還要體現人類的理想，譬如說他一定是和平非暴
　　力的，一定是對人類社會有建設性的創造。這是價值
　　取向，不是政治傾向，這兩個重要概念應當區分清
　　楚。價值取向是歷史積澱的結果，是維繫人類社會健
　　康發展所必需的基本元素，不可不講。

問：高行健的作品在得獎前都不好賣，當然得獎後就不同
　　了。但有多少人可以得諾貝爾文學獎！一個作家的作
　　品，和市場脫了節，面對這樣的困境有什麼出路呢？

答：文學與市場脫節是正常的。一個作家的創作本來就是
　　個人的，用高行健的話說，作家「只自成主張，自有
　　形式，自以為是，逕自尋找一種人類感知表述方式。」
　　這種方式往往非常超前，他的思想和創作方法都超
　　前，所以不能被人家理解，不能被市場接受，這種現
　　象是經常發生的。就像喬伊斯的《尤里西斯》，現在被
　　評為二十世紀最好的英文小說，但開始也是不能被多
　　數人接受，讀者非常少，時間推移以後，人們就認識

到它的確是非常好的經典。高行健也比較超前，所以不太能被人接受。讀者很少，沒有市場，這是很多經典著作的共同命運。優秀的作家就要接受這種命運，經得起寂寞，沒有別的辦法，什麼都要就成不了好作家。迎合市場，絕對成不了好作家。另一方面，我們對讀者的接受心理也要反省，為什麼法文版一出來，人家反應那麼好，那麼強烈！法國是個精神水準很高的國家，比美國高。美國總的來說還是商業化太重，人文氣氛不夠，高行健選擇法國定居是對的。這裡也對文學批評、文學評論和文學史研究提出問題。文學批評要在廣泛閱讀的基礎上，去發現真正有價值的東西，能發現才是真功夫，馬悅然就是這樣，不是人云亦云，不是「英雄排座次」。瑞典文學院的眼睛，整月整年都在尋找真正有文學質量的作品，相當有眼光。

問：其實現在中國人中的富豪那麼多，完全有能力集合一筆錢出來做類似的評獎，但是沒有人肯這麼做。

答：就算拿了錢出來，還是看看怎麼做，關鍵是要有一批有鑑賞力、公信力的批評家。你看瑞典文學院這十八位評審，都是著名的詩人、作家，要花大量時間讀別人的作品，要有獻身文學的精神。馬悅然有次帶我去見一位評審，是個老詩人，顫巍巍的，還給我敬了一個禮。就這樣的老人，整天忙著看各國作家的作品，你說他有什麼政治目的？會有什麼「用心」！評獎的

關鍵正是要有一批這樣全生命投入的沒有私心的專業
學者和評論家。

問：他們有自己的價值觀念，這是沒辦法的事。

答：不但是有自己的價值觀念與文學信念，而且都非常執
著。所謂執著，就是不屈服於任何外在的壓力。

問：最近還有很多人說中國人都不知道高行健這個人，其
實很多老作家對他的成就早就有預言了。

答：國內已十幾年不出版他的著作，老是批評他、封禁
他，我們的同胞怎能知道他、了解他。要對高行健得
獎的事發表意見，至少要看他的作品，首先必須這
樣，不然就沒有發言權。像高行健的《靈山》、《一個
人的聖經》這樣的文學大書，用我們的母親語言寫作
成功的鉅著，被瑞典文學院肯定爲最高水準、最高品
質的鉅著，卻被阻擋在國門之外，這是中國人的悲
哀。我認爲，這是阻擋不住的，也確信：禁止高行健
的作品進入故國，是犯罪行爲，是歷史性的錯誤。

問：照目前這個情形，高行健的作品在大陸恐怕還出不
來。

答：目前是出不來，大陸一直神經脆弱。即使政權鞏固得
像鐵桶，也很脆弱。但我相信我們的祖國慢慢會明
白，會有進步。國家的領導者應看看高行健的書才說
話。行健的世界是很美的世界，一旦進入，就什麼都
明白了。諾貝爾評委都是很懂行健的，他們說高行健

有「刻骨銘心的洞察力」，他確實不僅是對強權政治的一種超越，而且也是對現存生活模式的一種超越。他為自己確立一種高品質、高視野，這方面一確立就不一樣，但也更難被接受。

問：要是政府更包容一些，高姿態歡迎高行健，那對推動中國文學、對改革開放有更大的好處。

答：這是一定的。政府完全可以在高行健獲獎這件事上和知識分子、作家找到共同的情感，這是一種最原始的民族情感。不應當在概念的包圍中迷失，不應當在暫時的政治意識形態的計較中迷失。我們子孫後代還要為此事而自豪，正如現在的美國人總是為福克納自豪、印度人為泰戈爾自豪。高行健的精神境界早已越過中國，他的戲劇早就在叩問人存在的意義。他所寫的中國人的生存困境也是人類普遍的生存困境，所以他能打動西方讀者的心。他的世界意識、宇宙意識比我覺醒得早。但他的生命體驗主要還是在中國，血脈裡還是流淌著中國的血。他不僅竭盡心力地研究如何保持漢語的魅力，而且喜歡禪宗，在作品中注滿了禪味。他的世界觀受禪的影響極深，在整個世界陷入物質主義、金錢崇拜的情況下，《靈山》給人一種特別新鮮的感覺。西方的邏輯文化與程序文化通過電腦已發展到極致，生活在程序文化的人總有一天會明白到像《靈山》這樣的感悟文化，是絕對不可缺少的。

問：在思想層面來講，他得到諾貝爾文學獎評委的推許，
主要是哪些方面？

答：高行健最核心的思想呼喚，是對人性尊嚴與文學尊嚴
的呼喚，尤其是呼喚個體生命尊嚴與個體精神價值創
造的尊嚴。他主張作家一定要退回到完全個人化的立
場，退回自己的角色，他的責任意識也充分個人化。
解放全人類容易，解放一個人卻很難。解放全人類等
概念太抽象，最難的還是個人責任。高行健強調的是
一種個人內在的責任感。

問：雖然是完全個人的，但他比任何一種主義更有普遍
性。

答：不論從什麼樣的意識形態出發去創作文學作品，最後
得到的都是概念性的東西，基本上都不能成功。作家
不能沒有良心，但良心只能是個人對責任的體認。好
像林黛玉她發生那麼大的悲劇，賈寶玉也要體認自己
也有一份罪過，所以王國維認為《紅樓夢》的悲劇不
只是幾個人、幾個蛇蠍之人造成的，而是一種共同犯
罪的結果，每個人都有一份責任，包括那個最愛林黛
玉的賈寶玉。王國維的「共同犯罪」的意思是：我們
在無意中、在潛意識當中，進入了一個共犯結構，我
們實際上犯了一種無罪之罪，成了摧殘生命的共謀，
這樣體認是個人的，卻更有普遍意義。

問：高行健對《紅樓夢》、《金瓶梅》也都很推崇，他認為

《金瓶梅》是一部偉大的小說。

答：我們兩個人都很喜歡《紅樓夢》，很多共同的看法。我們都認為《紅樓夢》「無是無非、無眞無假、無善無惡、無因無果」，所以它就得了「大自在」。高行健的確喜歡《金瓶梅》，這部小說毫不掩飾地揭示人性深層的東西，認定「生活無罪」，最後的部分又寫得很冷靜，沒有道德判斷，這可能對行健有啓發。他的作品對性的描寫很大膽，也很冷靜，可能受《金瓶梅》的影響。高行健寫什麼都沒有心理之隔，性描寫沒有「隔」，沒有障礙。能突破性描寫的障礙，那就一切都突破了，也就有更大的自由。這一點我永遠看不破，所以我不能寫好小說。

王國維說，主觀之詩人閱世愈淺愈好，客觀之詩人閱世愈深愈好。小說家是客觀之詩人，閱世深一些好。行健屬於客觀之詩人，我屬於主觀之詩人。這裡的「詩人」是廣義的，是指作家。

問：他的《一個人的聖經》裡面，寫性寫得也很無顧忌，把政治和性相對起來寫，這邊有壓抑，那邊就有宣洩。

答：他寫性不迴避細節，生命衝動是一種客觀存在，他寫得很眞實，相當準確，把一種瞬間感覺寫得很精彩。人的一生是由無數瞬間組成，每一個瞬間都是不可重複的，過去了就沒有了。高行健聰明得很，抓住獨特

的瞬間,淋漓盡致地表現出來。這個瞬間帶有那個時
代的全部信息,人性被毀滅的信息,生命被壓抑、被
歪曲、被撕裂的信息,非常深刻。

原載香港《文學世紀》第八期2000年11月,此次
收入本書,作者略作補充。

高行健創作年表

1940年　生於江西贛州，祖籍江蘇泰州。

1957年　畢業於南京市第十中學（前金陵大學附中）。

1962年　畢業於北京外國語學院法語系，從事翻譯。

1970年　下放農村勞動。

1975年　回到北京，重操舊業。

1979年　作爲中國作家代表團的翻譯，陪同巴金出訪法國。

1980年　《寒夜的星辰》（中篇小說），廣州《花城》1980年總第二期刊載。

〈現代小說技巧初探〉（論著），廣州《隨筆》月刊1980年初開始連載。

〈法蘭西現代文學的痛苦〉（論文），武漢《外國文學研究》1980年第一期刊載。

《法國現代派人民詩人普列維爾和他的「歌詞集」》（評論），廣州《花城》1980年第五期刊載。

〈巴金在巴黎〉（散文），北京《當代》1980年創刊號刊載。

作爲中國作家代表團成員出訪，法國和義大利。

1981年　《有隻鴿子叫紅唇兒》（中篇小說），上海《收穫》

1981年第三期刊載。

〈朋友〉（短篇小說），河南《莽原》1981年第二期刊載。

〈雨雪及其他〉（短篇小說），北京《醜小鴨》1981年第七期刊載。

《現代小說技巧初探》（論著），廣州花城出版社出版。

〈義大利隨想曲〉（散文），廣州《花城》1981年第三期。

1982年　《現代小說技巧初探》再版，引起大陸文學界關於現代主義與現實主義的爭論。

《絕對信號》（劇作），北京《十月》1982年第五期刊載。北京人民藝術劇院首演，導演林兆華，演出逾百場，引起爭論，全國上十個劇團紛紛上演。

〈路上〉（短篇小說），北京《人民文學》1982年第九期刊載。

〈海上〉（短篇小說），《醜小鴨》1982年第九期刊載。

〈二十五年後〉（短篇小說），上海《文匯月刊》1982年第十一期刊載。

〈談小說觀與小說技巧〉（論文），南京《鍾山》1982年第六期刊載。

1983年　〈談現代小說與讀者的關係〉（隨筆），成都《青年作

家》1983年第三期。

〈談冷抒情與反抒情〉（隨筆），河南《文學知識》1983年第三期。

〈質樸與純淨〉（隨筆），上海《文學報》1983年5月19日刊載。

〈花環〉（短篇小說），上海《文匯月刊》1983年第五期刊載。

〈圓恩寺〉（短篇小說），大連《海燕》1983年第八期刊載。

〈母親〉（短篇小說），北京《十月》1983年第四期刊載。

〈河那邊〉（短篇小說），南京《鍾山》1983年第六期刊載。

〈鞋匠和他的女兒〉（短篇小說），成都《青年作家》1983年第三期刊載。

〈論戲劇觀〉（論文），上海《戲劇界》1983年第一期刊載。

〈談多聲部戲劇試驗〉（創作談），北京《戲劇電影報》1983年第二十五期。

〈談現代戲劇手段〉、〈談劇場性〉、〈談戲劇性〉、〈動作與過程〉、〈時間與空間〉、〈談假定性〉等一系列關於戲劇理論的文章，在廣州〈隨筆〉上從1983年第一期連載到第六期，之後中斷。

《車站》（劇作），北京《十月》1983年第三期刊載。北京人民藝術劇院首演，導演林兆華，隨後被禁演。作者在「清除精神汙染運動」中受到批判，不得發表作品近一年之久。其間，作者沿長江流域漫遊，行程達一萬五千公里。

香港英文〈譯叢〉（Renditions）同年刊載《車站》的部分節譯，譯者白杰明。

1984年　〈花豆〉（短篇小說），北京《人民文學》1984年第九期刊載，作者重新得以發表作品。

《現代折子戲》（劇作，《模仿者》、《躲雨》、《行路難》、《喀巴拉山口》四折），南京《鍾山》1984年第四期刊載。

南斯拉夫上演《車站》。

匈牙利電台廣播《車站》。

《有隻鴿子叫紅唇兒》（中篇小說集），北京十月文藝出版社出版。

《我的戲劇觀》（創作談），北京《戲劇論叢》1984年第四期刊載。

1985年　〈獨白〉（劇作），北京《新劇本》第一期刊載。《野人》（劇作），北京《十月》1985年第二期刊載。北京人民藝術劇院首演，導演林兆華，再度引起爭論。

《花豆》（電影劇本），北京《醜小鴨》1985年第一、二期連載。

〈侮辱〉（短篇小說），成都《青年作家》1985年第七期刊載。

〈公園裡〉（短篇小說），《南方文學》1985年第四期刊載。

〈車禍〉（短篇小說），《福建文學》1985年第五期刊載。

〈無題〉（短篇小說），《小說周報》1985年第一期刊載。

〈尹光中、高行健繪畫陶塑展〉在北京人民藝術劇院展出。

〈野人和我〉（創作談），北京《戲劇電影報》1985年第十九期刊載。

〈我與布萊希特〉（隨筆），北京《青藝》1985年增刊刊載。

《高行健戲劇集》，北京，群眾出版社出版。

北京人民藝術劇院《絕對信號》劇組編輯的《「絕對信號的」的藝術探索》由中國戲劇出版社出版。

應聯邦德國文藝學會柏林藝術計畫（D.A.A.D.）邀請赴德，在柏林市貝塔寧藝術之家（Berliner Kunsterhaus Bethanien）舉行《獨白》朗頌會及個人畫展。

應法國外交部及文化部邀請兩次赴法，在巴黎沙育國家人民劇院（Theatre National de Chaillot）舉行他的

戲劇創作討論會，作者作了題爲《要什麼樣的戲劇》
的報告。

應倫敦國際戲劇節邀請赴英。

應維也納市史密德文化中心（Alte Schmide）邀請，
舉行他的小說朗頌會及個人畫展。

應丹麥阿胡斯大學、德國波洪大學、波恩大學、柏林
自由大學、烏茨堡大學、海德堡大學邀請，分別舉行
他的個人創作報告會。

1986年　　《彼岸》（劇作），北京《十月》1986年第五期刊載。

〈要什麼樣的戲劇〉（論文），北京《文藝研究》1986
年第四期刊載。該文法文譯文發表在巴黎出版的《想
像》雜誌（L'Imaginaire）同年第一期。

〈評格洛多夫斯基的《邁向質樸戲劇》〉（評論），
《戲劇報》1986年第七期刊載。

〈談戲曲不要改革與要改革〉（論文），北京《戲曲研
究》1986年總第二十一期刊載。

〈給我老爺買魚竿〉（短篇小說），北京《人民文學》
1986年第九期刊載。

法國《世界報》（Le Monde）1986年5月19日刊載《公
園裡》法譯文，譯者保羅‧彭塞（Paul Poncet）。

匈牙利《外國文學》雜誌刊載《車站》匈牙利文譯
文，譯者鮑洛尼（Polonyi Peter）。

法國里爾（Lille），北方省文化局舉辦他個人畫展。

1987年　　〈京華夜談〉（戲劇創作談），南京《鍾山》刊載。

　　　　　瑞典皇家劇院（KungLiga Dramatiska Teathern）首演《現代折子戲》中的一折《躲雨》，導演彼得・瓦爾癸斯特（Peter Wahilqvist）譯者馬悅然院士（Prof. Goran Malmqvist）。

　　　　　英國利茨（Litz）戲劇工作室演出《車站》。

　　　　　德國《今日戲劇》1987年第二期發表《車站》節選。

　　　　　香港話劇研討會上由香港話劇團舉行《彼岸》排演朗誦會。

　　　　　法國《當代短篇小說》（Breves）第二十三期刊載《母親》法文譯文，譯者保羅・彭塞（Paul Poncet）。

　　　　　應聯邦德國莫拉特藝術研究所（Morat Institut fur Kunst und Kunstwissenschaft）邀請赴德藝術創作，轉而居留巴黎。

1988年　　《對一種現代戲劇的追求》（論文集），北京，中國戲劇出版社出版。

　　　　　《給我老爺買魚竿》（短篇小說集），台北，聯合文學出版社出版。

　　　　　《遲到了的現代主義與當今中國文學》（論文），北京《文學評論》1988年第三期刊載。

　　　　　應新加坡「戲劇營」邀請，舉行講座，談他的試驗戲劇。

　　　　　台北《聯合文學》1988年總四十一期轉載《彼岸》及

《要什麼樣的戲劇》。

《冥城》（劇作，舞劇版），香港舞蹈團首演，導演江青。

德國漢堡塔里亞劇院（Thalia Theater, Hamburg）演出《野人》，導演林兆華，譯者雷那特·克利娃（Renate Crywa）、李健明。

英國愛丁堡皇家劇院（Royal Lyceum Theatre, Edinburgh）舉行《野人》排演朗誦會。

法國馬賽國立劇院（Theatre National de Marseille）舉行《野人》排演朗誦會。

德國布洛克梅耶出版社出版（Brockmeyer）《車站》德譯本，譯者顧彬教授（Prof. Wolfgang Kubin）。

德國布洛克梅耶出版社出版（Brockmeyer）《野人》德譯本，譯者巴思婷（Monica Basting）。

瑞典論壇出版社（Forum）出版他的戲劇和短篇小說集《給我老爺買魚竿》，譯者馬悅然院士（Prof. Goran Malmqvist）。

義大利《言語叢刊》（In forma Di Parole）刊載《車站》義文譯文，譯者達里埃·克利查（Daniele Crisa）。

瑞典東方博物館（Ostasiatiska Museet）舉行他個人畫展。

法國瓦特盧市文化中心（Office Municipal des

Beaux-Arts et de la Culture, Wattrelos）舉辦他個人
畫展。

1989年　　應美國亞洲文化基金會邀請赴美。

《聲聲慢變奏》（舞蹈劇場節目），由江青在紐約哥根
漢現代藝術博物館（Guggenheim Museum, New York）
演出。

天安門事件之後，接受義大利《LA STAMPA》日
報、法國電視五台和法國《南方》雜誌採訪，抗議中
共當局屠殺，退出中共。

瑞典克拉普魯斯畫廊（Krapperrus Konsthall）舉行
《高行健、王春麗聯展》。

參加在巴黎大皇宮美術館（Grand Palais）舉辦的「具
象批判派沙龍」（Figuration Critique）1989年秋季展。

台北《女性人》1989年二月創刊號刊載《冥城》。

許國榮編輯的《高行健戲劇研究》，北京中國戲劇出
版社出版。

德國die hotena雜誌發表《車禍》，譯者阿爾姆特・李
希特（Almut Richter）。

1990年　　台北《女性人》1990年九月號刊載《聲聲慢變奏》。

《逃亡》（劇作），斯特哥爾摩，《今天》1990年第一
期上刊載。

《要什麼樣的劇作》（論文），美國，《廣場》1990年
第二期刊載。該文英譯文收在瑞典同年出版的諾貝爾

學術論叢（Nobel Symposium）第七十二期《斯特林堡、奧尼爾與現代戲劇》論文集中。

《靈山》（長篇小說節選），台北《聯合報》聯合副刊1月23、24日刊載。

《我主張一種冷的文章》，台北《中時晚報》副刊「時代文學」8月12日刊載。

《逃亡與文學》（隨筆），台北《中時晚報》副刊時代文學10月21日刊載。

台灣國立藝術學院在台北首演《彼岸》，導演陳玲玲。

奧地利開心劇團（Wiener Unterhltungs Theater）在維也納上演《車站》，導演昂塞姆・利普根斯（Anselm Lipgens），譯者顧彬教授（Prof. Wolfgan Kubin）。

香港海豹劇團在香港上演《野人》，導演羅卡。

參加在巴黎大皇宮美術館（Grand Palais）舉辦的「具象批評派沙龍」（Figuration Critique）1990年秋季展。

參加「具象批評派沙龍」1990年莫斯科、聖彼得堡巡迴展。

法國馬賽，中國之光協會（Lumiere de Chine, Marseille）舉辦他個人畫展。

美國《亞洲戲劇》（Asian Theatre Journal）1990年第二期刊載《野人》英文譯文，譯者布魯諾・盧比賽克（Bruno Roubicec）。

《靈山》（長篇小說），台北聯經公司出版。

1991年 《瞬間》（短篇小說），台北，《中時晚報》副刊「時代文學」第七十四期9月1日刊載。

《巴黎隨筆》，美國，《廣場》第四期刊載。

《生死界》（劇本，法國文化部訂購劇目），斯德哥爾摩，《今天》1991年第一期刊載。

北京中國青年出版社出版的《逃亡「精英」反動言論集》，把《逃亡》定為反動作品，用作批判材料，收入該書。中共當局公開點名批判，開除工職和中共黨籍並查封他在北京的住房。

瑞典斯特哥爾摩大學舉辦《靈山》的討論會上，作者作了題為《文學與玄學‧關於「靈山」》的報告。

瑞典皇家劇院舉辦他的劇作《逃亡》與《獨白》朗誦會與報告會。他發表聲明《關於「逃亡」》，宣布有生之年不再回到極權統治下的中國。台灣《聯合報》副刊1991年6月17日刊載這一聲明。

日本JICC出版社出版的短小說集《紙上的四月》刊載《瞬間》日文譯文，宮尾正樹譯。

參加在巴黎大皇宮美術館（Grand Palais）舉辦的「具象批評派沙龍」（Figuration Critique）1991年秋季展。

法國朗布耶交匯畫廊（Espace d'Art Contemporain Confluence, Rambouillet）舉辦他個人畫展。

巴黎第七大學舉辦的亞洲當代文學戲劇討論會，作者

作了題為《我的戲劇我的鑰匙》的報名。

德國文藝學會柏林藝術計畫（D.A.A.D）主辦的中德作家藝術家「光流」交流活動，舉辦了《生死界》的朗誦會。

1992年　　《隔日黃花》（隨筆），美國，《民主中國》1992年2月總第八期刊載。

法國馬賽亞洲中心（Centre d'Asie, Marseille）舉辦他個人畫展。

應法國聖納賽爾市外國劇作家之家（Maison des Auteuurs de Theatre Etrangers, Saint-Herblain）邀請，寫作劇本《對話與反詰》。

瑞典皇家劇院（Kungliga Dramatiska Teatern）在斯德哥爾摩首演《逃亡》，導演Bjorn Granath，譯者馬悅然院士。

應瑞典倫德大學邀請，舉行報告會，題為「海外中國文學面臨的困境」。

英國倫敦當代藝術中心（Institut of Contemporary Arts, London）舉辦《逃亡》朗誦會，並應邀在倫敦大學和利茨大學分別舉行題為《中國流亡文學的困境》和《我的戲劇》報告會。

英國BBC電台廣播《逃亡》。

法國麥茨市藍圈當代藝術畫廊（Le Cercle Bleu, Espace d'Art contemporain, Metz）舉行他個人畫展。

法國政府授予他「藝術與文學騎士」勳章（Chevalier de l'Ordre des Arts et des Lettres）。

奧地利Theatre des Augenblicks在維也納首演《對話與反詰》，由作者導演，譯者Alexandra Hartmann。

德國紐倫堡城市劇院（Nurnberg Theater, Nurnberg）上演《逃亡》，由Johannes. Klett導演，譯者Helmut Foster-Latch, Marie-Luise Latch。

瑞典論壇出版社（Forum）在斯特哥爾摩出版《靈山》瑞典文版，譯者馬悅然院士。（Prof. Goran Malmquist）。

比利時Editions Lansman出版《逃亡》法文版，譯者Michele Guyot、Emile Lansman。

法國利茂日國際法語藝術節（Festival International des Francophonies, Limoges）舉行《逃亡》朗誦會。

台灣果陀劇場上演《絕對信號》，導演梁志明，作者首次應邀訪台。

台灣文化生活新知出版社出版的《潮來的時候》一書，收入他的短篇小說《瞬間》。

〈中國流亡文學的困境〉一文香港〈明報月刊〉1992年10月號發表。

〈文學與玄學，關於《靈山》〉一文，《今天》1992年第三期刊載。

德國布魯克梅耶出版社（Brockmeyer）出版《逃亡》

德文版，譯者Helmut Foster-Latch,Marie-Luise Latch
參加德國海德堡大學舉辦的中國當代文學討論會。

德國《遠東文學》雜誌（Hefte fur Ostasiatische
Literatur）總期次第十三期刊載《生死界》德文譯
文，譯者Mark Renne。

1993年　　　法國雷諾—巴羅特圓環劇院（Renaud-Barrault Theatre
Le Rond Point, Paris）

在巴黎首演《生死界》，導演Alain Timar。

法國雷諾—巴羅特圓環劇院和法國戲劇實驗研究院
（Academie Experimentale des Theatres）舉行他的創作
討論會。

法國布爾日文化之家（Maison de la Culture de Bourges）
舉辦他個人大型畫展。國會議員布爾日市長授予他該
市城徽。

比利時朗斯曼出版社（Lansman）出版《生死界》法
文版。

比利時宮邸劇場舉行《逃亡》一劇的排演朗誦會。

比利時布魯塞爾大學舉行他的戲劇創作報告會。

法國菲利普畢基葉出版社（Philippe Piquier）《二十世
紀遠東文學》（Litterature d'Extreme-Orient au XX
Siecle）論文集收入《我的戲劇我的鑰匙》一文，譯
者安妮·居安（Annie Curien）。

法國阿維農戲劇節（Festival de Theatre d'Avignon）作

為入選劇目,再度上演《生死界》。

法國博馬舍基金會(Beaumarchais)訂購他的新劇作《夜游神》。

德國Galerie Hexagonehb畫廊(Aachen)舉辦他個人畫展。

法國la Tour des Cardinauxhb畫廊(L'Isle-sur-le-Sorgue)舉行他個人畫展。

德國Henschel Theater出版社出版中國當代戲劇選,收入《車站》另一譯本,譯者Anja Gleboff。

應瑞典斯德哥爾摩大學邀請參加「國家、社會、個人」學術討論會,發表論文《個人的聲音》,香港《明報月刊》1993年第八期刊載時標題改為〈國家迷信與個人癲狂〉。

劇作《對話與反詰》,《今天》雜誌1993年第二期刊載。

澳大利亞悉尼大學演出中心邀請他本人執導《生死界》,英譯者Jo. Riley。

澳大利亞悉尼大學舉行他的戲劇創作報告會。

香港中文大學中國文學研究所舉辦他的講座「中國當代戲劇在西方,理論與實踐」。

《色彩的交響—評趙無極的畫》一文,香港《二十一世紀》1993年第十期刊載。

比利時《Kreatief》文學季刊1993年Nos3/4合刊刊載

《海上》、〈給我老爺買魚竿〉、〈二十五年後〉，弗拉芒文譯文，譯者Mieke Bougers。

《談我的畫》一文，香港《明報月刊》1993年第十期刊載。

法國《Sapriphage》文學期刊看1993年7月號刊載《靈山》節譯，譯者Noel Dutrait

法國文化電台（Radio France-Culture）衛星廣播《生死界》全劇在法演出實況（1993年11月6日）。

參加台灣《聯合報》文化基金會舉辦的「四十年來的中國文學」學術討論會，發表論文〈沒有主義〉。

美國，芝加哥大學東亞研究中心出版（Select Papers, Volume No.7）《中國作家與流亡》一書（Chines Writing and Exile）收入《逃亡》，英譯者Prof.Gregory B. Lee。

1994年　《中國戲劇在西方：理論與實踐》一文在香港《二十世紀》1994年1月號發表。

〈我說刺猬〉（現代歌謠）在臺灣《現代詩》1994年春季號發表。

〈當代西方藝術往何處去？〉一文在香港《二十一世紀》1994年4月號發表。

《山海經傳》劇作由香港天地圖書出版公司出版。

《對話與反詰》劇作中法文對照本由法國M.E.E.T出版社出版，譯者Annie Curien。

法國，愛克斯—普羅旺斯大學舉行《靈山》朗誦會。

法國，聖愛爾布蘭市（Saint-Herblain）外國劇作家之家舉行《對話與反詰》劇本朗誦會。

法國，麥茨藍圈當代藝術畫廊舉辦他的畫展。

義大利，迪奧尼西亞（Dionysia）世界當代劇作戲劇節演出《生死界》，由他本人執導。

德國，法蘭克福文學之家舉行《靈山》朗誦會。

德國，法蘭克福Mousonturm藝術之家舉行《生死界》朗誦會。

瑞典，皇家劇院出版瑞典文版《高行健戲劇集》，收入他十個劇本，譯者馬悅然院士。

比利時，朗斯曼出版社（Editions Lansman）出版《夜遊神》法文本，該劇本獲法語共同體1994年圖書獎。

法國，國家圖書出版中心（Le Centre national du Livre de la France）贊助並預訂他的新劇作《周末四重奏》。

波蘭，波茨南，波蘭國家劇院（Teatr Polski W, Poznan）演出《逃亡》，譯者與導演Edward Wojtaszek。該劇院同時舉辦他的個人畫展。

法國，RA劇團（La Compagnie RA）演出《逃亡》，導演Madelaine Gautiche。

日本，晚成書房出版《中國現代戲曲集》第一集收入《逃亡》一劇，譯者瀨戶宏教授。

1995年　　香港，演藝學院（Academy for Perfoming Arts）演出
　　　　　《彼岸》，作者本人執導。

　　　　　香港，《文藝報》五月創刊號轉載《沒有主義》一
　　　　　文。

　　　　　香港，《聯合報》5月21日發表《「彼岸」導演後記》
　　　　　一文。

　　　　　法國，圖爾市國立戲劇中心（Le Centre national dra-
　　　　　matique de Tours）再度演出《逃亡》。

　　　　　法國，黎明出版社（Editions L'Aube）九月出版《靈
　　　　　山》法譯本，諾埃勒・杜特萊和利麗亞娜・杜特萊合
　　　　　譯（NoelDutrait, Liliane Dutait）。法新社（France
　　　　　Information）作爲重要新聞廣播了該書出版消息，評
　　　　　爲中國當代文學的一部巨著。法國《世界報》（Le
　　　　　Monde）、《費加羅報》（Le Figaro）、解放報
　　　　　（Liberation）、快報（L Express）、影視新聞周刊
　　　　　（Telerama）等各大報刊均給以該書很高評價。

　　　　　法國，巴黎秋天藝術節由詩人之家（Maison de La
　　　　　Poesie）舉行他的詩歌朗誦會，有二百年歷史的莫里
　　　　　哀劇院（Theatre Moliere）修復，巴黎市長剪綵，以
　　　　　劇作《對話與反詰》的排演朗誦會作爲開幕式，作者
　　　　　本人導演，法蘭西喜劇院著名演員Nichael Lonsdale主
　　　　　演。

　　　　　台灣，台北市立美術館舉行他個人畫展，並出版畫冊

《高行健水墨作品》。

台灣，帝教出版社出版《高行健戲劇六種》（第一集《彼岸》、第二集《冥城》、第三集《山海經傳》、第四集《逃亡》、第五集《生死界》、第六集《對話與反詰》），並出版胡耀恆教授的論著《百年耕耘的豐收》，作爲附錄。

日本，晚成書房出版《中國現代戲曲集》第二集，收入《車站》，譯者飯塚容教授。

1996年　法國，格羅諾布爾市創作研究文化中心（Centre de Creation de Recherche et des Cultures, Grenoble）舉行《周末四重奏》朗誦會。

法國，愛克斯——普羅旺斯市圖書館（Cite du Livre, Ville d'Aix-en-Provence）舉行《靈山》朗誦及討論會。

法國，愛克斯——普羅望斯大學與市立圖書館舉行中國當代文學討論會，並舉行《夜游神》一劇的排演朗誦會。作者作了題爲《現代活與文學寫作》的發言。

法國音樂電台（Radio France Musique）舉辦「《靈山》與音樂」三小時的專題節目，朗誦小說的部分章節並舉行與小說寫作有關的現場直播音樂會。

法國文化電台（Radio France Gulture）舉辦一個半小時的作者專題節目並朗誦《靈山》的部分章節。

盧森堡，Galerie du Palais de la Justice舉辦他的個人畫

展。

法國，麥茨藍圈畫廊（le Cercle bleu, Metz）舉辦他的個人畫展。

法國，主教塔藝術畫廊（Galerie d'art la Tour des Cardinaux, L'Isle-sur-la-Sorgue）舉辦他的個人畫展。

香港，藝倡畫廊舉辦他的個人畫展。

臺灣，《中央日報》舉辦的「百年來中國文學學術研討會」上作者作了題爲《中國現代戲劇的回顧與展望》的發言，該文由《中央日報》副刊發表（1996年9月16、17、18日）。

瑞典，烏拉夫‧伯爾梅國際交流中心（Olof Palmes internationella Centrum）與斯德哥爾摩大學中文系舉辦的「溝通：面向世界的中國文學」研討會上作者作了題爲「爲什麼寫作？」的發言。（香港社會思想出版社出版該研討會論文集，收入其中）

比利時，國際人權組織（Amnesty Internaional）的文化委員會（Commission culturelle）舉辦《逃亡》一劇的朗誦會。

香港，天地圖書有限公司出版他的論文集《沒有主義》。

香港新世紀出版社出版作品集《周末四重奏》。

法國，《詩刊》（La Poesie 1996年10月號，總期次No.64）發表《我說刺蝟》法譯文，譯者安尼‧居安

（Annie Curien）。

澳大利亞，悉尼科技大學國際研究學院、悉尼大學中文系與法文系分別舉行了題爲「批評的含意」、「談《靈山》的寫作與「我在法國的生活與創作」三場報告會。

波蘭，米葉斯基劇院（Teatr Miejski, Gdynia）上演《生死界》，譯者與導演Edward Wojtasjek。

日本，神戶市龍之會劇團演出《逃亡》，譯者瀨戶宏，導演深津篤史。

《澳大利亞東方會雜誌》（Journal of the Oriental Society of Australia, Vols 27 & 28, 1995-96）發表《沒有主義》英譯文，譯者Mabel Lee。

希臘，雅典，Livanis Publishing出版社出版《靈山》希臘文譯本。

1997年　美國藍鶴劇團（Blue Heron Theatre）與長江劇團（Yang Tze Repertory Theatre of America在紐約新城市劇場（Theatre for New City）上演《生死界》，英譯者Dr. Joanna Chan M. M.,作者本人導演。

美國，紐約，The Gallery Schimmel Center for The Arts, Pace University 舉行他的水墨畫展。

美國，華盛頓自由亞洲電台（Radio Free Asia）中文廣播《生死界》。

法國首屆「中國年獎」（Le Prix du Nouvel An chinois」

授予《靈山》作者。

法國文化電台（Rdin France Culture）廣播《逃亡》。

法國，黎明出版社（Editions L'Aube）出版短篇小說集《給我老爺買魚竿》，Noel Dutrait和LiLiane Dutrait合譯。

法國，電視五台（TV 5）介紹《給我老爺買魚竿》及《靈山》，播放送對作者專訪節目。

劇作《八月雪》脫稿。

法國，黎明出版社出版作者與法國作家Denis Bourgeois對談錄《儘可能貼近眞事——論寫作》一書（〈Au plus pres du reel〉）。

1998年　香港，科技大學藝術中心和人文學部邀請他舉行講座與座談會，香港藝倡畫廊同時舉辦他的個人畫展。

法國，主教塔藝術畫廊（Galerie d'art, La Tour des Cardinaux, L'Isle-sur-la-Sorgue）舉辦他個人畫展。

法國，藍圈畫廊舉辦他的個人畫展。

法國，Art 4畫廊舉辦（Caen）他的個人畫展。

巴黎，盧浮宮古董與藝術品國際雙年展銷會（XIXe Biennale Internationale des Antiquaires de Louvre）他的畫作參展。

倫敦，Michael Goedhuis畫廊舉辦他和另外兩位藝術家三人聯展。

法國Voix richard meier藝術出版社出版他的繪畫筆記

〈墨與光〉一書。

日本，平凡出版《現代中國短篇集》（藤井省三教授編）收入他的《逃亡》一劇（賴戶宏教授譯）

日本，晚成書坊出版《中國現代戲劇集》第三集，收入《絕對信號》，賴戶宏教授譯。

日本，東京俳優座劇團演出《逃亡》，導演高岸未朝。

羅馬尼亞，Theatre de Clujy演出《車站》，導演Gabor Tompa

貝寧，L'Atelier Nomade劇團在貝寧與象牙海岸巡迴演出《逃亡》，導演Alougbine Dine。

法國，Le Panta Theatre劇院（Caen）舉行《生死界》劇作朗誦會。

法國，利茅日國際法語藝術節（Festival International des Francophonies, Limoges）排演朗誦《夜游神》，導演Jean Claude-Idee。

法國，Compagnie du Palimpseste劇團將他的《生死界》與杜拉斯和韓克等人的作品改編成〈Alice, Les mermeilles〉演出，編導Stephane Verite。

法國文化電台廣播演出《對話與反詰》，導演Myron Neerson。

巴黎，世界文化學院（L'Academie mondiale des culrures）舉行「記憶與遺忘」國際學術研討會，他應邀作了「中國知識份子的流亡」的報告。該文（La

Memoire de L'exile）收在Grasset出版社1999年出版的《Pourquoi se souvenir》論文集中。

法國，愛克斯─普羅旺斯大學出版社出版《中國文學導讀》（La Litterature chinoise, Etat des Lieux et mode d'emploi）一書收入他的《現代漢語與文學寫作》一文，Noel Dutrait譯。

法國，《世界報》請他撰寫的《自由精神─我的法國》（《L'Esprit de Liberte, ma France》）一文在該報發表（1988年8月20日）。

台灣，聯經出版公司出版《一個人的聖經》。

1999年　　比利時朗斯曼出版社（Editions Lansman）出版《周末四重奏》法文本。

德國，Edition cathay band 40出版社出版《對話與反詰》德譯本，Sascha Hartman譯。

《香港戲劇學刊》第一期由香港戲劇工程出版，收入〈現代漢語與文學寫作〉一文。

法國，卡西斯春天書展（Prinptemp du Livre, Cassis）的開幕式舉辦他的個人畫展。

法國，紀念已故的法國詩人Rene Chard的「詩人的足跡」詩歌節，朗誦他的劇作《周末四重奏》，並由主教塔畫廊舉辦他的個人畫展。

香港，中文大學出版社（The Chinese University Press）出版英譯本劇作集（〈The Other Shore〉）收入《彼

岸》、《生死界》、《對話與反詰》、《夜遊神》、《周
末四重奏》五個劇本，譯者方梓勳教授（Gilbert C. F.
Fong）。

法國，阿維農市場劇場（Theatre des Halles, Avignon）
上演他的劇作《夜遊神》，導演Alain Timar。

法國，波爾多的莫里哀劇場（Scene Noliere d'Aqitaine,
Bordeau）演出《對話與反詰》，作者導演。

日本，橫濱「月光舍」劇團演出《車站》。

由法國文化部南方文化局和那普樂藝術協會邀請與贊
助他在地中海濱那普樂城堡（Chateau de la Napoule）
寫藝術論著《另一種美學》。

2000年　澳大利亞和美國哈普克林出版社（Harper Collins
Publishers）先後出版《靈山》英譯本，譯者Mabel
Lee教授。

法國，黎明出版社出版《一個人的聖經》法譯本，
Noel Dutrait教授和Liliane Dutrait合譯。

瑞典，大西洋出版社（Editions Atlantis）出版《一個
人的聖經》瑞典文版，譯者馬悅然院士。

法國文化部訂購的劇作《叩問死亡》脫稿。

義大利，羅馬市授予他費羅尼亞文學獎（Premio
Letterario Feronia）

瑞典學院授與他諾貝爾文學獎，他作了題為《文學的
理由》的答謝演講。

法國文化電台廣播《周末四重奏》全劇。

法國，羅浮宮舉辦的巴黎藝術大展（Art Paris, Carrousel du Louvre）他的畫參展。

法國，黎明出版社出版《文學的理由》法譯本，譯者 Noel Dutrait教授和Liliane Dutrait。

德國，出版他的《戲劇論文集》德譯本（Nachtliche Wanderung），譯者Natascha Vittinghoff等。

德國，弗萊堡的莫哈特藝術研究所（Morat-Institut fur Kunst und Kunstwissenshaft）和巴登—巴登的巴若斯畫廊（Galerie Franc Pages, Baden-baden）都分別舉行了他的個展。

瑞典電台廣播《獨白》。

法國席哈克總統，親自提名授與他國家榮譽騎士勛章。

2001年　　台灣，聯經出版公司出版《八月雪》、《周末四重奏》、《沒有主義》和藝術畫冊《另一種美學》。

香港，天地圖書有限公司出版《靈山》和《一個人的聖經》的簡體字版。

香港，明報出版社出版《文學的理由》和《高行健戲劇選》。

法國，富拉瑪麗容出版社（Editions Flammarion）出版《另一種美學》的法譯本，Noel Dutrait教授和Liliane Dutrait合譯。

法國，阿維農市政府在大主教宮（Palais des Pages,
Avignon）舉辦他的水墨畫的大型回顧展。阿維農戲
劇節期間，同時上演了《對話與反詰》和《生死
界》，舉行了《文學的理由》的表演朗誦會。

比利時，朗斯曼出版社（Editions Lansman）出版法文
版的《高行健戲劇集之一》，已絕版的法譯本《對話
與反詰》也由該社重新出版。

瑞典皇家戲院上演《生死界》。

瑞典大西洋出版社出版瑞典文〈高行健戲劇〉，收入
《生死界》、《對話與反詰》、《夜遊神》、《周末四重
奏》，譯者馬悅然院士。

台灣，亞洲藝術中心舉辦他的畫展並出版他的水墨畫
冊。

英國，Flamingo出版《靈山》英譯本，譯者Mabel Lee
教授。

台灣，《聯合文學》出版「高行健專號」（No. 198,
2001年2月號），轉載《夜遊神》。

《聯合報》系舉辦了該劇的排演朗誦會。

台灣，聯合文學出版社出版出兒童讀物選載他的短篇
小說《母親》，幾米繪畫。

台灣，國立歷史博物館舉辦〈墨與光高行健近作展〉
並出版畫冊（Darkness & Light）。

台灣，中山學大學授與他榮譽文學博士學位。

香港，藝倡畫廊舉行他的個展並出版畫冊《高行健的
天地》。

香港，無人地帶劇團演出《生死界》，導演郭樹榮。

德國，莫拉特藝術研究所（Morat-Institut fur Kunst
und Kunstwissenschaft, Freiburg）舉辦他的個展並出版
畫冊《高行健水墨1983-1993》（Gao Xingjian
Tuschmalerei 1983-1993）。

德國，DAAD Ber Liner Kunstlerprogramm出版他和楊
煉的對談《流亡使我們獲得什麼？》德文譯本，譯者
Peter hoffmann。

巴西，Editora Objevtiva出版《靈山》葡萄牙譯本，譯
者Marcos de Castro。

義大利，Rizzolt出版社出版《文學的理由》（譯者
Maria Cristina Pisciotta）和《給我老爺買魚竿》義文
譯本，譯者Alessandra Lavagnino。

義大利，Eizioni Medusa出版他和楊煉的對談《流亡
使我們獲得什麼？》義文譯本。

西班牙，Ediciones del Bronce出版《靈山》西文譯
本，譯者Joan Hernandez, Liao Yanping。

西班牙，Columna出版《靈山》卡達蘭文譯本（Pau
Joan Hernandez, Liao Yanping）。

墨西哥，Ediciones El Milagro出版他的戲劇集《逃
亡》，還收入《生死界》、《夜遊神》、《周末四重奏》

譯者Gerardo Deniz。

義大利，Rizzoli出版社出版他的畫冊《另一種美學》義文版。

義大利，出版他和楊煉的對談〈流亡使我們獲得什麼？〉義文譯本，譯者Rosita Copioli。

葡萄牙，Publicacoes Dom Quixote出版《靈山》葡文譯本，譯者Carlos Aboim de Brito。

日本，集英社出版《一個人的聖經》，譯者飯塚容教授。

韓國，Hyundaemunhakbooks Publishing出版《靈山》韓文譯本。

德國，Fischer Taschenbuch Verlag出版社出版他的短篇小說集《海上》，譯者Natascha Vittinghoff；和《靈山》德文譯本，譯者Helmut Forster-Latsch, Marie-Luise Latsch, Gisela Schheckmann。

斯洛維尼亞，Didakta出版社出版《給我老爺買魚竿》斯文譯本。

馬其頓，Puclishing House Slove出版《給我老爺買魚竿》馬文譯本。

美國，Pennsylvania, University in Erie, Gannom的The Theater Schuster演出《彼岸》。

2002年　　法國Aix-en-Provence大學授與榮譽文學博士學位。

義大利Rizzoli出版社出版《靈山》義文譯本（譯者

Mirella Fratamico。

西班牙，Ediciones del Bronce出版《一個人的聖經》西文譯本，譯者Xin Fei, Jose Luis Sanchez。

西班牙，Columna出版《一個人的聖經》卡達蘭文譯本，譯者Pau Joan Hernedez。

挪威，H.Aschehoug & Co.出版《靈山》挪威文譯本，譯者Harald Bockman, Baisha Liu。

土耳其，DK Dogan Kitap出版社出版《靈山》 土耳其文譯本。

塞爾維亞，Stubovi Kulture出版《靈山》塞文譯本。

台灣，文建會邀請他訪台，出版《高行健台灣文化之旅》一書。

香港，中文大學授與他榮譽文學博士學位。

香港，Radio Telvision Hong Kong英語廣播《周末四重奏》，英國BBC、加拿大CBC、澳大利亞ABC、新西蘭RNZ、愛爾蘭RTE和美國La Theatre Works分別轉播。

西班牙，馬德里索菲亞皇后國家美術館（Museo Nacional Centro de Arte Reina Sofia）舉辦高行健水墨畫個展並出版畫冊。

荷蘭，J.M.Meulenhoff出版社出版《給我老爺買魚竿》荷蘭文譯本。

澳大利亞和美國的哈普克林出版社（Harper Collons

Publishers）和英國的Flamingo 分別出版《一個人的聖經》，譯者Mabel Lee教授。

美國，哈普克林出版社出版畫冊《另一種美學》的英文版（Return to Painting）。

美國，美國終生成就學院（American Academy of achievement）在愛爾蘭的都伯林舉行高峰會議，授與他金盤獎，他以《必要的孤獨》為題作了答謝演說。同時獲獎的還有美國前總統柯林頓、愛爾蘭現任總理。

美國，Indiana, Butler大學戲劇系演出《生死界》。

台灣，台北，國家劇院首演大型歌劇《八月雪》，由他本人編導，許舒亞作曲。台灣戲曲專科學校承辦演出，文化建設委員會主辦並出版《八月雪》中英文歌劇本及光碟片。台灣公共電視台轉播演出並製作《雪是怎樣下的》電視專題節目。

台灣，聯經出版公司出版高行健執導《八月雪》現場筆記《雪地禪思》，周惠美著。

台灣，中央大學和交通大學分別授與他榮譽大學博士學位。交通大學還同時舉辦他的個展，出版畫冊《高行健》。

韓國，Hyundaemunhakbooks Publishing出版社出版《一個人的聖經》韓文譯本。

韓國，Minumsa出版社出版他的戲劇集韓文譯本，收

入《車站》、《獨白》、《野人》。

泰國，南美出版有限公司出版《靈山》泰文譯本。

以色列，Kinneret Publishing House出版《靈山》意第諸文譯本。

埃及，Dr-Al-Hilal出版社出版《靈山》阿拉伯文譯本。

加拿大，Vancouver, Western Theatre劇團演出《逃亡》。

2003年　日本，晚成書房出版《高行健戲曲集》，收入《野人》、《彼岸》、《周末四重奏》，譯者飯塚容教授、菱沼彬晃。

日本，集英社出版《靈山》日文譯本，譯者飯塚容教授。

義大利，Rizzoli出版社出版《一個人的聖經》義文譯本，譯者Alessandra C.Lavagnino。

丹麥，Bokforlaget Atlantis出版社出版《一個人的聖經》丹麥文譯本，譯者Anne Wedelle-Wedellsborg教授。

芬蘭，Otavan Kirjapaino Oy出版社出版《靈山》芬蘭文譯本。

葡萄牙，Companhia de teatro de Sintra劇團上演他的劇作《逃亡》。

西班牙，Ediciones del Bronce出版《給我老爺買魚竿》西文譯本，譯者Laureano Ramirez。

西班牙，Colomna出版《給我老爺買魚竿》卡達蘭文
譯本，譯者Pau Joan Hernandez。

香港，無人地帶劇團上演他的劇作《生死界》，導演
鄧樹榮。

香港，中文大學出版社出版《八月雪》(Snow in
August) 英文譯本，譯者方梓勳教授 (Gilbert
G.F.Fong)。

法國，巴黎，法蘭西喜劇院 (Comedie Fracaise) 首演
他的劇作《周末四重奏》，由他本人導演。

比利時，蒙斯市立美術館 (Musee des Beaux Arts de
Mons) 舉辦他的水墨畫回顧展。

法國，巴黎，阿贊出版社 (Editions Hazan) 出版米
歇·特拉格 (Michel Draguet) 的論著畫冊《高行
健，墨的情趣》(Gao Xingjian, Le Gout de L'encre)。

法國，愛克斯—普羅旺斯市壁毯博物館 (Musee des
Tapisseries, Ville d'Aix-En-Provence) 舉辦「高行健無
言無詞水墨畫展」，並出版展覽畫冊《Gao xingjian, ni
mots, ni signes》。

法國，馬賽市舉辦「2003高行健年」(L'Annee Gao
Xingjian, Marseille)，這一大型綜合性的藝術計畫囊括
了他的詩歌、繪畫、戲劇、歌劇、電影創作和研討
會。

馬賽市老慈善院博物館 (Musee de la Vieille Charitee)

舉辦了以他的詩歌「逍遙鳥」（L'Errance de l'Oiseau）
為題的大型畫展。

馬賽市體育館劇院首演他的劇作《叩問死亡》（Le
Queteur de Ｌa mort），由他本人和羅曼伯南（Romain
Bonnin）導演。

在馬賽現代藝術展覽館舉行「圍繞高行健，當今的倫
理與美學」國際研討會，馬賽渡輪出版社（Editions
Transbordeurs）出版了研討會的論文集《Autour de
Gao Xingjian, ethique et esthetique pour aujourd'hui》。

馬賽Digital Media Production出版「馬賽高行健年」記
錄片《市中之鳥》（Unoiseau dans Ｌa ville）。

法國，巴黎，索依出版社（Editions Seuil）出版他的
畫冊《逍遙鳥》（L'Errance de Ｌ'Oisean）。

法國，巴黎，國際當代藝術博覽會（Ｆｏｉｒｅ
Internationale d'Art Contemporain）克羅德‧貝爾納畫
廊（Claude Bernard Galerie）展出他的水墨畫。

法國，獲頒世界文化學院院士。

義大利，特利斯特，托班德鈉畫廊（Ｇａｌｌｅｒｉａ
Torbandena e Teatro Mmiela, Trieste）舉辦他的個展，
出版畫冊《高行健1983-1993》。

美國，米爾沃科，黑格梯美術館（Haggerty Museum
of Art, Milwaukee,）舉辦他的個展。

美國，文學月刊《紐約客》二月號和六月號（New

Yorker, feb, june, 2003）分別轉載他的短篇小說〈車禍〉
和〈圓恩寺〉，譯者Mabel Lee教授。

美國，文藝期刊《大街》72期（Grand Street 72）轉
載他的短篇小說《給我老爺買魚竿》，譯者Mabel Lee
教授。

美國，Hollywood, The Sons of Besckett Theatre
Company劇團演出《彼岸》。

美國，New York, The Play Compagny劇團演出《周末
四重奏》。

美國，California大學，Davis戲劇舞蹈系演出《夜遊
神》。

美國，Massachusetts, The Theatter Department at
Wheaton Collge in Wheaton演出《彼岸》。

澳大利亞，Sydney，悉尼大學劇團演出《彼岸》。

瑞士，Nneuchatel, Theatre des Gens劇院演出《生死
界》。

匈牙利，布達佩斯，Theatre de Chambre Holdvilag劇
院演出《車站》。

土耳其，DK Dogzar Kitap出版社出版《一個人的聖經》
土文譯本。

2004年　西班牙，El Cobre Ediciones出版《沒有主義》，譯者
Laureano Ramirez Bellrin。

美國和澳大利亞的Harper Collins Publishers出版社以

及英國的Flamingouu出版社出版他的短篇小說集《給我老爺買魚竿》，譯者Mabel Lee教授。

法國，巴黎，索依出版社出版他的戲劇集《叩問死亡》（Le Queteur de la mort），收入該劇和《彼岸》、《八月雪》三個劇本。該出版社同時出版他的文論集《文學的見證》（Le Temoignage de la Litterature），譯者諾埃樂‧杜特萊教授，利麗亞娜‧杜特萊（Noel et Liliane Dutrait）。

台灣，聯經出版公司出版《叩問死亡》中文本。

法國，巴黎，克羅德‧貝爾納畫廊（Claude Bernard Galerie）舉行他的個展。

加拿大，Alberta, Alberta大學戲劇系演出《對話與反詰》。

新加坡，The Fun Stage演出《生死界》。

西班牙，巴塞隆納當代藝術中心（Centre de Cultura Contemporania de Barclona）的「2004年世界文學節（Programacio Kosmopolos.K04）」將舉行他的個展「高的世界——高行健藝術的面面觀」（EL Mon de Gao-Una visita a l'obra de Gao Xingj ian）。

法國，巴黎，國際當代藝術博覽會（Foire internationale d'Art Contemporain），克羅德‧貝爾納畫廊（Claude Bernard Galerie）舉行他的新作個展。

香港，中文大學圖書館建立〈高行健作品典藏室〉。

11月台灣大學授予榮譽博士。

2005年　法國，愛克斯——普羅旺斯大學（L'Universite d'Aix-en-Provence）舉行「高行健作品國際學術研討會」。

（劉再復整理）

後記

　　雖然已經出版過多部文論著作，但從未像寫作《高行健論》如此愉快，這大約與書籍的形成過程有關。以往的論著似乎都是工業似的鍛造，而這部論著則是農業似的自然生成。常說「做學問」，這回則覺得學問固然有做出來的，如刻意去構築框架、體系，就是「做」；可是另一種學問則是流出來的，是用生命閱讀、體悟的結果。我的這本書屬於後者，這部集子中所有的文章，都是作爲高行健的朋友，在愉快的交往、閱讀、思考中形成的，並非著意去研究與求證，只謀求說到點子上。我和行健兄都極喜歡禪宗，受其影響，也喜歡謀求明心見性、擊中要害。因此，書中的文字不是「做」的功夫，而是讀和想的凝結。

　　評述高行健雖是愉快，但也有難點，這除了他的作品（尤其是後期的戲劇作品）相當深奧之外，還因爲他本身是個思想家，對自己的創作已有透徹的論述，要在他的話語之外說出新話不太容易。集子中的一些關鍵性概念，如「高行健文學狀態」、「內在主體際性」、「普世性寫作」、「黑色鬧劇」、「內心煉獄」等，也經歷過「苦思冥想」的時刻。

　　行健兄獲獎後，有人說這是瑞典學院給他「雪中送炭」，我則覺得是「錦上添花」。與行健多年交往，早已知道他是我們這

一代人的「特例」，思想與風骨兼備，寫的是世上少有的錦繡文章。諾貝爾獎只是給他增色，眞價值卻是方塊字與法蘭西文字織成的「錦繡」本身。可惜故國的權勢者卻是一群「錦繡盲」，他們只知權柄與烏紗帽的價值，不知高行健的精神價值，至今還嚴禁他的書籍，到處堵塞他的影響，眞是荒唐愚蠢之極。受其「牽連」，我的評論高行健的學術文章和任何有關文字，也不能在大陸發表，這種荒唐事在當今文明的世界上恐怕找不到第二處，可謂「只此一家，別無分店」。而在文藝界學術界，一些名流學人，又因爲高行健的名字沖淡其「話語英雄」的光彩而很不高興，低調的高行健竟然也威脅了他們的話語霸權，於是，也在明處暗處加以排斥。幸而還有香港、台灣的天眞正直的朋友在，他們本能地爲方塊字的勝利而喜悅並眞誠地支持高行健充分表述，今天又支持我的表述。這種支持，具有無量的意義。爲此，我要衷心感謝林載爵先生和聯經出版公司的其他負責人，感謝他們對於漢語文學的一片眞感情。還要衷心感謝顏艾琳小姐，她作爲本書的責任編輯，眞是認眞，一篇一篇仔細閱讀，凡重複之處都被她「抓住」，經過此番編校的洗禮，這部集子面世時更使我自己放心了。

本書特請馬悅然教授作序。今年十月底，顏艾琳小姐把清樣寄到瑞典，悅然教授收到後立即寫下第一稿，兩天後又完成了修訂稿，全文每一句話都很眞摯，很謙卑。其實，他才是進入行健文學與中國文學深處的卓越先行者。對於他的勉勵，我只能心存敬意與謝意了。

　　我還要說明的是，爲了保持評論線索和歷史的本來面貌，我對集子中寫於高行健獲獎之前的「舊作」（第二輯）及寫於1998年底的《百年諾貝爾文學獎和中國作家的缺席》一文，均保持原樣，不作改動。只是修正了錯字和刪掉一句記憶上有誤的話（在〈缺席〉一文中說《靈山》的中文本尚未出版，瑞典文的《靈山》已出版，其實應說，瑞典文本的《靈山》已譯畢了。）。高行健獲獎後，我因開會、演講、接受採訪的需要，寫了不少文字，集中的《高行健和他的精神之路》、《〈八月雪〉：高行健的人格碑石》、《論高行健的文化意義》、《內心煉獄的舞台呈現》等，均從未發表過。對於發表過的文章和談話，我只是對〈答《文學世紀》編輯顏純鈎、舒非問〉一文作了點刪改。

　　本書還收了〈高行健創作年表〉。我在1994年爲香港天地圖書版的《山海經傳》作序時，同時也作了一個簡要創作年表。從那時候開始，我開始積累，每年都作一次整理，而整理後都寄給行健兄過目、校閱、補充，這樣就形成了比較完整的年表，可給日後的高行健研究提供一些方便。

　　　　　　　　　　　　　　寫於2004年11月5日，美國

文化叢刊

高行健論

2004年12月初版 　　　　　　　　　　　　　　　　　　定價：新臺幣350元
有著作權・翻印必究
Printed in Taiwan.

著　　者　劉　再　復
發 行 人　林　載　爵

出 版 者　聯 經 出 版 事 業 股 份 有 限 公 司　　　叢書主編　顏　艾　琳
台 北 市 忠 孝 東 路 四 段 5 5 5 號　　　　　　　　　　邱　靖　絨
台 北 發 行 所 地 址：台北縣汐止市大同路一段367號　校　　對　劉　洪　順
　　　　　　　電話：（0 2）2 6 4 1 8 6 6 1　　　封面設計　翁　國　鈞
台 北 忠 孝 門 市 地 址：台北市忠孝東路四段561號1-2樓　美術編輯　吳　雅　璇
　　　　　　　電話：（0 2）2 7 6 8 3 7 0 8
台 北 新 生 門 市 地 址：台北市新生南路三段9 4號
　　　　　　　電話：（0 2）2 3 6 2 0 3 0 8
台 中 門 市 地 址：台 中 市 健 行 路 3 2 1 號
台 中 分 公 司 電 話：（0 4）2 2 3 1 2 0 2 3
高 雄 辦 事 處 地 址：高 雄 市 成 功 一 路 3 6 3 號 B 1
　　　　　　　電話：（0 7）2 4 1 2 8 0 2
郵 政 劃 撥 帳 戶 第 0 1 0 0 5 5 9 - 3 號
郵 　 撥 　 電 　 話：2 6 4 1 8 6 6 2
印 刷 者　雷 射 彩 色 印 刷 公 司

行政院新聞局出版事業登記證局版臺業字第0130號

國家圖書館出版品預行編目資料

高行健論 / 劉再復著 . 初版 . --臺北市
聯經，2004 年（民 93）
376 面；14.8×21 公分 . （文化叢刊）

ISBN　957-08-2795-5(平裝)

1.高行健-作品評論

494.3　　　　　　　　　　　　　93014425